新郑市无公害农产品
生产技术规程

新郑市农业农村工作委员会　编

黄 河 水 利 出 版 社

·郑 州·

图书在版编目(CIP)数据

新郑市无公害农产品生产技术规程/新郑市农业农村工作委员会编. —郑州:黄河水利出版社,2017.12
ISBN 978 - 7 - 5509 - 1941 - 9

Ⅰ. ①新⋯ Ⅱ. ①新⋯ Ⅲ. ①农产品生产 – 无污染技术 – 技术操作规程 – 新郑 Ⅳ. ①S3 – 65

中国版本图书馆 CIP 数据核字(2017)第 313117 号

出 版 社:黄河水利出版社
　　　　地址:河南省郑州市顺河路黄委会综合楼 14 层　邮政编码:450003
发行单位:黄河水利出版社
　　　　发行部电话:0371 – 66026940、66020550、66028024、66022620(传真)
　　　　E-mail:hhslcbs@ 126. com
承印单位:河南承创印务有限公司
开本:787 mm × 1 092 mm　1/16
印张:24.75
字数:431 千字　　　　　　　　　　　印数:1—1 000
版次:2017 年 12 月第 1 版　　　　　　印次:2017 年 12 月第 1 次印刷
定价:45.00 元

加快农业生产标准化

实现农业可持续发展

马伟雄

2017. 6

编审委员会

前　言

　　为建立完善新郑市农业生产技术标准体系,广泛推行无公害农产品标准化生产,切实保障农产品质量安全,新郑市农业农村工作委员会依据国家标准、农业行业标准,结合新郑市实际,组织新郑市科研、技术推广等人员,制定无公害农产品生产技术规程74项,涵盖粮油、蔬菜、果品、食用菌等新郑市主要农产品和特色农产品,从产地环境、土壤、种子、水肥管理、病虫害防治、采收、生产档案等每个环节都做出了科学、规范、严谨的规定。本技术规程将是今后一个时期规范新郑市无公害农产品生产的重要依据,是全市广大农业技术人员和农产品生产者的指导性教材。期望通过技术规程的实施,提高农产品品质和市场竞争力,保障农产品质量安全,实现农业增效、农民增收,对现代农业发展和社会主义新农村建设起到积极的作用。

编审委员会

2017 年 10 月

目　录

无公害农产品　小麦生产技术规程

1　范围

本规程规定了无公害小麦生产中环境选择,农药、肥料的使用准则,品种利用、栽培控制技术等。

本规程适用于新郑市行政区域内无公害小麦的生产。

2　规范性引用文件

下列文件中的条款通过本规程的引用而成为本规程的条款。凡是注日期的引用文件,其随后所有的修改单(不包括勘误的内容)或修订版均不适用于本规程。凡是不注日期的引用文件,其最新版本适用于本规程。

NY/T 2798.1—2015　无公害农产品　生产质量安全控制技术规范　第1部分:通则

NY/T 2798.2—2015　无公害农产品　生产质量安全控制技术规范　第2部分:大田作物产品

NY/T 5010—2016　无公害农产品　种植业产地环境条件

GB 2715—2016　食品安全国家标准　粮食

GB/T 17320　小麦品种品质分类

GB/T 17892　强筋小麦国家标准

GB 1351　小麦

3　基本要求

3.1　环境

产地必须选择在生态环境良好,无污染源或不直接受工业"三废"及农村、城镇生活、医疗废弃物污染的农业生产区域。产地大气、灌溉水、土壤必须符合 NY/T 2798.2—2015、NY/T 5010—2016 标准的要求。不准使用工业、医院等被污染的水源作为灌溉水。

3.2　农药施用原则

生产过程中对病虫草害等有害生物进行防治，必须坚持"预防为主，综合防治"的原则，推广使用生物源农药及高效、低毒、低残留化学农药。交替使用农药，以免病虫草害产生抗药性。农药的使用应严格按照 NY/T 2798.1—2015、NY/T 2798.2—2015 标准的要求执行。使用的农药必须同时具有农药登记证或农药临时登记证、农药生产许可证或农药生产批准文件、农药产品标准。禁止使用国家或省、市公告禁止使用的农药及其混配剂。

3.3　肥料施用原则

以施用有机肥为主，优化配方施肥技术，以保持或增加土壤肥力及土壤生物活性。所有肥料，尤其是富含氮的肥料，应不对环境、小麦品质（营养、食品品质、味道）和植物抗性等产生不良后果。推广应用秸秆还田技术，无论采用何种原料（包括人畜粪尿、秸秆、杂草等）制作有机肥料、微生物肥料等，肥料的使用应遵循 NY/T 2798.1—2015、NY/T 2798.2—2015 标准的规定。不使用城市生活垃圾肥。

4　栽培控制

4.1　品种

4.1.1　新郑市小麦品质区划

根据新郑市不同区域生态、生产条件和规模化生产要求，可划分为 3 个小麦品质生态区。

4.1.1.1　平原水肥地强、中筋小麦适宜区：主要包括京广铁路以西的水浇地。

4.1.1.2　丘陵旱地强、中筋小麦适宜区：主要包括新郑市西部的旱地。

4.1.1.3　东部沙土地中筋小麦适宜区：主要包括新郑市东部。

4.1.2　品种利用

要求选用通过审定且适宜新郑市种植的新品种。适合新郑市种植的优质强筋小麦品种有新麦 26、郑麦 7698、郑麦 366、郑麦 379、西农 979、西农 9718、丰德存麦 5 号等。优质中筋小麦品种有周麦 22、矮抗 58、周麦 27、周麦 18、百农 207、百农 418、百农 4199、众麦 998、中麦 175、衡观 35、平安 8 号、漯麦 18 号、丰德存麦 1 号、秋乐 2122、豫教 5 号等。晚茬地选用周麦 23、郑麦 9023。丘陵旱作区可选用豫麦 49－198、洛旱 6 号、洛旱 7 号、西农 928 等品种。

4.1.3　种子质量

种子质量应符合 NY/T 2798.2—2015 中所要求的种子标准。

4.2 整地

前茬作物收获后应及时灭茬、精细耕作，达到"早、深、净、细、实、平、足"的标准。早：早腾茬、早耕地；深：耕深达到 25 cm；净：拾净根茬；细：耙透耙细，不留坷垃；实：上虚下实；平：地平、畦平；足：底墒足，播前土壤耕层含水量，黏土不低于 20%，壤土不低于 18%，沙土不低于 16%。

4.3 施肥

实现小麦优质高产高效，土壤有机质含量应达到 1%，全氮 0.1%，速效磷 30×10^{-6}，速效钾 100×10^{-6}。根据新郑市土壤肥力状况，小麦施肥原则为重施有机肥，稳定氮肥，配施磷肥，增施钾肥，补施微肥。在每亩❶施有机肥 3 000 kg 的基础上，高产麦田（产量 400～500 kg/亩）施氮肥折纯氮 12～13 kg（折合尿素 26～28 kg），施磷肥折五氧化二磷 8～10 kg（折合过磷酸钙 50～60 kg），施钾肥折氧化钾 7～8 kg（折合氯化钾 14～16 kg）；中低产麦田施氮肥折纯氮 10～12 kg（折合尿素 22～26 kg），施磷肥折五氧化二磷 6～8 kg（折合过磷酸钙 40～50 kg），施钾肥折氧化钾 5～7 kg（折合氯化钾 10～14 kg）。肥料运筹上磷钾肥一次底施，氮肥在水浇地 60% 底施，40% 拔节孕穗施；旱地全部底施。

4.4 播种技术

4.4.1 播种期

根据新郑市常年气象条件，半冬性品种，10 月 8～15 日播种，弱春性品种 10 月 15～20 日播种。旱地小麦可采取趁墒播种，即有墒不等时，但品种应选用半冬性品种。

4.4.2 播种量

水浇地在适期播种情况下，半冬性品种基本苗以控制在 11 万～14 万株/亩（播种量 5.5～7 kg/亩）为宜，弱春性品种以 12 万～16 万株/亩（播种量 6～8 kg/亩）为宜，旱地小麦及晚播麦基本苗可加大到 16 万～18 万株/亩（播种量 8～9 kg/亩）。播种量可按下式计算得出：

$$播种量（kg/亩）= \frac{计划基本苗数（株/亩）\times 千粒重（g）}{1\ 000 \times 1\ 000 \times 发芽率（\%）\times 田间出苗率（\%）}$$

4.4.3 播种方式

一般麦田行距 20 cm，高产麦田行距 23 cm 或宽窄行种植。播种深度以 5 cm 为宜。

---

❶ 1 亩 = 1/15 hm²。

4.4.4　土壤处理和拌种

地下虫严重区,用3%辛硫磷颗粒2~2.5 kg/亩,拌细土20 kg,于耕前撒施,可兼治吸浆虫;一般发生区,可用50%辛硫磷乳油20 mL,加水1 kg,拌麦种10 kg;微量元素缺乏地块,可用相应微肥拌种。

4.5　田间管理

4.5.1　冬前管理

冬前(出苗至越冬)麦田管理的主攻方向是促弱控旺,实现壮苗越冬。

4.5.1.1　查苗补种,疏苗移栽:对缺苗断垄的地段出苗后要及时查苗补种。三叶期后,凡15 cm以上的缺苗地段都要及时疏苗移栽,确保苗齐苗匀。

4.5.1.2　肥水管理:若播种时墒情差,播后天气又比较干旱,小麦三叶期应早浇分蘖水。浇越冬水以日均气温到3 ℃时浇完为宜,适宜时间为11月底到12月上旬,但要杜绝大水漫灌,做到当天浇水当天渗完。

4.5.1.3　中耕除草:在雨后或浇水后要及时中耕,破除土壤板结,消灭杂草。

4.5.2　春季管理

春季(返青至抽穗)管理的主攻方向是合理运筹肥水,培育壮秆大穗,保花增粒。具体管理措施要因苗制宜,分类管理。

4.5.2.1　壮苗管理:壮苗麦田冬前群体已满足了成穗数的需要,返青后要严格控制肥水,减少春生分蘖,把群体控制在80万~90万头/亩。在管理上,除特殊干旱年份外,早春不浇水、不追肥,中耕保墒,提高地温,到3月底、4月初小麦拔节后再浇水,结合浇水施尿素5~7.5 kg/亩或碳酸氢铵10~15 kg/亩,保花增粒,提高粒重。

4.5.2.2　弱苗管理:冬前群体不足60万头/亩,苗情长势偏弱的麦田,返青期结合浇水追施尿素7.5~10 kg/亩或碳酸氢铵15~20 kg/亩。浇水后要及时中耕。

4.5.2.3　旺苗管理:冬前长势较旺,早春又有继续旺长趋势的麦田,要进行深中耕或镇压,中耕深度以6~8 cm为宜,切断浮根,控制旺长。中耕镇压后如发现麦苗有脱肥现象,要及时补施少量氮肥,一般施尿素5 kg/亩即可。

4.5.2.4　预防倒伏

在小麦起身期用壮丰安20%乳剂1 200倍液叶面喷洒,缩短基部节间。

4.5.2.5　防治病虫草害

小麦返青至拔节期平均每33 cm行长有红蜘蛛150~300头时,可用吡虫啉、啶虫脒、吡蚜酮、抗蚜威等药剂喷雾防治,也可用苦参碱、烟碱、楝素等植物源农药;在纹枯病、白粉病发生区可用12.5%禾果利(烯唑醇)可湿性粉剂

2 500倍液喷雾防治。杂草严重的麦田,可在小麦返青至起身期进行化学除草。以阔叶杂草为主的麦田,可用75%巨星(苯磺隆)干悬浮剂0.9～1.4 g/亩或72%2,4-滴丁酯乳油40～50 mL/亩加水40～50 kg喷雾防治;以野燕麦、碱茅、硬草为主的麦田,可选用6.9%骠马(精噁唑禾草灵)水剂45～50 mL/亩或55%普草克悬浮剂120～150 mL/亩加水40～50 kg喷雾防治。

4.5.3 后期管理

后期(抽穗至成熟)管理的主攻目标是养根护叶,防止早衰,提高粒重。

4.5.3.1 适时浇好灌浆水:小麦浇灌浆水以扬花后10～12 d为宜。浇灌浆水切忌大水漫灌,同时要注意天气变化,预防浇后大风造成倒伏。

4.5.3.2 搞好测报,防治病虫:防治白粉病和锈病用20%粉锈宁乳油1 000倍液喷雾。防治赤霉病于小麦扬花期用25%多菌灵可湿性粉剂250倍液喷雾。当小麦百株蚜量达到500头或有蚜株率达到50%以上时,可用10%吡虫啉可湿性粉剂3 000倍液,或20%啶虫脒(喷定)乳油3 000倍液进行喷雾防治。同时抽穗前要彻底拔除杂草。

4.5.3.3 预防干热风和青枯危害:在小麦孕穗至灌浆初期,用磷酸二氢钾250～300倍液喷雾防治。

4.5.3.4 适时收获:适宜的收获期为蜡熟末期,其长相为麦穗变黄,籽粒变硬,手掐不动。要大力发展机械化收打,缩短收打时间,专用小麦应采取单收单打,防止混杂。收获过程所用工具要清洁、卫生、无污染。

5 产量估测

5.1 产量要素考查

5.1.1 成穗数

对所调查的每个地块采用对角线取样法,选定3～5个样点,每点调查1 m双行或6平方尺❶,调查每亩成穗数。

$$成穗数(万穗/亩)=1\ m双行穗数(个)/行距(寸)$$

或 $$成穗数(穗/亩)=[666.67/行距(m)]×1\ m垄穗数$$

5.1.2 穗粒数

在调查成穗数的同时,每点取20穗,数出总粒数,用穗数除总粒数得出每穗粒数。

---

❶ 1平方尺=1/9 m²。

5.1.3 千粒重

以晒干扬净的种子为标准,混匀样品后,随机取 1 000 粒种子称重,以两次称重相差不大于其平均值的 3% 为标准。如大于 3% 需另取 1 000 粒称重,以相近的两次称重平均值为千粒重。田间测产时可采用该品种常年千粒重。

5.2 理论产量

$$理论产量(kg/亩) = 成穗数(万穗/亩) \times 穗粒数(粒) \times$$
$$千粒重(g) \times 10^{-2}$$

5.3 实际产量

实际收打的产量。

6 储藏、运输和加工

6.1 储藏

无公害小麦储藏的主要任务是:要尽量保持原有品质,防止不应有的损耗,节约保管费用,不得与其他有毒有害物品混放。在技术上做到有效控制虫、霉危害,延缓小麦陈化过程。

6.2 包装、运输和加工

无公害小麦的包装、运输和加工要符合无公害农产品的包装、运输和加工标准,防止无公害小麦的成品污染,以确保最终质量。

7 生产档案

建立田间生产档案。对生产过程中重点生产技术、病虫害防治技术、采收等环节及措施进行详细记录。

附录 A 不同类型小麦品种主要生育指标

A.1 群体、个体生育指标

A.1.1 半冬性品种

每亩基本苗 11 万 ~ 14 万株(高产麦田取下限,中低产麦田取上限),越冬期达到 70 万 ~ 80 万头,单株分蘖 5 ~ 6 个,次生根 10 ~ 12 条,主茎叶龄 7 ~ 7.2 片,春季最高群体控制在 80 万 ~ 90 万头,成穗数 35 万 ~ 45 万穗。

A.1.2 弱春性品种

每亩基本苗 12 万 ~ 16 万株(高产麦田取下限,中低产麦田取上限),越冬期达到 60 万 ~ 70 万头,单株分蘖 4 ~ 5 个,次生根 8 ~ 10 条,主茎叶龄 6 ~ 6.2 片,春季最高群体控制在 70 万 ~ 80 万头,成穗数 32 万 ~ 40 万穗。

A.2 产量结构指标

A.2.1 半冬性品种

成穗 35 万 ~ 45 万穗/亩,平均穗粒数 30 ~ 35 粒,千粒重 36 ~ 40 g。

A.2.2 弱春性品种

成穗 32 万 ~ 40 万穗/亩,平均穗粒数 32 ~ 36 粒,千粒重 38 ~ 42 g。

附录 B 小麦品质标准

产品麦应符合 GB 2715、GB 1351、GB/T 17892、GB/T 17320 等有关标准的要求。按照 GB/T 17320 标准的规定,将小麦按用途分为三类。

B.1 强筋小麦

角质率大于 70%,胚乳为硬质,籽粒容重不小于 770 g/L。蛋白质含量(干基)不小于 14%,湿面筋含量不小于 32%,面粉吸水率不小于 60%,面团稳定时间不小于 7 min,适宜制作面包和高档面条。

B.2 中筋小麦

胚乳为半硬质,籽粒容重不小于 770 g/L。蛋白质含量(干基)不小于 13%,湿面筋含量不小于 28%,面粉吸水率不小于 56%,面团稳定时间为 3 ~ 7 min,适宜制作面条、饺子、馒头等食品。

B.3 弱筋小麦

角质率小于 30%,籽粒容重不小于 770 g/L。蛋白质含量(干基)小于 13%,湿面筋含量小于 28%,面粉吸水率小于 56%,面团稳定时间小于 3 min,适宜制作饼干、糕点等食品。

无公害农产品　玉米生产技术规程

1　范围

本规程规定了无公害玉米生产中环境选择，农药、化肥的使用准则，栽培控制技术等。

本规程适用于新郑市行政区域内无公害玉米的生产。

2　规范性引用文件

下列文件中的条款通过本规程的引用而成为本规程的条款。凡是注日期的引用文件，其随后所有的修改单（不包括勘误的内容）或修订版均不适用于本规程。凡是不注日期的引用文件，其最新版本适用于本规程。

NY/T 2798.1—2015　无公害农产品　生产质量安全控制技术规范　第1部分：通则

NY/T 2798.2—2015　无公害农产品　生产质量安全控制技术规范　第2部分：大田作物产品

NY/T 5010—2016　无公害农产品　种植业产地环境条件

GB 2715—2016　食品安全国家标准　粮食

GB 1353　玉米

3　基本要求

3.1　环境

产地必须选择在生态环境良好，无污染源或不直接受工业"三废"及农村、城镇生活、医疗废弃物污染的农业生产区域。产地大气、灌溉水、土壤必须符合 NY/T 2798.2—2015、NY/T 5010—2016 标准的要求。

3.2　农药施用原则

生产过程中对病虫草害等有害生物进行防治，必须坚持"预防为主，综合防治"的原则，严格控制施用化学农药和植物生长调节剂。推广使用生物源农药及高效、低毒、低残留化学农药。交替使用农药，以免病虫草害产生抗药性。农药的使用应严格按照 NY/T 2798.1—2015、NY/T 2798.2—2015 标准的要求执行。使用的农药必须同时具有农药登记证或农药临时登记证、农药生产许可证或农药生产批准文件、农药产品标准。禁止使用国家或省、市公告禁止使用的农药及其混配剂。

3.3 肥料施用原则

以施用有机肥为主,优化配方施肥技术,以保持或增加肥力及土壤中的生物活性物质。所有肥料,尤其是富含氮的肥料,应不对环境、玉米品质(营养、味道)和植物抗性等产生不良后果。大力推广无公害农产品允许施用的肥料种类。推广应用秸秆还田技术,无论采用何种原料(包括人畜粪尿、秸秆、杂草等)制作有机肥料、微生物肥料和复合肥料等,肥料的使用应遵循 NY/T 2798.1—2015、NY/T 2798.2—2015 标准的规定。不使用城市生活垃圾肥。

4 栽培控制

4.1 基础条件

4.1.1 积温、日照、降水

夏玉米 6 月上旬至 10 月上旬,日均温≥20 ℃,80% 保证率终止日的活动积温为 2 700 ~ 2 900 ℃,可满足中晚夏玉米杂交种的热量要求;日照时数 820 ~ 870 h;降水量 390 ~ 570 mm。

4.1.2 大气和土壤

空气清洁,符合 NY/T 2798.1—2015、NY/T 2798.2—2015 标准的要求。熟土层厚,土壤质地较好,良好的耕作基础。土壤有机质含量在 1% 以上,全氮 0.06% ~ 0.08%,速效氮 25×10^{-6} ~ 40×10^{-6},速效磷 5×10^{-6} ~ 8×10^{-6},速效钾 100×10^{-6} ~ 280×10^{-6}。

4.1.3 灌溉

全生育期需水 240 ~ 260 m^3/亩,干旱年份一般不少于 5 次水。

4.2 品种及质量

4.2.1 品种

选择适宜本地环境条件一年两熟的品质优、产量高、抗逆性好、抗病能力强,并通过省级审定或认可的新玉米杂交种,如郑单 958、浚单 20、浚单 29、浚单 26、先玉 335、宇玉 30、伟科 702、隆平 206、隆平 208、登海 605、滑玉 168、中科 11、蠡玉 35、豫单 606、乔玉 8 号、隆玉 5 号、华农 138 等品种。

4.2.2 品种质量

按国家种子分级标准执行,种子质量应达到 NY/T 2798.1—2015、NY/T

2798.2—2015 标准的要求,玉米单交种纯度(一级)不低于98%,净度不低于98%,发芽率不低于85%,种子含水量在13%以下。良种要实行精选、加工、包装。

4.2.3　种子处理

4.2.3.1　选种:可用筛选分级的方法,除去霉变、破碎和遭病虫危害的籽粒。播种前应进行发芽试验,以便确定播种量。

4.2.3.2　晒种:将选好的种子摊在席上或地上一薄层,连续翻晒2~3 d。

4.2.3.3　浸种:采用冷浸和温烫方法。冷水浸种时间为12~24 h,温烫(55~58 ℃)浸种6~12 h。也可用25 kg人尿兑25 kg水浸种12 h,或用0.5%硼酸,或0.1%硫酸锰,或0.01%~0.05%硫酸铜,或0.1%~0.2%硫酸锌,或0.1%钼酸铵溶液浸种12~14 h,以解决土壤微量元素缺乏的问题。

4.2.3.4　拌种:主要是用农药拌种,以减轻病虫危害,也可用微量元素拌种,如用2~4 g硫酸锌拌种子1 kg,超量易造成毒害。

4.3　适期播种

套种玉米宜选用中晚熟品种。玉米、小麦共生期7~15 d,套种玉米播期应考虑土壤墒情、光照、温度等都能满足玉米发芽和出苗的需要,并且以不影响下茬小麦的适时播种为准,做到玉米安全成熟。夏播玉米生长期短,应选用中早熟品种,播种越早越好,最迟不晚于6月上旬。

4.4　播种方法

玉米播种方法有条播、点播两种。条播就是选用套种耧播;点播就是按计划株行距开穴、施肥、下种、覆土。如遇干旱要采取抗旱播种方法,或用二耧接墒播种,即前耧豁开干土层,后耧把种子播在湿土内。

4.5　播种量

点播每穴2~3粒种子。一般播种量为2.5~3 kg/亩。

4.6　播种深度

一般播种深度5~6 cm,墒情好的4~5 cm,墒情差的6~8 cm,株距要匀,覆土要严。

4.7　合理密植

4.7.1　种植密度

根据现有品种类型和栽培条件,夏玉米一般每亩适宜种植密度为:平展型晚熟高秆杂交种3 000~3 500株;平展型中熟中秆杂交种3 500~4 000株;平展型早熟矮秆杂交种4 000~4 500株;紧凑型中晚熟杂交种4 000~4 500株;紧凑型中早熟杂交种4 500~5 000株。

4.7.2 种植方式

等行距种植:行距一般 60～73 cm,株距随密度而定;宽窄行种植:也称大小垄,行距一宽一窄,宽行 83～100 cm,窄行 33～50 cm,株距根据密度确定。

4.8 合理施肥

按夏玉米 500 kg/亩左右产量水平,每亩施标准氮肥 60～80 kg,标准磷肥 25～35 kg,标准钾肥 10～15 kg。

4.8.1 基肥

新郑地区玉米产区在整地时一般每亩一次性施入腐熟有机肥 900～1 000 kg、碳酸氢铵 20 kg、磷肥 7.5 kg、钾肥 10 kg、锌肥 1.5～2 kg 作基肥。推广沼液、沼渣肥田。

麦田套种玉米在小麦返青时破埂埋肥。

秸秆还田:农作物做到高节位收获,多留秸秆于田间,及时翻耕,并每亩加施 10 kg 左右尿素,以加速秸秆分解。

4.8.2 追肥

套种玉米一般采用"前重后轻"式追肥法,把追肥量的 40% 施在大喇叭口期,而直播夏玉米生长期短,吸收养分速度快,应及时追肥。攻关田应采用三次追肥法,遵循"早施攻秆肥,重施攻穗肥,补施攻粒肥"的原则。追肥时攻秆肥在拔节期,攻穗肥在大喇叭口期,攻粒肥在吐丝期。攻秆肥要把磷、钾肥全部施入,并施入氮肥总量的 30%～40%;攻穗肥占追肥总量的 50% 左右,攻粒肥占 10% 左右。若两次追肥,则一般采用轻施攻秆肥(占追氮肥量 30%～35%)、重施攻穗肥"前轻后重"的追肥法。在追肥中由于大多数氮肥容易挥发,应注意深施。

磷、钾肥和微量元素作追肥时应早施,中后期可以叶面喷施,以抽雄吐丝期施用效果最好,可用 0.4%～0.5% 的磷酸二氢钾水溶液或用 3%～4% 的过磷酸钙澄清液 75～100 kg/亩,均匀喷雾。

4.9 科学灌溉

根据气候特点、品种需水特性、产量水平和土壤持水量等灵活掌握。确定适宜的灌溉制度。目前多采用沟灌和畦灌,有条件的地方,可推广喷灌、滴灌和浸灌。低洼易涝区,一般可采用建立沟渠条田、台田、起垄种植等方法,以便大雨后及时排出积水。

4.9.1 播种时的灌水:沙土含水量低于 12%,壤土低于 16%,黏土低于 20%,即需要浇水,以确保全苗。灌水量一般为 25 m³/亩左右。套种夏玉米区,要把玉米苗期水改成麦黄水,以利于套种和抢茬早播,麦黄水的灌水量为 50～

$60\ m^3/亩$。

4.9.2　穗期灌水,浇好以下三次水。

4.9.2.1　拔节水:灌水量一般为 $45\ m^3/亩$,使 $0\sim80\ cm$ 土层水分保持田间持水量的 $65\%\sim75\%$。

4.9.2.2　大喇叭口水:该期进入需水临界始期,此期干旱会导致小花大量退化,容易造成雌雄花期不遇,遭遇"卡脖旱"。$0\sim80\ cm$ 土层水分应保持田间持水量的 $70\%\sim75\%$,低于此值应及时灌水,一般灌水量 $25\ m^3/亩$。

4.9.2.3　抽穗开花水:该期是玉米一生中需水的关键期和临界期,此时,100 cm 土层内土壤水分应保持田间持水量的 80%,不得低于 70%,此期灌水定额可适当增加,一般墒情下灌水量为 $55\sim60\ m^3/亩$。

4.9.3　粒期灌水,即灌浆水,此期土壤水分保持田间持水量的 70%,灌水量为 $25\ m^3/亩$。

5　病虫害防治

5.1　病害

5.1.1　玉米大小叶斑病:在 7、8 月雨季,易于发病。当病叶率达 20% 时,用 70% 代森锰锌可湿性粉剂 $500\sim800$ 倍液喷洒,或用百菌清、敌菌灵、多菌灵等杀菌剂在发病初期喷洒,隔 $7\sim10\ d$ 喷 1 次,连续 $2\sim3$ 次。

5.1.2　茎基腐病(青枯病):空气湿度大时,发病重。应选用抗病品种,注意排水,合理施肥,加强栽培管理,增强长势,提高抗病的能力。当病株率达 10% 或病情指数大于 8 时,采用 20% 粉锈宁或 50% 多菌灵可湿性粉剂 500 倍液逐株灌根。

5.2　虫害

5.2.1　地下害虫:当蛴螬、金针虫(俗称叩头虫)合计达到 5 头$/m^2$,蝼蛄达到 2 头$/m^2$ 时,应及时防治。主要采用包衣剂或辛硫磷拌种,用量为种子量的 2%。

5.2.2　黏虫:新郑市地区一般年份发生 $4\sim5$ 代,以二、三代对玉米危害较重。要做好虫情预报,及时防治。二代黏虫防治指标:2 叶期为 10 头/百株,4 叶期为 40 头/百株;三代黏虫防治指标:直播玉米 120 头/百株,套种玉米 150 头/百株。防治时可用 25% 灭幼脲 1 号 $80\sim100\ mL/亩$加水喷雾,喷药时间比其他化学农药提前 $2\sim3\ d$。或用 Bt 生物杀虫剂 $200\sim300\ mL/亩$加水喷雾,也可采用诱杀成虫、采集卵块等办法防治。

5.2.3　玉米螟:夏玉米大喇叭口期受二代危害,穗期受三代危害。大喇叭口期花叶率达 10% 时,可用辛硫磷、敌百虫、敌敌畏、溴氰菊酯等杀虫剂溶液灌心、喷雾,或用其颗粒剂丢心叶,或用白僵菌粉等生物杀虫剂防治,或在产卵初期人工繁放赤眼蜂 10 000 头/亩,一般防二代放蜂 4 次,防三代放蜂 3 次,每 4 d 放蜂 1 次。抽穗期,其防治指标达 30 头/百株时,可用 80% 敌敌畏 100 倍液滴花丝,每穗 2~3 滴,或在授粉后,剪去果穗顶部花丝和茎叶,滴灌 90% 敌百虫 800 倍液。

5.2.4　玉米蚜:玉米苗期蚜虫达 1.5 万头/百株,捕食性天敌与蚜虫益害比达 1∶80 以上或蚜霉率达 60% 以上时,可用 40% 乐果乳油 100 倍液在玉米雌穗上节涂茎,或用 20% 啶虫脒乳油 3 000 倍液喷雾。

6　收获

玉米籽粒成熟标志:选在晴天,以籽粒出现光泽、变硬、黑胚层出现、乳线消失、苞叶枯松为收获标准。对不同品种,做到单收单打、单运输、单脱粒、单晒和单储,切忌混杂。

7　产后环节控制

7.1　仓储

无公害优质玉米产品的仓储,要先消毒、除虫、灭鼠,再以品种分类,挂牌和建立档案资料。不允许与其他物品混存。产品入库后,要经常检查温湿度和虫鼠霉变的防范工作。

7.2　包装

经抽检认证为无公害优质玉米产品,实行专用袋包装,包装袋必须有无公害优质玉米等级产品标准和图案及相应标准的项目指标。

7.3　运输

无公害优质玉米产品的运输工具必须无污染,做到专货专运,严禁多类货物混运,特别是不能与化肥、农药和工业品等混运。

8　生产档案

建立田间生产档案。对生产过程中重点生产技术、病虫害防治技术、采收等环节及措施进行详细记录。

无公害农产品　红薯生产技术规程

1　范围

本规程规定了无公害红薯生产的环境选择，肥料、农药使用准则，栽培控制技术等。

本规程适用于新郑市行政区域内无公害红薯的生产。

2　规范性引用文件

下列文件中的条款通过本规程的引用而成为本规程的条款。凡是注日期的引用文件，其随后所有的修改单（不包括勘误的内容）或修订版均不适用于本规程。凡是不注日期的引用文件，其最新版本适用于本规程。

NY/T 2798.1—2015　无公害农产品　生产质量安全控制技术规范　第1部分：通则

NY/T 2798.2—2015　无公害农产品　生产质量安全控制技术规范　第2部分：大田作物产品

NY/T 5010—2016　无公害农产品　种植业产地环境条件

GB 2715—2016　食品安全国家标准　粮食

LS/T 3104　甘薯（地瓜、红薯、白薯、红苕、番薯）

GB 18133　马铃薯种薯

3　基本要求

3.1　环境

产地必须选择在生态环境良好，无污染源或不直接受工业"三废"及农村、城镇生活、医疗废弃物污染的农业生产区域。产地大气、灌溉水、土壤必须符合 NY/T 2798.2—2015、NY/T 5010—2016 标准的要求。不准使用工业、医院等被污染的水源作为灌溉水。

3.2　农药施用原则

生产过程中对病虫草害等有害生物进行防治，必须坚持"预防为主，综合

防治"的原则,推广使用生物源农药及高效、低毒、低残留化学农药。交替使用农药,以免病虫草害产生抗药性。农药的使用应严格按照 NY/T 2798.1—2015、NY/T 2798.2—2015 标准的要求执行。使用的农药必须同时具有农药登记证或农药临时登记证、农药生产许可证或农药生产批准文件、农药产品标准。禁止使用国家或省、市公告禁止使用的农药及其混配剂。

3.3 肥料施用原则

以施用有机肥为主,优化配方施肥技术,以保持或增加土壤肥力及土壤生物活性。所有肥料,尤其是富含氮的肥料,应不对环境、红薯品质和植物抗性产生不良后果。推广应用秸秆还田技术。无论采用何种原料(包括人畜粪尿、秸秆、杂草等)制作有机肥料、微生物肥料等,肥料的使用应遵循 NY/T 2798.1—2015、NY/T 2798.2—2015 标准的规定。不使用城市生活垃圾肥。

4 栽培控制

4.1 育苗

4.1.1 育苗方式

根据栽培季节,春薯用酿热温床育苗和火炕温床育苗,夏薯用露地或阳畦育苗。

4.1.2 品种选择

选用优质、抗病、高产,适宜本地栽培,通过审定的新品种,高淀型品种可选用郑红 22、商薯 19、徐薯 18、徐薯 8 号、梅营 1 号、豫薯 7 号、豫薯 13、豫薯 12 等;食用型品种可选用北京 553、苏薯 8 号、郑薯 20 等。红心彩色甘薯可选用徐薯 34、商薯 19 – 3、冀薯 4 号、徐薯 23、岩薯 5 号、维多丽、徐薯 22 – 5;优质黄心甘薯可选用心香、郑红 22、徐薯 55 – 2、金玉、北京 553、鲁薯 8 号、烟 20(薯皮浅红、薯肉黄、面甜)等;优质食用紫心薯可选用京薯 6 号、宁紫薯 1 号、烟紫薯 1 号、浙紫 1 号、济薯 18、广紫 1 号、徐紫 2 号、烟紫 176;优质淡黄、白心甘薯选用栗子香、豫薯 12 号、秦薯 5 号、商薯 19;早上市、高产品种选用苏薯 8 号、郑薯 20、宁选 1 号等。

4.1.3 用种量

按用种薯量 50 ~ 60 kg/亩进行计算。

4.1.4 种薯处理

4.1.4.1 温烫浸种:用 51 ~ 54 ℃的温水,浸 10 min 即可。将水温调至 56 ~ 57 ℃,然后把装有种薯的筐放入水中,1 ~ 2 min 后水温可稳定在 51 ~ 54 ℃。

4.1.4.2 药剂处理:用 50% 多菌灵可湿性粉剂 500 倍液,或用 70% 甲基硫菌灵可湿性粉剂 800 倍液,浸薯种 10 ~ 15 min。可防止黑斑病。

4.1.5 苗床建造

4.1.5.1 酿热温床:苗床东西向,床长 5 ~ 7 m,宽 1.3 ~ 1.7 m,床底深度中间 0.5 m,北侧 0.6 m,南侧 0.7 m。在床底距北墙 0.33 m、南墙 0.17 m 处挖两条边长为 0.15 m 的沟,上覆秸秆,泥封后形成通风道。墙内挖纵沟,外侧用砖砌成,高出床墙 15 ~ 20 cm,床墙北高 45 cm,南低 7 cm,北墙每 1.5 m 留边长为 15 cm 的方形通风孔,酿热物可用禾谷作物茎叶或杂草加骡、马、牛粪配制而成。

4.1.5.2 露地育苗:依据地势高低做成平畦或高畦,排种薯后,铺好拱形架,盖上塑料薄膜,冷床式,在苗床四周做好床墙,上盖薄膜。

4.1.5.3 育苗时间:春季以气温稳定在 7 ~ 8 ℃时,3 月 10 ~ 20 日为宜。夏薯在 4 月底、5 月初育秧。

4.1.5.4 排种:苗床排种薯 20 ~ 23 kg/m²。种薯头部朝上,薯块间头尾相压 1/4,上齐下不齐,排种后撒一层土,随后浇透水,再盖床土 3 ~ 4 cm 厚。

4.1.5.5 苗床管理:高温催芽,平温长苗,低温炼苗,采苗后追肥浇水。

4.2 整地施肥

在中等肥力条件下,结合整地每亩施优质腐熟农家肥 5 000 ~ 7 500 kg,氮肥 80 kg,磷肥 5 kg(折合过磷酸钙 42 kg),钾肥 10 kg(折合硫酸钾 20 kg 或草木灰 100 ~ 150 kg),深翻入土。

4.3 整地作垄

春薯垄距按 0.7 ~ 0.8 m,夏薯垄距按 0.6 ~ 0.7 m,垄高 17 ~ 30 cm,起垄时以南北向为好,要求垄形肥胖,垄沟窄深;垄面平、垄距匀、无大垡、无硬心。

4.4 秧苗栽插

4.4.1 适时早栽

春薯 4 月 20 ~ 30 日,夏薯前茬作物收获后,争取早栽。

4.4.2 栽插方法

4.4.2.1 直插:采用 17 ~ 20 cm 短薯苗,将薯苗垂直插入土中 2 ~ 3 节,深 10 ~ 13 cm。

4.4.2.2 斜插:采用 23 cm 左右薯苗,插入土中 3 ~ 4 节,与地面成一斜角,苗尖露出地面 2 ~ 3 节。

4.4.2.3 水平插:若薯苗大于 25 cm,插时先在垄面开浅沟 5 cm 左右,将薯苗水平放入沟中 3 ~ 5 节,盖土封严后外露 2 ~ 3 节,叶片露在土外。

4.5 合理密植

中等肥力 3 500～4 000 株/亩;高水肥地 3 000～3 500 株/亩;丘陵旱薄地 4 000～5 000 株/亩。

4.6 田间管理

4.6.1 前期(栽秧至封垄)

4.6.1.1 查苗补栽:栽后 4～5 d 查苗,发现缺苗及早补栽。

4.6.1.2 浇水中耕:栽后如天气干旱可浇一次追苗水,浇水量不宜过多,浇后及时中耕。春薯生育期内浇水 2～3 次;夏薯浇水 1～2 次。

4.6.1.3 早追提苗肥:栽后 15～30 d 施硫酸铵 8～10 kg/亩。

4.6.2 中期(封垄至茎叶生长高峰)

4.6.2.1 排水防涝:当田间持水量大于 80% 时,对薯块不利,如果积水 2～3 d 会使薯块丧失生命力,发生硬心或腐烂。

4.6.2.2 提蔓:提蔓对控制茎叶徒长,促进薯块膨大有较好的效果,但要保护茎叶不翻蔓。

4.6.2.3 喷激素控制旺长:喷施多效唑或缩节胺等生长抑制剂,可以控上促下。

4.6.2.4 防治虫害:中期虫害主要有甘薯天蛾、斜纹夜蛾、造桥虫等,多发生于 7 月中旬至 9 月底,在幼虫三龄前每亩用 2.5% 敌百虫粉 1.5～2 kg 或 90% 晶体敌百虫 1 000～1 500 倍液叶面喷雾。

4.6.3 后期(茎叶生长高峰至收获)

根外追肥或叶面喷肥:落黄较快者,以氮肥为主;地上部生长较旺者,以磷、钾肥为主,均宜进行根外追肥。每亩用 1%～3% 的尿素溶液 75 kg,或用 0.2% 的磷酸二氢钾溶液 50～75 kg 叶面喷雾。

5 收获与储藏

5.1 收获

适时收获是保证甘薯质量的重要环节,也是甘薯安全储藏的前提,10 月中下旬当地温降至 15～16 ℃时开始收获,霜降前必须收完,最好选择晴天上午收获。春薯 10 月 10～20 日收刨;夏薯留种或鲜食储藏的应在 10 月 25 日以前收刨入窖。

5.2 储藏

5.2.1 入窖前薯块的选择:严禁带病、虫咬、破伤、受淹、受冻的薯块进窖。

5.2.2 药剂处理:用 25% 多菌灵可湿性粉剂加水 200～300 倍液或 70% 甲基

硫菌灵可湿性粉剂加水 800 ~ 1 000 倍液浸薯块 10 ~ 15 min,捞出淋去药水后入窖。

5.2.3 储藏窖的管理:初期入窖后 20 ~ 30 d,开门敞窗,降温散湿,待窖内温度稳定在 14 ~ 15 ℃时,封窗保温;中期入窖后 30 d 到次年立春以前,以保温防寒为主,保持窖温 12 ~ 14 ℃,相对湿度 90%。后期立春后,灵活启闭门窗,适当通风换气,保持窖温 11 ~ 14 ℃,相对湿度 90%左右。

6 病虫害防治

6.1 病害防治

6.1.1 红薯黑斑病:严格检疫,防止病源人为传播,禁止带病薯块、秧苗和薯渣调出病区,切断该病的远距离传播途径。培育无病壮苗,实行高剪苗,选择健康秧苗。在栽秧前可选用 50%多菌灵可湿性粉剂 500 ~ 700 倍液或 70%甲基硫菌灵可湿性粉剂 800 ~ 1 000 倍液浸苗。

6.1.2 红薯茎线虫病:用 3%辛硫磷颗粒剂或 3%米乐尔(氯唑磷)颗粒剂 3 ~ 5 kg/亩等药剂撒施或穴施。提倡穴施,穴施可减少 1/3 ~ 1/2 用药量。

6.2 虫害

6.2.1 红薯小象鼻虫:用 90%晶体敌百虫或 40%乐果乳油加水 700 ~ 800 倍液浸泡红薯秧或薯块,24 h 后捞出,稍晾干做饵料,每亩均匀投 40 ~ 50 小堆,上面用草秸掩盖,可诱杀成虫。

6.2.2 红薯麦蛾:铲除田间及地边旋花科杂草,以消灭越冬蛹;在幼虫盛发期摘除虫害卷叶杀死幼虫,发生严重时于卵孵化盛期用菊酯类、阿维菌素类等杀虫剂喷雾防治。

6.2.3 旋花天蛾:可在冬耕时随犁捕拾越冬虫蛹,利用灯光或糖蜜诱杀成虫,人工捕杀幼虫。严重发生时,可在三龄幼虫以前喷撒 2.5%敌百虫粉剂,或 80%敌敌畏乳油 1 500 倍液,或青虫菌、杀螟杆菌 300 倍液。

6.2.4 斜纹夜蛾:利用黑光灯、糖醋诱杀液等诱杀。蛾盛发期,在薯田内顺垄慢步并迎向日光,寻找带黑斑的叶片,摘除其中卵块,连续采摘数次;从薯田检查呈麻沙状为害斑的叶子背面,捕杀初孵尚未分散的幼虫或利用高龄幼虫的伪死性,用棍棒震出薯蔓,使幼虫震落地面后捕杀;发生严重时在幼虫一、二龄期,用 2.5%敌百虫粉剂 1.5 ~ 2 kg/亩喷粉,或用 90%晶体敌百虫 1 000 倍液或 5%杀螟松乳油 1 000 ~ 2 000 倍液或 1.8%阿维菌素乳油 3 000 倍液喷雾。

7 生产档案

　　建立田间生产档案。对生产过程中重点生产技术、病虫害防治技术、采收等环节及措施进行详细记录。

无公害农产品　谷子生产技术规程

1　范围

本规程规定了无公害谷子生产的基地环境条件,农药、肥料的使用准则,栽培技术措施等。

本规程适用于新郑市行政区域内无公害谷子的生产。

2　规范性引用文件

下列文件中的条款通过本规程的引用而成为本规程的条款。凡是注日期的引用文件,其随后所有的修改单(不包括勘误的内容)或修订版均不适用于本规程。凡是不注日期的引用文件,其最新版本适用于本规程。

NY/T 2798.1—2015　无公害农产品　生产质量安全控制技术规范　第1部分:通则

NY/T 2798.2—2015　无公害农产品　生产质量安全控制技术规范　第2部分:大田作物产品

NY/T 5010—2016　无公害农产品　种植业产地环境条件

GB 2715—2016　食品安全国家标准　粮食

GB 4404.1　粮食作物种子　第1部分:禾谷类

GB 8232　谷子

3　基本要求

3.1　环境

产地必须选择在生态环境良好,无污染源或不直接受工业"三废"及农村、城镇生活、医疗废弃物污染的农业生产区域。产地大气、灌溉水、土壤必须符合 NY/T 2798.2—2015、NY/T 5010—2016 标准的要求。

3.2　农药施用原则

生产过程中对病虫草害等有害生物进行防治,必须坚持"预防为主,综合防治"的原则,推广使用生物源农药及高效、低毒、低残留化学农药。交替使用农药,以免病虫草害产生抗药性。农药的使用应严格按照 NY/T 2798.1—2015、NY/T 2798.2—2015 标准的要求执行。使用的农药必须同时具有农药登记证或农药临时登记证、农药生产许可证或农药生产批准文件、农药产品标准。禁止使用国家或省、市公告禁止使用的农药及其混配剂。

3.3 肥料施用原则

按照优化配方施肥技术,以有机肥为主,以保持或增加土壤肥力及土壤生物活性。所有肥料,尤其是富含氮的肥料,应不对环境、谷子品质和植物抗性等产生不良后果。推广应用秸秆还田技术。无论采用何种原料(包括人畜粪尿、秸秆、杂草等)制作有机肥料、微生物肥料等,肥料的使用应遵循 NY/T 2798.1—2015、NY/T 2798.2—2015 标准的要求。不使用城市生活垃圾肥。禁止使用硝态氮肥。

3.4 主要气象条件

谷子生育期内,要求有效积温 2 000 ~ 2 600 ℃;日照时数为 680 ~ 750 h;自然降雨量为 400 ~ 600 mm。

4 栽培控制

4.1 种子准备

4.1.1 品种选择:选择抗病虫、抗逆性强、适应性广、高产优质的谷子新品种,如豫谷 18、豫谷 28、豫谷 17、豫谷 19、冀谷 19、大同谷 30 号、豫谷 22、豫谷 13、懒谷 3 号、张杂谷 8 号和张杂谷 11 号等。亩产 250 kg 左右的中肥力地块,选用豫谷 9 号、豫谷 11 号、金谷 2401 等耐瘠薄品种。

4.1.2 异地换种:有计划地在异地繁殖良种,收前田间去杂,收后安全储存。

4.1.3 品种质量:种子质量达到 GB 4404.1 标准的要求,即种子纯度和净度不低于 98%,发芽率不低于 85%,水分不高于 13%。

4.2 播前种子处理

4.2.1 晒种:播种前一周,将谷种摊放在席子上翻晒 2 ~ 3 d。

4.2.2 选种:播前 3 ~ 5 d 用 10% 的盐水选种,除去漂在水面上的秕粒、杂质、草粒等,然后将下沉种子捞出,用清水冲洗 2 ~ 3 遍,晾干。

4.2.3 药剂拌种:防治线虫和地下害虫等用种子量 0.2% ~ 0.5% 的 50% 辛硫磷乳油拌种,加水量为种子质量的 15%,拌后闷种 4 h,然后晾干播种;防治白发病用种子量 0.2% 的 35% 阿普隆(甲霜灵)拌种剂或用种子量 0.3% 的 58% 雷多米尔锰锌(甲霜灵与代森锰锌复配的混剂)可湿性粉剂拌种;防治黑穗病用种子量 0.3% ~ 0.5% 的三唑酮或多菌灵拌种。提倡使用种衣剂或包衣种子。

4.3 播前整地

秋耕要做到早、深、细,秋耕深度一般要求达到 20 cm 以上。春耕以土壤返浆后化透时立即进行最好,深度一般为 10 cm 左右,耕后随之耙耱或镇压。结合耕地施入定量基肥,每亩施优质有机肥 2 500 ~ 3 000 kg,碳酸氢铵 25 ~ 30 kg,过磷酸钙 40 ~ 60 kg;夏谷由于茬口晚,抢早播,可以在苗期结合中耕除草,开沟追施 150 ~ 200 kg/亩的饼肥和上述用量的化肥。

4.4 播种

4.4.1 播种时间:春谷在 5 月上旬;夏谷在 6 月上中旬。

4.4.2 播种方式及深度:耧播和机播两种,播种量 0.4 ~ 0.5 kg/亩;播种深度,春谷 3 ~ 4 cm,夏谷 2 ~ 3 cm。播后根据土壤墒情及时镇压。

4.5 田间管理

4.5.1 苗期管理(出苗至拔节)

4.5.1.1 搞好"三防":谷子出苗时防止烧尖、灌耳、蜷死三种死苗现象。烧尖预防措施是早晨和下午 4:00 后播种,出苗时间可避免高温和暴晒而造成的烧尖死苗现象;灌耳预防措施是播后砘压,猫耳期不得灌水;蜷死预防措施是播后不能浇水,若遇雨板结应松动表土。

4.5.1.2 保全苗,促壮苗:出苗后及时查苗补种,适时蹲苗。3 ~ 4 叶期间苗,6 ~ 7 叶期定苗,一般每亩留苗 5 万株左右;或 4 ~ 6 叶期间苗、定苗一次完成,间苗、定苗时去弱苗、病苗、杂苗,留壮苗、齐苗。

4.5.1.3 中耕除草、施肥:结合间苗、定苗,开始第一次中耕除草,铁茬播种的,结合中耕灭茬补施基肥。

4.5.2 穗期管理(拔节至抽穗)

4.5.2.1 追肥:拔节后到孕穗期结合培土和浇水,追施尿素 15 ~ 20 kg/亩或硫酸铵 30 ~ 40 kg/亩。

4.5.2.2 浇水:浇水随追肥进行。抽穗前 10 d 左右浇一次水,保证抽穗整齐,防止"卡脖旱"。

4.5.2.3 培土:在拔节后、封垄前,根据天气和墒情进行深锄并培土。干旱时不宜深中耕。

4.5.3 粒期管理(抽穗至成熟)

4.5.3.1 灌溉:适时浇水,并注意防涝、防倒伏。

4.5.3.2 根外追肥:可用 0.25% 的磷酸二氢钾溶液叶面喷施,或用 2% ~ 3% 的过磷酸钙浸出液叶面喷施 1 ~ 2 次。

4.6　生长期病虫害防治

4.6.1　虫害防治

4.6.1.1　粟灰螟:以幼虫蛀茎危害为主,在幼虫3龄前(尚未钻蛀茎秆),用25%杀螟松乳油200 g/亩兑水25 kg喷雾。

4.6.1.2　粟茎跳甲(土跳蚤):以幼虫钻蛀茎内危害,当谷子长到三叶期时,喷2.5%敌百虫粉剂。

4.6.1.3　黏虫:为谷子生育后期的主要虫害,可用90%晶体敌百虫1 000～1 500倍液或80%敌敌畏乳油2 000～3 000倍液喷雾防治。

4.6.1.4　蚜虫:用50%抗蚜威可湿性粉剂10～15 g/亩加水50 kg或10%吡虫啉可湿性粉剂3 000倍液等喷雾防治。

4.6.2　病害防治

4.6.2.1　瘟病:发病初期用70%甲基托布津可湿性粉剂2 000倍液喷雾或用0.4%雷霉素粉剂2.0～2.5 kg/亩喷粉。

4.6.2.2　锈病:发病初期(病株率5%)用粉锈宁(三唑酮)有效成分15～20 g/亩加水75～100 kg,或用70%代森锰锌可湿性粉剂400～600倍液喷雾。

4.6.2.3　白发病:播种前药剂拌种(见本规程4.2.3)是防治谷子白发病的关键。生长期,田间发现病株应及时拔除销毁。

5　成熟及收获后续管理

籽粒的颜色为本品种的特征颜色,谷粒变硬、穗全部变黄,易脱粒,此时即可收获。收后及时脱粒、晾晒,防止霉烂变质。

6　生产档案

建立田间生产档案。对生产过程中重点生产技术、病虫害防治技术、采收等环节及措施进行详细记录。

无公害农产品 大豆生产技术规程

1 范围

本规程规定了无公害大豆生产中环境选择，农药、肥料的使用准则，栽培控制。

本规程适用于新郑市行政区域内夏播无公害大豆（包括麦垄套种及与禾本科作物间作）的生产。

2 规范性引用文件

下列文件中的条款通过本规程的引用而成为本规程的条款。凡是注日期的引用文件，其随后所有的修改单（不包括勘误的内容）或修订版均不适用于本规程。凡是不注日期的引用文件，其最新版本适用于本规程。

NY/T 2798.1—2015 无公害农产品 生产质量安全控制技术规范 第1部分：通则

NY/T 2798.2—2015 无公害农产品 生产质量安全控制技术规范 第2部分：大田作物产品

NY/T 5010—2016 无公害农产品 种植业产地环境条件

GB 2715—2016 食品安全国家标准 粮食

GB 4404.2 粮食作物种子 第2部分：豆类

GB 1352 大豆

3 基本要求

3.1 环境

产地必须选择在生态环境良好，无污染源或不直接受工业"三废"及农村、城镇生活、医疗废弃物污染的农业生产区域。产地大气、灌溉水、土壤必须符合 NY/T 2798.2—2015、NY/T 5010—2016 标准的要求。

3.2 农药施用原则

生产过程中对病虫草害等有害生物进行防治，必须坚持"预防为主，综合

防治"的原则,推广使用生物源农药及高效、低毒、低残留化学农药。交替使用农药,以免病虫草害产生抗药性。农药的使用应严格按照 NY/T 2798.1—2015、NY/T 2798.2—2015 标准的要求执行。使用的农药必须同时具有农药登记证或农药临时登记证、农药生产许可证或农药生产批准文件、农药产品标准。禁止使用国家或省、市公告禁止使用的农药及其混配剂。

3.3 肥料施用原则

以施用有机肥为主,优化配方施肥技术,以保持或增加土壤肥力及土壤生物活性。所有肥料,尤其是富含氮的肥料,应不对环境、大豆品质和植物抗性等产生不良后果。推广秸秆还田技术。无论采用何种原料(包括人畜粪尿、秸秆、杂草等)制作堆肥、有机肥、微生物肥料等,肥料的使用应遵循 NY/T 2798.1—2015、NY/T 2798.2—2015 标准的规定。不使用城市生活垃圾肥。禁止使用硝态氮肥。

4 栽培控制

4.1 整地

大豆重茬、迎茬(隔年种)对产量和品质有不同程度的影响,病虫害也较为严重,故应合理轮作倒茬。夏大豆生育期短,一般来不及整地施肥,尤其是麦垄套种大豆,实行麦前深耕 20 cm 左右对后作大豆有明显的增产效果。结合深耕增施农家肥,达到粪土充分混合,熟化土壤,可为后作大豆创造良好的肥力基础。

4.2 品种选择

4.2.1 选择优良品种

要选用适宜本地栽培、通过审定的新品种。根据种植方式和土壤肥力不同选择不同的品种。一般中上等肥力和麦垄套大豆应选用中晚熟增产潜力大的有限结荚习性的品种,如郑 196、豫豆 22、豫豆 29、周豆 12、许豆 6 号、齐黄 34、中黄 13、中黄 37、中黄 39、中黄 42、中黄 57、郑 7051、郑 9805、郑 92116、荷豆 19、濮豆 6018、滑豆 20 等。玉米间作大豆地块选用耐阴高产型品种,如开豆 41、科丰 6 号等。不选用转基因大豆品种。

4.2.2 种子精选

种子播前要进行精选,去除杂质、杂粒、病虫粒和秕粒。种子质量符合 GB 4404.2 标准的要求,即净度不低于 98%,纯度不低于 98%,发芽率不低于 85%,种子含水量不高于 12%。

4.3 种子处理

提倡使用包衣种子,或用 0.1% 的钼酸铵、硫酸锌、硼砂混合水溶液浸种子 6 h,或用增产菌 100 mL/亩加适量水拌种,晾干后 24 h 内播种。

4.4 播种时期

夏播大豆适时早播是大豆增产的有效措施,应采用麦垄套种大豆,对不适应麦垄套种的田块,可采取麦收后铁茬抢种。适播期为小麦高产地块以麦收前 7 d 为宜,中低产田以麦收前 7~12 d 为宜,最迟不晚于 6 月 15 日为宜。

4.5 种植密度和方法

4.5.1 密度原则

中晚熟品种宜稀,早熟品种宜密;肥力高宜稀,肥力低宜密。植株高大、生长繁茂、分枝性强的品种应适当减小密度,反之增加密度。中晚熟品种高产地块适宜密度 1.5 万~1.8 万株/亩;早熟品种中低产地块适宜密度 1.6 万~2.2 万株/亩。按穴点种,每穴留苗 2~3 株。用独腿耧条播,出苗后应及时采间苗。行距以麦垄宽窄而定,可采用 40~50 cm 等行,或 40~50 cm、20~25 cm 宽窄行,穴距 20~30 cm,播种深度 4~5 cm。

4.5.2 播种量

大豆播种量按下列公式计算:

$$播种量(kg/亩) = \frac{计划保苗数(株/亩) \times 百粒重(g)}{1\,000 \times 100 \times (1 - 田间损失率)}$$

公式中的田间损失率,一般在 10%~15%。

一般百粒重 20 g 左右,发芽率正常的种子播种量为 5~6 kg/亩。

4.5.3 种植方式

新郑市大豆种植方式多和其他禾谷类作物间作。在间套作时,一般要求主作物的密度不减小,或略有减小,适当加入副作物,以保证主作物的增产优势。以最常见的玉米、大豆间作为例,以玉米为主作物,玉米用宽窄行,宽行 80 cm,窄行 40 cm,在宽行中增种一行大豆;以大豆为主作物时,大豆至少要种 6 行,间作的玉米行要少,以 1~2 行为宜,否则将严重影响大豆生长。

4.6 田间管理

4.6.1 苗期管理

查苗补种与间苗:麦垄套种大豆,麦收后凡缺苗断垄在 30 cm 以上的应及时补栽或补种。在大豆子叶展开后到 2 片单叶出现时及时手工间苗、定苗。

4.6.2 合理灌排水

大豆幼苗期比较耐旱,需水量约占总需水量的 20%,土壤含水量不低于

18%,就不用浇水。大豆花荚期是需水较多的时期,需水量占总需水量的50%左右,土壤含水量必须保持在30%左右,若雨量不足应及时浇水。鼓粒期要注意排灌结合,缺水会造成秕粒增多,若大雨造成田间积水要及时排涝。

4.7 合理施肥

夏大豆生育期短,季节赶得紧,来不及整地施肥播种,麦垄点种的大豆使用基肥困难,为促进生长,首先要重视苗期追肥和中后期叶面喷施肥料。

4.7.1 苗期追肥

麦收后结合灭茬每亩施入150 kg人粪尿或200 kg优质土杂肥。根据土壤肥力情况每亩追施过磷酸钙40~45 kg,尿素2.5~6 kg;或一次每亩施磷酸二铵7 kg。追肥时最好分层施于12 cm和20 cm处。

4.7.2 叶面追肥

大豆前期长势差时,在大豆初花期,每亩用尿素600~700 g,加磷酸二氢钾100 g、钼酸铵25 g、硼砂15 g溶于20~25 kg水中喷施。大豆鼓粒期每亩用钼酸铵25 g、磷酸二氢钾150 g、硼砂50 g加水20~25 kg叶面喷施。

叶面喷肥可结合病虫害防治用药一同进行。

4.8 病虫草害防治

危害大豆的病虫害主要有大豆食心虫、豆荚螟、豆天蛾、造桥虫、蚜虫等。防治大豆食心虫、豆荚螟,一般发生年份放置赤眼蜂卵2~3片/亩即可,发生较重时可在大豆开花期喷洒聚酯类、阿维菌素类等杀虫剂。豆天蛾、造桥虫、豆蚜等害虫发生严重时可在7月中旬用药同时防治大豆食心虫,如果发生较轻可在8月上旬与防治大豆食心虫时一次性用药。

大豆田间化学除草:一是播种后,出苗前用都尔(异丙甲草胺)、乙草胺等除草剂封闭土表;二是出苗后用高效盖草能(防除禾本科杂草)、虎威(氟磺胺草醚)、(防除阔叶杂草)等除草剂进行茎叶处理。

5 成熟及收获

5.1 大豆成熟期

5.1.1 生理成熟期

大豆主茎上任何一节的豆荚均达成熟颜色,标志着全株已达到生理成熟。

5.1.2 农业成熟期

农业成熟期表现为茎秆变褐,叶及叶柄全部脱落,用手摇动植物,籽粒在荚内发出响声,籽粒已经归圆变硬。

5.2　大豆收获期

当田间 10% 的植株叶片尚未脱落，有 70% ~ 80% 的植株叶柄已经脱落时，荚与粒间白膜消失，是人工收割的最佳时期；植株叶柄全部脱落，籽粒变硬的完熟期，是机械收获的适宜时期。

5.3　收获方法

5.3.1　人工收获

人工收获应在植株尚有较高含水量不易炸荚时进行，做到割茬低，不丢枝、不掉荚，及时拉打，使损失率小于 2% 。

5.3.2　机械收获

机械收获有分段机械收获与联合机械收获两类。分段机械收获在黄熟期末进行，联合机械收获在完熟期进行。机械收获要求割茬不高于 5 cm，不留底荚。分段机械收获割后籽粒含水量降低到 15% 以下时要及时拾禾脱粒，综合损失率不超过 3% ，收割损失率不超过 1% ，拾禾损失率不超过 2% 。联合机械收获综合损失率不超过 4% ，收割损失率不超过 2% ，脱粒损失率不超过 2% ，破碎粒不超过 3% 。

6　生产档案

建立田间生产档案。对生产过程中重点生产技术、病虫害防治技术、采收等环节及措施进行详细记录。

无公害农产品 绿豆生产技术规程

1 范围

本规程规定了无公害绿豆生产中环境选择，农药、肥料的使用准则，栽培技术措施等。

本规程适用于新郑市行政区域内无公害绿豆的生产。

2 规范性引用文件

下列文件中的条款通过本规程的引用而成为本规程的条款。凡是注日期的引用文件，其随后所有的修改单（不包括勘误的内容）或修订版均不适用于本规程。凡是不注日期的引用文件，其最新版本适用于本规程。

NY/T 2798.1—2015 无公害农产品 生产质量安全控制技术规范 第1部分：通则

NY/T 2798.2—2015 无公害农产品 生产质量安全控制技术规范 第2部分：大田作物产品

NY/T 5010—2016 无公害农产品 种植业产地环境条件

GB 2715—2016 食品安全国家标准 粮食

GB 4404.2 粮食作物种子 第2部分：豆类

GB/T 10462 绿豆

3 基本要求

3.1 环境

产地必须选择在生态环境良好，无污染源或不直接受工业"三废"及农村、城镇生活垃圾、医疗废弃物污染的农业生产区域。产地大气、灌溉水、土壤必须符合 NY/T 2798.2—2015、NY/T 5010—2016 标准的要求。不准使用工业、医院等被污染的水源作为灌溉水。

3.2 农药施用原则

生产过程中对病虫草害等有害生物进行防治，必须坚持"预防为主，综合

防治"的原则,推广使用生物源农药及高效、低毒、低残留化学农药。交替使用农药,以免病虫草害产生抗药性。农药的使用应严格按照 NY/T 2798.1—2015、NY/T 2798.2—2015 标准的要求执行。使用的农药必须同时具有农药登记证或农药临时登记证、农药生产许可证或农药生产批准文件、农药产品标准。禁止使用国家或省、市公告禁止使用的农药及其混配剂。

3.3 肥料施用原则

以有机肥为主,优化配方施肥技术,以保持或增加土壤肥力及土壤生物活性物质。所有肥料,尤其是富含氮的肥料,应不对环境、绿豆品质和植物抗性产生不良后果。推广应用秸秆还田技术。无论采用何种原料(包括人畜粪尿、秸秆、杂草等)制作有机肥料、微生物肥料等,肥料的使用应遵循 NY/T 2798.1—2005、NY/T 2798.2—2015 标准的规定。不使用城市生活垃圾肥。

4 栽培控制

4.1 土壤选择

绿豆适应性强,耐微酸、微碱,耐瘠性强,对土壤要求不太严格。最适宜在土层深厚,有机质丰富、排水良好、保水、保肥能力较强的中性或弱碱性土或沙质壤土上生长。

4.2 整地施肥

4.2.1 净作绿豆地要在前茬收获后及时耕地灭茬,施足底肥,需深耕细耙,做到地平土碎,以利于出苗齐全。

4.2.2 生产无公害绿豆应以充分腐熟的有机农家肥作底肥,按每亩优质农家肥 2 500 kg 左右,并混施过磷酸钙 20~25 kg、硫酸铵 10 kg。

4.2.3 如来不及施底肥,在生长前期即分枝至始花期,要施入一定数量的氮、磷肥,以增强根瘤菌固氮能力和增加花芽分化。

4.3 品种选择

选用优质、高产、抗病性好,适应当地栽培的推广品种,如郑绿 6 号、郑绿 7 号、郑绿 8 号、郑绿 9 号、郑绿 10 号、中绿 2 号、中绿 1 号、绿引 2 号等。质量应达到 GB 4404.2 的要求,即净度达到 98%,纯度达到 96%,发芽率达到 85%,种子含水量小于 13%。

4.4 种子处理

播种前,选择晴天晒种 1~2 d,以提高种子活力,增强发芽势,防治病虫害。

4.5 播种

4.5.1 播种期

4.5.1.1 春播:绿豆播种期以土壤耕层5 cm地温稳定在14 ℃时,为春播绿豆的始期。一般春播在4月中下旬到5月上中旬。

4.5.1.2 夏播:绿豆一般在6月中下旬播种,要力争早播。

4.5.2 播种方法

绿豆播种方法有条播、穴播和撒播三种。目前生产上多采用条播,因绿豆耐阴性强,在生产中多与高秆作物间套种或混种。

4.5.3 播种量

4.5.3.1 净作田条播,行距40 cm,播种量为1.5~2 kg/亩。

4.5.3.2 间套种田条播,播种量1.5~2 kg/亩,播种深度以4~4.5 cm为宜。

4.6 加强田间管理

4.6.1 适时间苗、定苗

间苗在第一对真叶展开时进行,定苗在4片真叶时进行。株距在13~16 cm,单作行距在40 cm左右,留苗密度为高肥田0.7万~0.9万株/亩,中肥田1万~1.2万株/亩,瘠薄地块1.3万~1.5万株/亩。间苗、定苗时注意剔除病苗、弱苗、小苗,选留壮苗。

4.6.2 加强中耕

绿豆从出苗到开花一般中耕3~4遍。第一对真叶展开时,结合间苗进行第一次中耕,浅耕灭草,防止板结;4片真叶时进行第二次中耕,深耕松土,促进根瘤发育;5~6片真叶至开花再中耕1~2次。

4.6.3 加强肥水管理

4.6.3.1 苗期根瘤菌无固氮能力,可施尿素2~3 kg/亩。花荚期绿豆需肥量大增,要重施花荚肥,可在初花期每亩追施尿素7~10 kg、过磷酸钙10~15 kg。生长后期若遇缺肥,每亩用磷酸二氢钾150~200 g,加尿素0.5~0.8 kg,加水50~60 kg,进行叶面喷洒。

4.6.3.2 花荚期追施硫酸铵3~5 kg/亩。

4.6.3.3 开花后需水量增大,花荚期对水分最敏感,因此在初花期和鼓粒阶段遇旱要注意浇水。同时也要防止雨涝,田间积水时,及时排水,以免受渍害。

4.7 病虫害防治

对绿豆危害较大的病害有叶斑病及病毒病;苗期主要的地下害虫是地老虎;花蕾期易发生豆荚螟、蚜虫等虫害。

4.7.1 病害防治:首先是选择抗性品种;其次是使用生物药剂防治,对叶斑病等真菌性病害可喷洒多菌灵、代森锰锌、百菌清、甲基硫菌灵等杀菌剂。

4.7.2　害虫防治:一般发生的年份可放置赤眼蜂卵 2～3 片/亩防治,发生较重时可在绿豆开花期喷洒菊酯类、阿维菌类等杀虫剂。

5　适时收获

绿豆开花结荚先后不一,豆荚成熟也不一致,一般应根据情况人工分次采摘,在豆荚变成褐色时,要及时分批采摘,每隔 5～7 d 收摘 1 次,连续收摘 3～5 次即可割秧清田。

6　生产档案

建立田间生产档案。对生产过程中重点生产技术、病虫害防治技术、采收等环节及措施进行详细记录。

无公害农产品　高粱生产技术规程

1　范围

本规程规定了无公害高粱生产中环境选择，农药、肥料的使用准则，栽培控制。

本规程适用于新郑市行政区域内春、夏播无公害高粱的生产。

2　规范性引用文件

下列文件中的条款通过本规程的引用而成为本规程的条款。凡是注日期的引用文件，其随后所有的修改单（不包括勘误的内容）或修订版均不适用于本规程。凡是不注日期的引用文件，其最新版本适用于本规程。

NY/T 2798.1—2015　无公害农产品　生产质量安全控制技术规范　第1部分：通则

NY/T 2798.2—2015　无公害农产品　生产质量安全控制技术规范　第2部分：大田作物产品

NY/T 5010—2016　无公害农产品　种植业产地环境条件

GB 2715—2016　食品安全国家标准　粮食

GB 4404.1　粮食作物种子　第1部分：禾谷类

GB/T 8231　高粱

3　基本要求

3.1　环境

产地必须选择在生态环境良好，无污染源或不直接受工业"三废"及农村、城镇生活垃圾、医疗废弃物污染的农业生产区域。产地大气、灌溉水、土壤必须符合 NY/T 2798.2—2015、NY/T 5010—2016 标准的要求。

3.2　农药施用原则

生产过程中对病虫草害等有害生物进行防治，必须坚持"预防为主，综合防治"的原则，推广使用生物源农药及高效、低毒、低残留化学农药。交替使用农药,以免病虫草害产生抗药性。农药的使用应严格按照 NY/T 2798.2—2015 标准的要求执行。使用的农药必须同时具有农药登记证或农药临时登记证、农药生产许可证或农药生产批准文件、农药产品标准。禁止使用国家或省、市公告禁止使用的农药及其混配剂。

3.3 肥料施用原则

以施用有机肥为主,优化配方施肥技术,以保持或增加土壤肥力及土壤生物活性。所有肥料,尤其是富含氮的肥料,应不对环境、高粱品质和植物抗性产生不良后果。推广应用秸秆还田技术。无论采用何种原料(包括人畜粪尿、秸秆、杂草等)制作有机肥、微生物肥料等,肥料的使用应遵循 NY/T 2798.1—2015、NY/T 2798.2—2015 标准的规定。不使用城市生活垃圾肥。

4 栽培控制

4.1 土壤选择

选用土层深厚、结构良好、土壤肥沃、土壤有机质含量1% 以上、pH 值为6.5 ~ 8 的土壤。无公害高粱产地土壤环境质量应符合 NY/T 2798.2—2015 标准的要求。

4.2 整地

春播高粱整地应在秋后适当深耕,耕翻深度一般25 ~ 30 cm,夏播高粱整地主要是浅耕灭茬,疏松表土,混合土肥和蓄水保墒,一般耕深 4 ~ 6 cm,耕后及时耙耱,破碎坷垃,使地面平整,为播种做好准备。

4.3 施足底肥

播前必须施足底肥,以每亩施35% 复混肥 50 kg、优质农家肥 2 500 ~ 3 000 kg为宜,提倡使用高粱专用肥及钾肥。

4.4 品种选择

应选用优质、高产、抗逆性好,适合本地栽培的推广品种,如豫粱 7 号、豫粱 8 号、豫粱 9 号、商粱 11 号、商粱 12 号等。种子质量要达到 GB 4404.1 标准的要求(见表4.4)。

表 4.4　高粱种子质量标准

项目	纯度(%)	净度(%)	发芽率(%)	水分(%)
指标	≥98	≥98	≥85	≤13

4.5 播种

4.5.1 种子处理

晒种:选晴好天气晒种 1～2 d。晒种时薄摊、勤翻,但要防止破壳。勿在沥青、水泥路上晒种。必要时可使用药剂拌种或使用种衣剂,防治病虫害。

4.5.2 播种期

一般以土壤耕层 5 cm 地温稳定在 12 ℃时为宜。春播在 4 月下旬至 5 月中旬,夏播在 6 月 15 日前后。

4.5.3 播种量

红粒品种播种量 1.5 kg/亩左右,白粒品种 2～3 kg/亩,间苗、定苗后 6 000～7 000 株/亩。

4.5.4 播种技术

4.5.4.1 播种方式:采用耧播种或人工穴播。

4.5.4.2 播种深度:普通红粒品种根茎长,芽鞘顶土力强,一般播深以 4～6 cm 为宜;白粒品种根茎短,牙鞘软,顶土力弱,一般以 3～4 cm 为宜。

4.5.4.3 播后镇压:可使种子和土壤紧密接触,吸收水分,避免播种后土壤过于疏松,孔隙增大,水分蒸发,致使种子不能发芽出苗。

4.6 灌水

新郑市的降水资源一般能满足高粱生长发育的要求,只是有时自然降水分布不均匀,因此必须根据高粱的需水规律,结合当年降水特点以及土壤水分状况,适时进行补充灌溉。

4.7 追肥

追肥应掌握"前重后轻"的施肥原则,即重施拔节肥,轻施挑旗肥,前肥攻穗,后肥攻粒。在底肥、种肥充足时,苗期一般不进行追肥。拔节至抽穗一般每亩追硫酸铵 15～20 kg 或尿素 5～5.7 kg。

4.8 田间管理技术

4.8.1 适时间苗、定苗

出苗后 3～4 叶时进行间苗,每穴留 1～2 苗,多余的去掉,间苗后 10～12 d,幼苗长到 5～6 叶时进行定苗。

4.8.2 中耕除草与蹲苗

苗期一般中耕两次,定苗时进行第一次中耕,10～15 d 后进行第二次中耕,中耕时掌握苗旁浅、行间深、不伤苗、不压苗、不漏草。

4.8.3 防治病虫害

黑穗病是高粱生育中后期的主要病害,田间发现病株要及时拔除,带出田外集中销毁。虫害主要是高粱蚜虫，以化学防治为主，可用2.5%溴氰菊酯乳油或5%吡虫啉可湿性粉剂2 000倍液喷施。危害茎秆及穗部的有玉米螟和高粱条螟，严重发生时可使用菊酯类或阿维菌素类等杀虫剂进行喷雾防治。高粱对敌敌畏等有机磷农药敏感，使用时易发生药害，不宜使用。严禁用除草剂。

5 适期收获

最适收获为高粱籽粒干物质积累的最高时期，即蜡熟末期。

6 生产档案

建立田间生产档案。对生产过程中重点生产技术、病虫害防治技术、采收等环节及措施进行详细记录。

无公害农产品　花生生产技术规程

1　范围

本规程规定了无公害花生生产中环境选择，农药、肥料的使用准则，栽培控制技术等。

本规程适用于新郑市行政区域内春、夏播无公害花生的生产。

2　规范性引用文件

下列文件中的条款通过本规程的引用而成为本规程的条款。凡是注日期的引用文件，其随后所有的修改单（不包括勘误的内容）或修订版均不适用于本规程。凡是不注日期的引用文件，其最新版本适用于本规程。

NY/T 2798.1—2015　无公害农产品　生产质量安全控制技术规范　第1部分：通则

NY/T 2798.2—2015　无公害农产品　生产质量安全控制技术规范　第2部分：大田作物产品

NY/T 5010—2016　无公害农产品　种植业产地环境条件

GB 2715—2016　食品安全国家标准　粮食

GB 4404.2　粮食作物种子　第2部分：豆类

GB 4407.2　经济作物种子　第2部分：油料类

3　基本要求

3.1　环境

产地必须选择在生态环境良好，无污染源或不直接受工业"三废"及农村、城镇生活垃圾、医疗废弃物污染的农业生产区域。产地大气、灌溉水、土壤必须符合 NY/T 2798.2—2015、NY/T 5010—2016 标准的要求。

3.2　农药施用原则

生产过程中对病虫草害等有害生物进行防治，必须坚持"预防为主，综合防治"的原则，提倡施用生物农药进行防治。推广施用高效、低毒、低残留农药。农药的施用要按 NY/T 2798.2—2015 标准的要求进行。严格控制施用化学农药和植物生长调节剂。

3.3 肥料施用原则

以施用有机肥为主,优化配方施肥技术,以保持或增加肥力及土壤中的生物活性物质。所有肥料,尤其是富含氮的肥料,应不对环境、花生品质和植物抗性等产生不良后果。推广秸秆还田技术。无论采用何种原料(包括人畜粪尿、秸秆、杂草等)制作堆肥、有机肥、微生物肥料等,肥料的使用应遵循 NY/T 2798.1—2015、NY/T 2798.2—2015 标准的规定。

4 栽培控制

4.1 土壤选择

要求土壤耕层深厚,地势平坦,排灌方便,土壤结构适宜,理化性状良好,有机质含量在 10 g/kg 以上,碱解氮含量在 40 mg/kg 以上,速效磷含量在 15 mg/kg 以上,速效钾含量在 80 mg/kg 以上,土壤 pH 为 6.5 ~ 7.5,土壤全盐含量不得高于 2 g/kg。同时,要求前茬 3 年内未种植花生。

4.2 品种选择

选用优质、高产、抗病性好,适应当地栽培,通过审定的新品种,如春花生可选用豫花 15、开农 61(高油酸)、开农 1715(高油酸)、豫花 9719(出口型)、豫花 9502(出口型)、商研 9658、花育 17 号、花育 22 号(出口型)、花育 25 号等大粒品种;夏花生可选用豫花 22 号(珍珠豆型)、豫花 9326、豫花 9327、豫花 9331、远杂 9102(珍珠豆型)、远杂 9307(珍珠豆型出口)、郑农花 7 号、濮花 16 号(出口型)、开农 41、豫花 23 号(珍珠豆型)、白沙 1016、鲁花 9 号、鲁花 15 号(珍珠豆型出口)等中早熟品种。

4.3 种子处理

播前 15 d 晾晒 3 d,剥壳,勿在沥青、水泥路或场上暴晒种子,剔去暗黄粒、病虫粒、秕粒,选择粒大饱满、无病虫的籽粒作种用。必要时应使用农药或微量元素拌种或浸种。如防治苗期病害用种子量 0.3% 的适乐时(咯菌腈)悬浮种衣剂包衣,用生物磷钾肥 1 kg/亩拌种。

4.4 播种

4.4.1 播种期

春播 4 月下旬,地膜覆盖可提前到 4 月 15 日前后,夏播 6 月 15 日前。

4.4.2 播种量及播种方式

播种量应根据土壤墒情、整地质量、品种特性、播期而定,一般为 15 ~ 20

kg/亩。依据具体情况可采取条播(犁垡)、点播(麦垄套)。

4.4.3 播种密度

播种密度应依据土壤肥力、品种特性而定,一般春播7 500~9 000穴/亩,夏播可提高到10 000~12 000穴/亩,每穴2粒。

4.5 中耕

一般中耕3次。第一次在齐苗后,将幼苗周围浮土向四周扒开,使两片子叶和子叶叶腋侧芽露出土面,深度2~3 cm,这一过程生产上称为"清棵";地膜覆盖田应注意破膜助苗出土;第二次在清棵后15~20 d进行深中耕,深度7~10 cm;第三次中耕一般在初花期进行,深度5 cm左右,并可进行追肥及根部培土。地膜覆盖田一般免中耕。

4.6 水肥管理

在花生果针入土前追施尿素4 kg/亩,盛花阶段要重视抗旱,成熟期应注意排涝。对有旺长苗头的,尤其是地膜覆盖田,当株高35~40 cm时喷一次15%可湿性粉剂多效唑20~30 g/亩加水30~50 kg。

4.7 病虫害防治

4.7.1 褐斑病、黑斑病、枯斑病、茎基腐病、炭疽病:于发病初期可用50%多菌灵可湿性粉剂1 000倍液,或70%代森锰锌可湿性粉剂500倍液,或10%世高(苯醚甲环唑)水分散剂50~80 g/亩等杀菌剂,兑水40~60 kg喷雾防治,每次间隔7~10 d,连喷2~3次。

4.7.2 锈病:发病初期用12.5%烯唑醇(速保利)可湿性粉剂4 000~5 000倍液喷雾防治。

4.7.3 立枯病:在花生苗期可用5%井冈霉素水剂2 000倍液喷雾防治。

4.7.4 病毒病:发病初期用1.5%植病灵乳油1 000倍液,7~10 d 1次,连喷2~3次。

4.7.5 蚜虫:当花生田蚜虫率达到5%~10%时,用10%吡虫啉可湿性粉剂3 000倍液,或40%乐果乳油1 000~1 500倍液,或25%阿克泰水分散剂5 000~10 000倍液喷雾防治。防治好蚜虫有利于控制病毒病发生。

4.7.6 甜菜夜蛾、棉铃虫:可用5%抑太保乳油或1.8%阿维菌素乳油2 500~3 000倍液或Bt可湿性粉剂(16 000 IU❶/mg)1 500倍液喷雾防治。

---

❶ IU 是国际单位(International Unit)的缩写。

5 适时收获

正常情况下,9月中下旬,日平均气温 12 ℃以下时,植株呈现衰老状态,顶端生长点停止生长,大多数荚果的荚壳网纹明显,籽粒饱满,就应及时收获。

6 生产档案

建立田间生产档案。对生产过程中重点生产技术、病虫害防治技术、采收等环节及措施进行详细记录。

无公害农产品　芝麻生产技术规程

1　范围

本规程规定了无公害芝麻生产中环境选择,农药、肥料的使用准则,栽培控制等技术。

本规程适用于新郑市行政区域内无公害芝麻的生产。

2　规范性文件引用

下列文件中的条款通过本规程的引用而成为本规程的条款,凡是注日期的引用文件,其随后所有的修改单(不包括勘误的内容)或修订版均不适用于本规程。凡是不注日期的引用文件,其最新版本适用于本规程。

NY/T 2798.1—2015　无公害农产品　生产质量安全控制技术规范　第1部分:通则

NY/T 2798.2—2015　无公害农产品　生产质量安全控制技术规范　第2部分:大田作物产品

NY/T 5010—2016　无公害农产品　种植业产地环境条件

GB 2715—2016　食品安全国家标准　粮食

GB 4407.2　经济作物种子　第2部分:油料类

DB 41/T 797—2013　夏芝麻栽培技术规程

3　基本要求

3.1　环境

产地必须选择在生态环境良好,无污染源或不直接受工业"三废"及农村、城镇生活垃圾、医疗废弃物污染的农业生产区域。产地大气、灌溉水、土壤必须符合 NY/T 2798.2—2015、NY/T 5010—2016 标准的要求。不准使用工业、医院等被污染的水源作为灌溉水。

3.2　农药施用原则

生产过程中对病虫草害等有害生物进行防治,必须坚持"预防为主,综合防治"的原则,推广使用生物源农药及高效、低毒、低残留化学农药。交替使用农药,以免病虫草害产生抗药性。农药的使用应严格按照 NY/T 2798.2—2015 标准的要求执行。使用的农药必须同时具有农药登记证或农药临时登记证、农药生产许可证或农药生产批准文件、农药产品标准。禁止使用国家或省、市公告禁止使用的农药及其混配剂。

3.3 肥料施用原则

以施用有机肥为主,优化配方施肥技术,以保持或增加土壤肥力及土壤生物活性。所有肥料,尤其是富含氮的肥料,应不对环境、芝麻品质和植物抗性等产生不良后果。推广秸秆还田技术。无论采用何种原料(包括人畜粪尿、秸秆、杂草等)制作有机肥、微生物肥料等,肥料的使用应遵循 NY/T 2798.1—2015、NY/T 2798.2—2015 标准的规定。不使用城市生活垃圾肥。

4 栽培控制

4.1 土壤选择

选择适宜种植芝麻的地块,土壤 pH 为 5.5 ~ 7.5,盐分含量在 0.3% 以下。

4.2 整地

前茬作物收获后应立即精耕细耙,并施用基肥。

4.3 品种选择

应选择优质、高产、抗逆性好,适应当地栽培的新品种,如豫芝 11 号、郑杂芝 H03、郑芝 97C01、郑芝 98N09、郑杂芝 3 号、郑芝 12 号、郑芝 13 号、郑芝 14 号、郑太芝 1 号、中芝 12 号、中芝 13 号、中芝 14 号等。种子质量应达到 GB 4407.2 标准的要求(见表4.3)。

表 4.3 芝麻种子质量标准

项目	纯度(%)	净度(%)	发芽率(%)	水分(%)
指标	≥97.0	≥97.0	≥85	≤9.0

4.4 种子处理

播前应选晴好天气晒 1 ~ 2 d,勿在沥青、水泥路或场上晒种。选择粒大饱满无病的籽粒作种用。必要时应使用农药或微量元素拌种或浸种。

4.5 播种

4.5.1 播种期:春播在 5 月 1 日后,夏播在 6 月 20 日前。

4.5.2 播种量:300 ~ 500 g/亩,具体应根据土壤墒情、整地质量而定。

4.5.3 播种方式:依据具体情况可采取条播(犁垡)、点播(麦垄套)或撒播

（铁茬）。

4.5.4 密度：单秆型品种等行距条播，行距 33 cm，株距 15~17 cm，密度为 1 万~1.2 万株/亩；分枝型品种宽窄行条播，宽行 47 cm，窄行 33 cm，株距 23~26 cm，密度为 0.6 万~0.8 万株/亩。采取其他行株距，或点播、撒播的应达到上述密度要求。

4.6　中耕

芝麻出苗后 5 d 即开始中耕，深度 2~3 cm；2~3 对真叶时进行第二次中耕，深度 7~10 cm，并间苗、定苗；现蕾时进行第三次中耕，深度 5 cm 左右，并可进行追肥；盛花期进行最后一次中耕，并以向根部培土为主。

4.7　施肥

4.7.1 施足底肥。每亩施有机肥 1 500~2 000 kg、过磷酸钙 20~30 kg、硫酸钾或氯化钾 3~5 kg、尿素 3~5 kg、硫酸锌 1 kg、硼砂 0.5~1 kg。

4.7.2 适时追肥。芝麻现蕾至初花时，结合中耕培土每亩追施尿素 5~10 kg。

4.7.3 叶面追肥。芝麻开花结蒴期于晴天 9:00~11:00 或 17:00~19:00，每亩叶面喷施 0.4% 磷酸二氢钾或硫酸钾，或 0.05% 钼酸铵，或 0.03% 稀土水溶液 50 kg，间隔 5~6 d 1 次，连续喷 2~3 次。

4.8　排水和浇水

就中壤土来说，播种至出苗适宜土壤含水量 17%~23%，出苗至初花 15%~18%，初花至封顶 19%~23%，封顶至成熟 16%~19%。应注意雨后及时排水防渍，中后期干旱时应及时轻浇水。

4.9　防治病虫草害

4.9.1 在芝麻生长期雨水偏多的年份，常发生芝麻茎点枯病、叶枯病、枯萎病、青枯病、疫病等。生产中应以轮作倒茬、沟畦栽培、选用抗病品种、及时排水防渍等农业防治措施为主。发病初期可选用 50% 多菌灵可湿性粉剂 600 倍液，或 70% 代森锰锌可湿性粉剂 800 倍液，或 64% 杀毒矾可湿性粉剂 1 000 倍液，或 75% 百菌清可湿性粉剂 1 000 倍液，或 70% 甲基硫菌灵可湿性粉剂 1 500 倍液等杀菌剂进行防治。

4.9.2 芝麻苗期常出现地老虎等地下害虫，生长期常发生芝麻天蛾、芝麻螟蛾为害。对地下害虫防治每亩用 90% 敌百虫晶体 50 g，或 90% 万灵（灭多威）可溶性粉剂 2 g 等药剂拌炒香的豆饼、麸皮、芝麻饼等 5 kg，作毒饵诱杀。对芝麻天蛾、芝麻螟蛾防治可在卵孵盛期至幼虫 3 龄前喷洒 90% 敌百虫晶体 1 000 倍液，或 5% 锐劲特（氟虫腈）悬浮剂 1 000 倍液，或 15% 杜邦安打（茚虫威)悬浮剂 1 500 倍液,或 1.8%阿维菌素乳油 2 500 倍液等喷雾防治。

4.9.3　芝麻田杂草种类多、危害重。根据具体情况可选择如下的化学除草方法。

4.9.3.1　播前土壤处理。在芝麻播种前 3~5 d,每亩用 48%氟乐灵乳油 100 mL,加水 30~50 kg 均匀喷雾于土表,并立即浅耙。

4.9.3.2　播后芽前土壤处理。芝麻播种后发芽前,每亩用 48%拉索(甲草胺)乳油 250 mL 或 72%都尔(异丙甲草胺)乳油 200 mL,或 50%都阿合剂 150 mL,或 20%敌草胺乳油 220 mL 加水 50 kg 均匀喷雾于土表。

4.9.3.3　苗后茎叶处理。芝麻出苗后,杂草发生较重时,每亩可用 12%收乐通乳油 30 mL,或 10.8%高效盖草能乳油 30 mL,或 20%拿捕净乳油 100 mL 等,加水 30 kg,均匀喷雾。注意,土壤处理药剂,应根据土壤质地、墒情、有机质含量酌情增加或减少用量。一个生育期只能使用一次化学除草剂。

4.10　适时打顶

盛花后 10 d,于晴天下午用手掐去主茎或分枝顶端 1~2 cm 生长点。禁止提前采叶食用。

5　收获

8 月下旬至 9 月上旬,植株变黄或黄绿色,叶片全部脱落时即可及时收获。收获时每 15~20 株一捆,堆闷 3~5 d 后晾晒,1/3 蒴角开裂时脱粒,3~5 d 再脱粒一次,2~3 次即可。

6　生产档案

建立田间生产档案。对生产过程中重点生产技术、病虫害防治技术、采收等环节及措施进行详细记录。

无公害农产品　油菜生产技术规程

1　范围

本规程规定了无公害油菜的生产基地建设,农药、肥料的使用准则,栽培控制、病虫害防治以及收获、储藏等技术。

本规程适用于新郑市行政区域内无公害油菜的生产。

2　规范性引用文件

下列文件中的条款通过本规程的引用而成为本规程的条款。凡是注日期的引用文件,其随后所有的修改单(不包括勘误的内容)或修订版均不适用于本规程。凡是不注日期的引用文件,其最新版本适用于本规程。

NY/T 2798.1—2015　无公害农产品　生产质量安全控制技术规范　第1部分:通则

NY/T 2798.2—2015　无公害农产品　生产质量安全控制技术规范　第2部分:大田作物产品

NY/T 5010—2016　无公害农产品　种植业产地环境条件

GB 2715—2016　食品安全国家标准　粮食

GB 4407.2　经济作物种子　第2部分:油料类

3　基本要求

3.1　环境

产地必须选择在生态环境良好,无污染源或不直接受工业"三废"及农村、城镇生活垃圾、医疗废弃物污染的农业生产区域。产地大气、灌溉水、土壤必须符合 NY/T 2798.2—2015、NY/T 5010—2016 标准的要求。不准使用工业、医院等被污染的水源作为灌溉水。

3.2　农药施用原则

生产过程中对病虫草害等有害生物进行防治,必须坚持"预防为主,综合防治"的原则,推广使用生物源农药及高效、低毒、低残留化学农药。交替使用农药,以免病虫草害产生抗药性。农药的使用应严格按照 NY/T 2798.2—2015 标准的要求执行。使用的农药必须同时具有农药登记证或农药临时登记证、农药生产许可证或农药生产批准文件、农药产品标准。禁止使用国家或省、市公告禁止使用的农药及其混配剂。

3.3 肥料施用原则

以有机肥为主,优化配方施肥技术,以保持或增加土壤肥力及土壤生物活性物质。所有肥料,尤其是富含氮的肥料,应不对环境、油菜品质和植物抗性产生不良后果。推广应用秸秆还田技术。无论采用何种原料(包括人畜粪尿、秸秆、杂草等)制作有机肥、微生物肥料等,肥料的使用应遵循 NY/T 2798.1—2015、NY/T 2798.2—2015 标准的规定。不使用城市生活垃圾肥。

4 栽培管理技术

4.1 品种

选用适宜本地环境条件的品质优、产量高、抗逆性好、抗病能力强,并通过省级审定标准认可的油菜新品种,如秦油 2 号、豫油 15、成油 1 号、陕油 15、双油杂 1 号、杂双 2 号、杂双 4 号、杂双 6 号、杂双 7 号、丰油 10 号等。种子质量应达到 GB 4407.2 标准的要求。

油菜品种需要保优,措施如下:

4.1.1 提高供种质量:合格种子芥酸含量小于2%,硫甙小于20 mol/kg,典型性97%,一致性97%,发芽率97%。

4.1.2 隔离:一是设 1 000 m 以上的空间隔离;二是用村庄、树林等自然屏障隔离;三是种植高秆作物隔离;四是在花期设置人工屏障(如防虫网等)隔离。

4.1.3 轮作倒茬:育苗田要求 2~3 年未种过油菜和其他十字花科作物,移栽大田前茬为玉米、棉花、花生等秋作物。

4.1.4 清除自生苗:一是实行水旱轮作或隔年种植;二是施用腐熟农家肥;三是农具使用前应清理;四是在油菜生长各时期认真观察,发现自生苗及时拔除,带出种植区域。

4.1.5 防止机械混杂:播种、收获、装运等过程防止人为机械混杂。

4.1.6 统一检测收购:商品油菜籽含芥酸小于 30 μmol/g,硫甙小于 30 μmol/g。

4.2 栽培技术

油菜种植方式有育苗移栽、直接撒播和条播等。

4.2.1　培育壮苗

4.2.1.1　苗床条件:土质松软肥沃,排灌方便,地势平坦,苗床与大田按1:5的比例留足苗床面积。

4.2.1.2　苗床整地:播种一周内耕整2~3次,结合耕整,每亩施腐熟有机肥1 500 kg、尿素2.5~5 kg、过磷酸钙25 kg、硼砂0.5 kg,全层均匀施入土中。

4.2.1.3　播种期:9月10~15日,苗龄45 d左右。

4.2.1.4　播种量:每亩播精选合格种子0.5 kg。

4.2.1.5　间苗:出苗后一叶一心间苗,疏理拥挤苗。

4.2.1.6　定苗:三叶一心定苗,均匀留苗120~140株/亩,拔除杂、弱小苗,保留健壮苗,结合定苗进行一次除草松土,追施一次稀粪。

4.2.1.7　化学调控:三叶期叶面喷施15%多效唑,5%稀效唑药液兑水50 kg/亩,均匀喷施至叶片滴水即可。

4.2.1.8　抗旱保苗:育苗期间常遇秋旱,如苗床遇干旱及时抗旱保苗,保持苗床湿润。

4.2.1.9　追施"送嫁肥":于移栽前5~7 d,追施尿素2.5 kg/亩。

4.2.2　移栽

4.2.2.1　移栽苗素质:苗高16~20 cm,绿叶6~7片,根茎粗0.6 cm,直观青绿色,叶片厚,无高脚,叶柄短。

4.2.2.2　大田耕整:大田耕整2~3次,达到土细土爽后,开沟做畦,畦宽1.5 m,田内腰沟、围沟、畦沟通畅,畦平沟直,明水能排,暗水能滤。

4.2.2.3　移栽期:10月20~25日。

4.2.2.4　配方施肥:氮、磷、钾按1:0.7:0.7比例施肥。

4.2.2.5　肥料运筹:氮肥按底肥、苗肥、薹肥5:3:2的比例,磷、钾、硼肥一次作底施。

4.2.2.6　施足底肥:每亩施有机肥1 500 kg、碳酸铵40 kg、过磷酸钙40 kg、氯化钾15 kg、硼砂0.75 kg,于耕整时全层均匀施入。

4.2.2.7　移栽密度:行距40 cm,株距20 cm,每畦4行,移栽密度一般8 000~10 000株/亩。

4.2.2.8　浇定根水:栽后及时浇施定根水1~2次,确定活棵。

4.2.3　苗期管理

4.2.3.1　追施苗肥:成活返青后,追施尿素5 kg/亩作提苗肥,半月后再追施尿素8~10 kg/亩作促苗肥,浇水穴施或雨前撒施。

4.2.3.2　松土除草:每隔半月松土除草一次到封行。

4.2.4 越冬期管理

4.2.4.1 松土培土:越冬期进行一次松土,并向根部培土,增加土壤通透性,提高抗寒力。

4.2.4.2 追施薹肥:越冬期(1月中下旬)追施薹肥,冬施春用,施尿素6~8 kg/亩。

4.2.4.3 越冬期苗情标准:根茎粗1 cm,单株绿叶12~14片,叶面指数1.5以上。

4.2.5 薹、花期管理

4.2.5.1 排水防涝:开春后雨水较多,注意经常清沟排水,保持三沟通畅。

4.2.5.2 根外喷硼:当薹高5 cm左右时,喷施0.3%硼砂水溶液50 kg/亩。

5 成熟收获

5.1 成熟收获期

终花后30 d左右,当全株2/3的角果呈黄绿色,主花序基部角果转枇杷黄色,种皮黑褐色时为适宜收获期。

5.2 堆垛后熟

收获后,植株中部的营养仍继续向角果运送,即为后熟。堆垛方法为第一层角果向上,上部各层角果向内,顶上加盖防雨层,避免雨水渗入,发生霉烂。

5.3 摊晒脱粒

堆垛4~5 d,抢晴天散堆摊晒、脱粒,脱粒要求"四净",即打净、扬净、筛净、扫净,严防机械混杂,籽粒水分控制在9%以下,晒干扬净后及时装仓入库。

6 病虫害防治

6.1 防治措施

6.1.1 农业防治

6.1.1.1 选用抗病品种:针对当地主要病虫,选用高抗多抗的品种。

6.1.1.2 创造适宜的生育环境条件:调节不同生育时期的适宜温度,避免低温和高温伤害;深沟高畦,严防大水漫灌,清洁田园,做到有利于植株生长发育,避免侵染性病害发生。

6.1.1.3 培育壮苗,提高抗逆性。

6.1.1.4 合理耕作制度:实行严格轮作制度,与十字花科作物轮作3年以上。

6.1.1.5 科学施肥:测土平衡施肥,增施充分腐熟的有机肥,少施化肥,防止土壤富营养化。

6.1.1.6 设施防护:设防虫网和遮阳网,进行避雨遮阳、防虫栽培,减轻病虫害的发生。

6.1.2 物理防治:运用橙黄板诱杀蚜虫。用大小为 25 cm × 40 cm 的塑料盘或纸板 30～40 块/亩,其上涂上一层机油。

6.1.3 生物防治:积极保护利用天敌防治病虫害。

6.2 主要病虫害防治

6.2.1 病毒病(又称毒素病、花叶病或萎缩病)

6.2.1.1 选用抗病品种:甘蓝型油菜一般比白菜型品种抗病。因此,大力推广甘蓝型油菜,是减轻病害损失的最有效、最经济的途径,如豫油 4 号、豫油 5 号、杂 9522、杂 97060、杂 98033、杂双 1 号、杂双 2 号、杂双 4 号、丰油 9 号、丰油 10 号等品种。

6.2.1.2 适期播种:新郑市属冬油菜区,根据提前预报,秋季干旱气温高的年份,应适当延迟播期,错开有效蚜迁飞高峰的时间,可减轻病毒病的危害。

6.2.1.3 选地种植:油菜田应选择离蔬菜区较远、前茬作物不是十字花科的田块,并应集中种植,以便集中管理治蚜。此外,增施磷肥,适当减少氮肥用量,并及时抗旱。

6.2.1.4 经常检查田块,及早发现病株,及时销毁,减少病源。

6.2.1.5 药剂防治,以灭蚜虫为主,因为蚜虫是传播病害的主要媒介。

6.2.2 油菜菌核病(也称霉秆病、烂秆病等)

6.2.2.1 轮作换茬,旱地轮作应在 3 年以上。

6.2.2.2 选用抗病品种:应选用高产抗(耐)病的优质品种,如豫油 4 号、豫油 5 号、杂 97060、杂 9522、杂 98033、杂双 1 号、杂双 2 号、杂双 4 号、丰油 9 号、丰油 10 号等品种。

6.2.2.3 种子处理:可用 10% 盐水溶液进行漂洗,除去上浮的秕粒和菌核,把下沉的种子用清水洗净晾干,播种。

6.2.2.4 清沟排渍:排渍可降低田间湿度,减少病害的发生。

6.2.2.5 中耕松土:可在 2～3 月进行一次中耕松土,以破坏子囊盘并压抑菌核的萌发。

6.2.2.6 摘除老黄叶和病叶:一般在 3 月底、4 月中旬摘除下部的黄叶和病叶,减少病源,还能够提高通风透光率,提高油菜产量。

6.2.2.7 药剂防治:主要在初花后进行,喷药次数应根据病情酌情掌握,尽量喷于植株中下部,可选用 40% 菌核净可湿性粉剂 1 000～1 500 倍液或 50% 多菌灵可湿性粉剂 300～500 倍液喷施,每次每亩可喷洒药液 80～100 kg。

6.2.3 油菜霜霉病

6.2.3.1 选用抗病的丰产品种:甘蓝型油菜对霜霉病的抗性较强,白菜型最易感病,芥菜型次之。

6.2.3.2 实行水旱轮作,避免连作。

6.2.3.3 搞好田间管理,清沟排渍,合理施肥,减少氮肥施用量,适当增施磷、钾肥,并适时摘除老叶、黄叶和病叶等。

6.2.3.4 药剂防治:可选用 75% 代森锰锌可湿性粉剂 300～600 倍液,或 50% 退菌特粉剂 1 000 倍液,或 0.05%～0.2% 乙膦铝液等药剂喷施,每 7 d 喷 1 次,每亩喷施 50～60 kg,防治 2～3 次。

6.2.4 菜青虫

6.2.4.1 清除田间杂草,减少虫源基数。

6.2.4.2 生物防治:应用较广的有 Bt 乳剂或青虫菌粉 800～1 000 倍液,菜青虫颗粒体病毒粉剂 800～1 000 倍液,喷叶面等。

6.2.4.3 药剂防治:用 90% 晶体敌百虫 1 000～1 500 倍液,或 50% 马拉硫磷乳油 500～600 倍液,或 2.5% 溴氰菊酯乳油 2 000～3 000 倍液喷雾 2～3 次。

6.2.5 油菜潜叶蝇

6.2.5.1 喷药防治:一般在 3 月下旬到 4 月中旬产卵期,用 90% 晶体敌百虫 1 500～2 000 倍液,或用马拉硫磷乳剂 2 000 倍液,或用 40% 乐果乳剂 2 000 倍液,喷雾 2～3 次。

6.2.5.2 田间诱杀成虫:用红糖 100 g、醋 100 g、白矾(含有结晶水的硫酸钾和硫酸铝的复盐,化学式为 $KAl(SO_4)_2 \cdot 12H_2O$)50 g、水 1 000 g 混合煮开,调匀后再拌入 4 cm 的干草或树叶 40 kg,撒放在田间,诱杀成虫。

6.2.6 蟋蟀

6.2.6.1 认真清理田间地头的杂草,消灭虫卵,降低虫口密度。

6.2.6.2 毒饵诱杀:用炒过的麦麸或米糠、花生壳作饵料,用 16 份饵料加入 2.5% 敌百虫粉剂 1 份,加少量水充分拌匀,呈豆渣状,于傍晚撒施在洞穴附近,每亩用饵料 1 000 g。

6.2.6.3 堆草诱杀:在田间可堆放 10 cm 厚的小草堆,50～60 堆/亩,诱集成虫和若虫,于清晨进行捕杀。

7 收获

角果成熟期为适时收割期,即全株 2/3 的角果呈黄绿色,主花序基部角果转为枇杷黄色,种皮黑褐色。

8　生产档案

　　建立田间生产档案。对生产过程中重点生产技术、病虫害防治技术、采收等环节及措施进行详细记录。

无公害农产品 苹果生产技术规程

1 范围

本规程规定了无公害苹果生产园地选择与规划、栽植、土肥水管理、整形修剪、花果管理、病虫害防治等技术。

本规程适用于新郑市行政区域内无公害苹果的生产。

2 规范性引用文件

下列文件中的条款通过本规程的引用而成为本规程的条款。凡是注日期的引用文件,其随后所有的修改单(不包括勘误的内容)或修订版均不适用于本规程。凡是不注日期的引用文件,其最新版本适用于本规程。

NY/T 2798.1—2015 无公害农产品 生产质量安全控制技术规范 第1 部分:通则

NY/T 2798.4—2015 无公害农产品 生产质量安全控制技术规范 第4 部分:水果

NY/T 5010—2016 无公害农产品 种植业产地环境条件

NY/T 441—2013 苹果生产技术规程

3 产地环境条件

符合 NY/T 2798.4—2015、NY/T 5010—2016 标准规定的要求,地势平坦,排灌方便,地下水位较低,土层深厚、肥沃疏松的地块。

4 生产管理措施

4.1 建园

4.1.1 园地选择

选择环境优美、空气清新、土壤肥沃、交通方便、土壤水分未被污染的地块建园。

4.1.2 园区规划

园区按地形、地貌、面积进行规划,主要布局有道路、场房、排灌设施、种植区等。

4.1.3 品种选择与授粉树配置

选择优质、耐储、抗病性强、综合性状优良、市场畅销的苹果新品种,如红富士、新嘎啦等;授粉树配置根据主栽品种选择授粉品种,如主栽品种为红富士,授粉品种选择元帅系品种或金冠,主栽品种与授粉品种比例为4:1~5:1。

4.1.4 定植技术

4.1.4.1 栽植密度:以M26、M9等作中间砧时,普通红富士等长势强的品种以(2~2.5)m×4 m的株行距定植;嘎啦、美八、早红、华美等长势中等的品种以4 m×(1.8~2.2)m的行株距定植;短枝富士等短枝型品种则以(1.6~2)m×(3.5~4)m的株行距定植,短枝型品种嫁接在实生砧上时则以(4~5)m×3 m的行株距定植。

4.1.4.2 树形:采用简单树形,如自由纺锤形、细长纺锤形、主干形等。

4.1.4.3 苗木:应选择根系发达,根茎粗0.8~1.0 cm,高0.8~1.0 m,无病虫害,1~2年生的健壮苗木。

4.1.4.4 定植穴:长、宽、深各80 cm。

4.1.4.5 基肥:每穴施入腐熟后的纯有机肥20 kg、过磷酸钙1 kg、多元复合肥0.25 kg,与土充分混合。

4.1.4.6 定植时间:秋末至初冬或春季萌芽前。

4.1.4.7 定植方法:定植深度以根茎灌水后与地面平齐为宜,应把坑的塌陷程度计算在内,栽前对根系进行修剪。定植时根系要疏展,不能与肥料直接接触。

4.1.4.8 浇水:栽植后随即浇一次透水,一周后再浇一次。

4.1.4.9 覆地膜:地面土壤疏松后,中耕覆膜。膜厚0.06 mm、宽2 m,顺行覆通膜。

4.1.4.10 定干和刻芽:苗木定植后在0.8~1.0 m处定干,在距地面0.5~1.0 m范围内不同方位刻芽促发主枝。

4.2 土壤管理

4.2.1 深翻改土

每年苹果落叶后至封冻前顺行挖宽、深各40 cm的条状沟,深翻改土。

4.2.2 中耕除草

果园生长季节降雨或灌水后,采用机械与人工相结合的方法,每年中耕除草5～6次,保持土壤疏松、无杂草,中耕深度5～10 cm,以利于调温保墒。

4.3 肥料管理

4.3.1 施肥原则

按照 NY/T 2798.4—2015 标准的规定执行。所施用的肥料应为农业行政主管部门登记的肥料或免于登记的肥料,限制使用含氯化肥。

4.3.2 允许使用的肥料种类

4.3.2.1 有机肥料:包括堆肥、沤肥、厩肥、沼气肥、绿肥、作物秸秆肥、泥炭肥、饼肥、腐殖酸类肥、人畜废弃物加工而成的肥料等。

4.3.2.2 微生物肥料:包括微生物制剂和微生物处理肥料等。

4.3.2.3 化肥:包括氮肥、磷肥、钾肥、硫肥、钙肥、镁肥及复合(混)肥等。

4.3.2.4 叶面肥:包括大量元素类、微量元素类、氨基酸类、腐殖酸类肥料等。

4.3.3 施肥方法和数量

4.3.3.1 基肥:秋季果实采收后施入,以有机肥为主,混加少量铵态氮肥或尿素。施肥量按每生产1 kg苹果施1.5～2.0 kg优质有机肥计算。施用方法以沟施为主,施肥部位在树冠投影范围内。挖放射状沟、条状沟或环状沟,沟深30～40 cm,施基肥后灌足水。

4.3.3.2 追肥:每年三次。第一次在萌芽前,以氮肥为主;第二次在花芽分化及果实膨大期,以磷、钾肥为主,氮、磷、钾肥混合使用;第三次在果实着色期,以钾肥为主。施肥量由当地的土壤供肥能力和目标产量确定。结果树一般每生产100 kg苹果需追施氮(N)1.0 kg、磷(P_2O_5)0.5 kg、钾(K_2O)1.0 kg计算。施肥方法是树冠下开沟,沟深15～20 cm,追肥后及时灌水。最后一次追肥在距果实采收期30 d前进行。

4.3.3.3 叶肥:生长前期以氮肥为主,后期以磷、钾肥为主,可补施果树生长发育所需的微量元素。常用肥料浓度:尿素0.3%～0.5%、磷酸二氢钾0.2%～0.3%、硼砂0.1%～0.3%、氨基酸类叶面肥600～800倍液,最后一次叶面喷肥应在距果实采收期20 d前进行。

4.4 水分管理

4.4.1 芽前水

萌芽前当地下20 cm处温度大于12 ℃时,浇一次小水。

4.4.2 膨果水

花后结合追肥浇一次大水,这次浇水非常关键,因为它影响到全年产量,同时对促进果实膨大,预防后期裂果有重要作用。

4.4.3 封冻水

土壤封冻前浇一次透水,水源不足或施基肥过晚的果园也可基肥水与封冻水合二为一。

4.5 整形修剪

4.5.1 冬剪

4.5.1.1 冬剪时间

12 月下旬至翌年 1 月下旬。

4.5.1.2 冬剪方法

疏枝、回缩、拉枝、短截等。

4.5.2 夏剪

4.5.2.1 夏剪时间

发芽后至落叶前。

4.5.2.2 夏剪方法

花前复剪:串花枝回缩、过密枝疏除。

夏、秋季掏枝:7~8 月当枝条生长过密时,掏除内膛过密枝条。

拿枝:伏天拿枝,开张主枝角度简单易行。

环剥:对于难成花的品种,壮树于 6 月上旬主干环剥一周,宽 1 cm,可以促进花芽分化,提高产量;弱树不能环剥。

4.6 花果管理

4.6.1 单株负载量

成龄树留果量 100~150 个/株,产量 25~30 kg/株。

4.6.2 疏花、疏果

4.6.2.1 疏花

现蕾后根据结果枝强弱,决定每一个果枝留果数量,强枝多留,弱枝少留。

4.6.2.2 疏果

坐果后按间距疏果,果间距 15~20 cm。

4.6.3 果实套袋

4.6.3.1 果袋种类

易着色的品种(如元帅系)套单层纸袋,不易着色的品种(如富士系)套双层纸袋。

4.6.3.2 套袋时期

5 月进行套袋。

4.6.3.3 解袋

新红星等中熟品种采前一周解袋,红富士等晚熟品种采前两周解袋,且先解外袋,3~5 d后解内袋。

4.6.3.4 注意事项

套袋前喷一次杀虫、杀菌剂。

4.7 病虫害防治

4.7.1 苹果主要病虫害种类

主要病害有轮纹病、炭疽病、霉心病、褐斑病、腐烂病、白粉病、斑点落叶病;主要虫害有蚜虫、红蜘蛛、金纹细蛾、枣尺蠖、棉蚜、桃小食心虫等。

4.7.2 防治原则

积极贯彻"预防为主,综合防治"的植保方针。以农业和物理防治为基础,提倡生物防治,按照病虫害的发生规律和经济阈值,科学应用化学防治技术,有效控制病虫危害。

4.7.3 防治方法

4.7.3.1 农业防治

采取剪除病虫枝、清除枯枝落叶、刮除树干翘裂皮和枝干病斑、集中烧毁或深埋,加强土肥水管理、合理修剪、适量留果、果实套袋等措施防治病虫害。

4.7.3.2 物理防治

根据害虫生物学特性,采取糖醋液、树干缠草绳和诱虫灯等方法诱杀害虫。

4.7.3.3 生物防治

人工释放赤眼蜂,助迁和保护瓢虫、草蛉、捕食螨等天敌。土壤施用白僵菌防治桃小食心虫,并利用昆虫性外激素诱杀或干扰成虫交配。

4.7.3.4 化学防治

提倡使用生物源农药、矿物源农药;禁止使用剧毒、高毒、高残留农药和致畸、致癌、致突变农药。

4.7.4 苹果病虫害综合防治

4.7.4.1 休眠期

剪除病虫枝梢、僵果;

刮除老粗翘皮、病瘤,病斑伤口涂抹腐殖酸铜水剂;

深埋或烧毁病虫枝梢、僵果、老粗翘皮、病瘤、病斑枯枝、落叶;

挖树盘冻虫。

4.7.4.2 芽开始萌动期

用石硫合剂防治腐烂病、干腐病、枝干轮纹病、斑点落叶病、白粉病和红蜘蛛。

4.7.4.3 开花前

用80%喷克1 000倍液加50%辛硫磷1 500倍液防治霉心病和枣尺蠖。

4.7.4.4 开花后

用40%氟硅唑8 000倍液加10%吡虫啉4 000倍液加20%四螨嗪2 000倍液防治轮纹病、炭疽病、斑点落叶病、蚜虫、红蜘蛛。

4.7.4.5 果实套袋后(5月下旬)

用20%苯醚甲环唑3 000倍液加1516速螨酮3 000倍液加4806辛硫磷1 500倍液防治褐斑病、红蜘蛛和棉蚜。

4.7.4.6 6月下旬

用80%必备600倍液加25%灭幼脲3号1 500倍液防治褐斑病、金纹细蛾和桃小食心虫。

4.7.4.7 7~9月

喷杀菌剂4~5次防治叶果病害,药剂可选用戊唑醇、甲托、福美锌等。同时,根据果园虫害的实际发生情况选用有针对性的杀虫剂。但需注意每种农药的采前间隔期要求,以免果实内残留量超标。

5 收获及采收

根据果实成熟度、用途和市场需求综合确定采收适期。成熟期不一致的品种,应分期采收。

6 生产档案

建立田间生产档案。对生产过程中重点生产技术、病虫害防治技术、采收等环节及措施进行详细记录。

无公害农产品　梨生产技术规程

1　范围

本规程规定了无公害梨生产的园地选择与规划、品种选择、栽植、土肥水管理、整形修剪、花果管理、病虫害防治和果实采收等技术。

本规程适合于新郑市行政区域内无公害梨的生产。

2　规范性引用文件

下列文件中的条款通过本规程的引用而成为本规程的条款。凡是注日期的引用文件,其随后所有的修改单(不包括勘误的内容)或修订版均不适用于本规程。凡是不注日期的引用文件,其最新版本适用于本规程。

NY/T 2798.1—2015　无公害农产品　生产质量安全控制技术规范　第1部分:通则

NY/T 2798.4—2015　无公害农产品　生产质量安全控制技术规范　第4部分:水果

NY/T 5010—2016　无公害农产品　种植业产地环境条件

NY/T 442　梨生产技术规程

NY/T 5102　无公害食品　梨生产技术规程

SB/T 10060　梨冷藏技术

NY 475—2002　梨苗木

3　产地环境条件

产地空气环境质量、灌溉水质量、土壤环境质量都应符合标准的规定。

4　生产管理措施

4.1　园地选择与规划

4.1.1　园地选择

无公害梨生产的园地应选择在生态条件良好、远离污染源的地块,土层深厚,土壤通透性好、肥力高,有一定保水保肥能力;夏季地下水位应在1 m以下,排灌方便;pH 为 5.5 ~ 8.5(6 ~ 7.8 最好),土壤含盐量在 0.2% 以下。

4.1.2 园地规划

园地规划主要包括小区的设计、道路与排灌系统、附属建筑设施和防护林的设置等。通常梨树栽植面积应占园地总面积的 85% 以上,其他非生产用地不应超过总面积的 15%。

平地、滩地和 6° 以下的缓坡地,南北行向栽植;6° ~ 15° 的坡地,沿等高线栽植。

其他按照 NY/T 442 标准的规定执行。

4.2 建园

4.2.1 品种选择和授粉树配置

新郑应以晚熟品种(如红香酥等)为主,适当栽培早、中熟品种(如七月酥、中梨一号等)。

梨树为自花不实树种,建园时必须配置授粉树。当主栽品种和授粉品种果实经济价值相仿时,可采用等量成行配置,否则实行差量成行配置(主栽品种与授粉品种的栽植比例为 4∶1 ~ 5∶1),同一果园内栽植 2 ~ 4 个品种。

4.2.2 苗木选择

梨园建设应选择符合 NY 475—2002 标准的一级苗木,应从苗圃地直接起苗购买,或在市场上选购刚出圃上市的苗木。所购苗木应健康无病害,从外地购苗需经过当地苗木检疫部门的检验,提倡使用脱毒苗木。栽种前应将苗木主侧根适当修剪,把先端撕裂破伤部分剪平,在水中浸泡一夜,定植前用 600倍多菌灵溶液浸泡 3 min,对根系进行消毒。

4.2.3 栽植时期

一般多采用春季栽植。土壤解冻后即可栽植。秋冬季栽植应加塑料长筒进行保护,根茎部封土堆。

4.2.4 定植方式

栽植密度应根据当地土壤肥水、砧木和品种特性确定,进而确定栽植的株行距,一般株行距可采用(1.5 ~ 3)m × (3 ~ 5)m,提倡计划密植。

平地、滩地和 6° 以下的缓坡地为长方形栽植,以南北行向为好。6° ~ 15° 的坡地为等高栽植。地势低洼处可采用起树垄栽培。

栽前应挖好定植穴(沟)。挖掘时,以定植点为中心,挖成深 80 cm、长宽各 1.0 m 的定植穴或深宽各 1.0 m 的定植沟,把表土和心土分别堆放两侧,回填时表土填入底层,与足量有机肥混匀的心土填入中部,上部回填心土。

栽植时应将苗木放在定植穴（沟）内，舒展并均匀分布根系，提苗后再踏实，使土壤和苗木根系充分接触，根茎要与地面相平。修好树盘，灌透水，平整后覆盖地膜，提倡盖黑色地膜。

定植后按整形要求立即定干，并采取适当措施保护定干剪口。

其他按 NY/T 442 标准的规定执行。

4.3 土肥水管理

4.3.1 土壤管理

禁止使用除草剂等化学除草方法，提倡中耕、生草及果园间作等。

4.3.1.1 深翻改土

深翻改土分为扩穴深翻和全园深翻。扩穴深翻结合秋施基肥进行，在定植穴（沟）外挖环状沟或平行沟，沟宽 40 cm、深 30~40 cm。全园深翻应将栽植穴（沟）外的土壤全部深翻，深 30~40 cm。土壤回填时混以有机肥，表土放在底层，心土放在上层，然后充分灌水。

4.3.1.2 中耕

清耕制果园及生草制果园的树盘在生长季降雨或灌水后，及时中耕除草，保持土壤疏松。中耕深度 5~10 cm。

4.3.1.3 树盘覆草和埋草

覆盖材料可选用麦秸、麦糠、玉米秸秆、稻草及田间杂草等，覆盖厚度 15 cm 以上，上面零星压土。连覆 3~4 年后结合秋施基肥浅翻一次；也可结合深翻开沟埋草，提高土壤肥力和蓄水能力。

4.3.1.4 生草法

可在梨园行间种植绿肥，如毛叶苕子、苜蓿、沙打旺和白三叶等，也可用黑麦草与红三叶、白三叶混种，以豆科植物为最好，长高至 40 cm 时进行刈割覆盖于树盘内，提高园内土壤有机质含量，并可保湿调温，改善梨园生态环境。

4.3.1.5 果园间作

幼树园行间可种植苜蓿草、大豆、花生、甘薯、瓜类等低秆作物，树行与间作物留 1~2 m 的清耕带。

4.3.2 施肥

4.3.2.1 施肥原则

按照 NY/T 2798.4—2015 标准的规定执行。所施用的肥料是农业行政主管部门登记或免予登记的肥料，不对果园环境和果实品质产生不良影响。提倡营养诊断，推广配方施肥。

4.3.2.2 施肥时期

施肥时期一般分为萌芽前后、幼果生长期、果实迅速膨大期、秋季(一般在采收后)四个时期。

4.3.2.3 允许使用的肥料种类

有机肥料:包括堆肥、沤肥、厩肥、沼气肥、绿肥、作物秸秆肥、泥炭肥、饼肥、腐殖酸类肥、人畜废弃物加工而成的肥料等。

微生物肥料:包括微生物制剂和微生物处理肥料等。

化肥:包括氮肥、磷肥、钾肥、硫肥、钙肥、镁肥及复合(混)肥等。

叶面肥:包括大量元素类、微量元素类、氨基酸类、腐殖酸类肥料。

4.3.2.4 禁止和限制使用的肥料

禁止使用未经无害化处理的城市垃圾或含有重金属、橡胶和有害物质的垃圾肥料以及硝态氮肥,限制使用含氯化肥和含氯复合(混)肥。

4.3.2.5 施肥方法

基肥:秋季施入,以有机肥为主,可混加少量氮素化肥;

施肥量:初果期每生产 1 kg 梨果施 1.5~2.0 kg 优质有机肥;

盛果期:每亩施 3 000 kg 以上;

施用方法:采用沟施,挖放射状沟或在树冠外围挖环状沟,沟深 40~60 cm。

根际追肥:第一次在萌芽前后,以氮肥为主;第二次在花芽分化及果实膨大期,以磷、钾肥为主,氮、磷、钾肥混合使用;第三次在果实生长后期,以钾肥为主。其余时间根据具体情况进行施肥。施肥量按当地的土壤条件和施肥特点确定。施肥方法是在树冠下开环状沟或放射状沟,沟深 15~20 cm,追肥后及时灌水。

叶面喷肥:全年 4~5 次,一般生长前期 2 次,以氮肥为主;后期 2~3 次,以磷、钾肥为主,并根据树体情况喷施果树生长发育所需的微量元素。常用肥料浓度为尿素 0.2%~0.3%,磷酸二氢钾 0.2%~0.3%,硼砂 0.1%~0.3%。叶面喷肥宜避开高温时间。

4.3.3 水分管理

4.3.3.1 灌水

灌水时期:根据梨树的需水情况,结合各物候期的生长结果特点,主要的需水时期有萌芽前(多在 3 月上旬)、落花后、新梢和幼果生长期、果实膨大期、果实采收后、越冬前。

以上几个时期,并不是每个时期都必须灌水,而应根据土壤墒情及降水情况确定是否灌水,一般全年共灌水 3~4 次。

灌水量:根据土壤水分含量、土壤保水能力,以及最适土壤水分含量的要求与主要根系分布层的厚度确定。

灌水方法:有沟灌、树盘灌溉、地下管道灌溉、滴灌、喷灌等。提倡滴灌。

灌溉水的质量应符合 NY/T 2798.4—2015 标准的规定。

其余按 NY/T 442 标准的规定执行。

4.3.3.2　排水

雨季要搞好梨园的排水,以防积涝成灾。

4.3.3.3　干旱地区水分调控

主要通过蓄水、保水和减少水分消耗的办法进行水分调控。如蓄积雨雪、覆盖保水、松土保墒、应用保水药剂等方法。

4.4　整形修剪

按 NY/T 442 标准的规定执行。

4.4.1　整形

4.4.1.1　原则

整形修剪技术要有利于树冠形成;要促进营养物质的转换和积累,有利于花芽形成,达到早结果、早丰产和稳产的目的;要有利于光照;要通过整形修剪达到控制树体大小,降低树体高度的目的。

加强生长季节的修剪,及时拉枝开角等,以增加树冠内通风透光度。

剪除病虫枝,清除病僵果。

4.4.1.2　采用的主要树形

纺锤形:有中央干,干高 50 ~ 60 cm,中央干上着生 10 ~ 15 个小主枝,腰角 70° ~ 90°,小主枝上配有中小枝组,树高 2.5 ~ 3 m。

倒伞形:一层加一心。干高 80 ~ 100 cm,一层有 4 ~ 5 个主枝,互成 75° ~ 90°角向外延伸。主枝与干(心)的夹角成 70°。中心干上直接着生中小型结果枝组。

"Y"字形:南北行向,定干高度 60 ~ 80 cm。干高 50 cm,主干上着生伸向行间的两大主枝,主枝基角 50° ~ 60°,每个主枝上直接着生中型和小型结果枝组,树高控制在 2.5 m 左右。

棚架形:干高 80 ~ 100 cm,主干上着生 2 ~ 4 个主枝,主枝向两侧伸展,角度 70°左右,主枝上直接嫁接结果枝组,每个结果枝引缚于网架上。具体建造方法见附录 A。

4.4.2 修剪

4.4.2.1 幼树和初果期树

实行"轻剪、少疏枝"。选好骨干枝、延长头,进行中截,促发长枝,培养树形骨架,加快扩冠成形。当主枝长度大于 1.5 m 或侧枝长度大于 1 m 时,应于 7 月进行拉枝,以调节枝干角度和枝间主从关系,促进花芽形成,平衡树势。

4.4.2.2 盛果期树

调节梨树生长和结果之间的关系,促使树势中庸健壮。树冠外围新梢长度以 30 cm 为好,中短枝健壮。花芽饱满,约占总芽量的 30%。枝组年轻化(中小枝组约占 90%)。采取适宜修剪方法,调节树势至中庸状态,及时落头开心,疏除外围密生旺枝和背上直立旺枝,改善冠内光照。对枝组做到选优去劣,去弱留强,疏密适当,3 年更新,5 年归位,树老枝幼。

4.4.2.3 衰老期树

当产量降至不足 1 000 kg/亩时,对梨树进行更新复壮。每年更新 1~2 个大枝,3 年更新完毕,同时做好小枝的更新。

4.5 花果管理

4.5.1 人工辅助授粉

除自然授粉外,采用蜜蜂或壁蜂传粉和人工点授等方法辅助授粉,以确保产量,提高单果重和果实整齐度。

4.5.2 适宜的留果量

在良好的管理条件下,盛果期可连续多年保持 2 500~3 500 kg/亩的产量。

4.5.3 疏花、疏果

梨在授粉条件良好的情况下,坐果率高,要及时疏花、疏果。

4.5.3.1 疏花

疏花包括疏花蕾、疏花朵。疏花蕾在花序伸出至开花前进行,在花序分离期前效率高;疏花朵可在整个花期进行。

4.5.3.2 疏果

通常在第一次生理落果后(盛花后 15 d)开始,30 d 内完成。根据果实大小,一般幼果间距 20~30 cm。留果时掌握选留第 3 序位至第 4 序位果。按照留优去劣的疏果原则,树冠中后部多留,枝梢先端少留,侧生背下果多留,背上果少留。原则上每 20 cm 花序只留一果。

4.5.3.3 果实套袋

套袋时期:从花后一周到花后 45 d 内完成,不同品种套袋时间不同。一般均在疏果后进行,不同颜色的品种套袋时间有区别。绿色和黄色品种应早套;褐色品种可晚套。

套袋前准备:套袋前应仔细喷2~3遍优质杀菌、杀虫剂,防治黑星病、轮纹病、黄粉蚜、粉蚧和梨木虱等病虫害,重点喷果面、枝干和树皮裂缝,药液干后即可套袋。

果袋选择:红色梨品种要选用外褐内红的双层袋,并要在采果前20~30 d去袋。

套袋:果袋应绑在近果台处的果柄上,使梨果在袋内悬空,防果袋摩擦果面产生锈斑。

解袋:套袋梨果实采摘前不需解袋,应连袋采下,装箱时除袋后包好果实。
其他按 NY/T 442 标准的规定执行。

4.6　病虫害防治

4.6.1　主要病虫害

4.6.1.1　主要病害

梨黑星病、炭疽病、腐烂病、黑斑病、轮纹病。

4.6.1.2　主要害虫

梨木虱、梨卷叶瘿蚊、蚜虫类、梨茎蜂、叶螨、食心虫类。

4.6.2　防治方法

4.6.2.1　农业防治

栽植优质无病毒苗木;通过加强肥水管理、合理控制负载等措施保持树体健壮,提高抗病力。合理修剪,保证树体通风透光,恶化病虫生长环境;清除枯枝落叶,刮除树干老翘裂皮,翻树盘,剪除病虫果枝,减少病虫源,降低病虫基数。

不与苹果、桃等其他果树混栽,以防病虫上升为害;梨园周围5 km范围内不栽植桧柏,以防止锈病流行等。

4.6.2.2　物理防治

根据害虫生物学特性,采取糖醋液、树干缠草绳和诱虫灯等方法诱杀害虫。

4.6.2.3　生物防治

人工释放赤眼蜂,助迁和保护瓢虫、草蛉、捕食螨等天敌,应用有益微生物及其代谢产物防治病虫。利用昆虫性外激素诱杀或干扰成虫交配。

4.6.2.4　化学防治

使用化学防治时,按 NY/T 2798.4—2015 标准的规定执行。严禁使用无公害农产品生产中禁止使用的农药,以及国家规定禁止使用的剧毒、高毒、高残留农药和致畸、致癌、致突变农药。

4.6.3 主要病害的综合防治
4.6.3.1 梨黑星病

发芽前全园喷布 3～5 波美度石硫合剂,以铲除树上的越冬病源。4 月以后,根据梨树病情和降雨情况及时喷药。一般第一次喷药在 4 月下旬(病梢初现期),第二次在 5 月下旬,第三次在 6 月中旬,第四次在 7 月上旬。

可选用的药剂有:40% 福星乳油 8 000～10 000 倍液,1∶2∶200 倍波尔多液,50% 多菌灵可湿性粉剂 800 倍液,50% 甲基托布津 800 倍液,62.25% 仙生可湿性粉剂 600 倍液。

4.6.3.2 梨炭疽病

萌芽前喷 45% 代森胺水剂 400 倍液、3～5 波美度石硫合剂。生长季节喷43% 戊唑醇可湿性粉剂 3 000 倍液、25% 咪鲜胺水剂 1 200 倍液、25% 溴菌腈1 000倍液、波尔多液、80% 代森锰锌 800 倍液、70% 甲基硫菌灵 1 000 倍液。

4.6.3.3 腐烂病

秋季梨树落叶后对易感病的品种进行枝干涂白,防止冻伤和日灼。春季梨树发芽前刮除病斑。刮治时要注意边缘光滑,刮到病斑以外 0.5～1 cm 处,呈梭形,以便愈合。刮后要对伤口及工具用腐必清 2～3 倍液或 9288 等农药进行消毒。

春季萌芽前喷 5 波美度石硫合剂。修剪后留下的剪锯口要在发芽前涂抹100 倍的高浓度萘乙酸水溶液,既防萌生徒长枝,又促进剪锯口愈合。注意防治枝干害虫,以减少伤口。

在大树高接换种时,尽量增加高接枝数,使树势当年恢复,以减少病害的发生。

4.6.3.4 梨黑斑病

萌芽前,喷 5 波美度石硫合剂,以消灭枝干上越冬的病菌。一般在落花后至 6 月底前,都要喷药保护。前后喷药间隔期为 10 d 左右,共喷药 7～8 次。为了保护果实,套袋前必须喷 1 次,喷后立即套袋。药剂可用 1.5% 多抗霉素可湿性粉剂300 倍液、40% 异菌脲可湿性粉剂 1 500 倍液、80% 代森锰锌可湿性粉剂 800 倍液。

4.6.3.5 轮纹病

萌芽前喷 3～5 波美度石硫合剂;生长季节可用 43% 戊唑醇可湿性粉剂3 000 倍液、70% 甲基硫菌灵可湿性粉剂 1 000 倍液、50% 多菌灵可湿性粉剂600 倍液、80% 乙膦铝可湿性粉剂 600～800 倍液、80% 代森锰锌可湿性粉剂800 倍液、波尔多液等。

喷药次数根据历年病情、降雨量而定，一般杀菌剂每 7～10 d 喷 1 次，波尔多液间隔 15～20 d 喷 1 次。

4.6.4　主要虫害的综合防治

4.6.4.1　梨木虱

梨木虱防治有四个关键时期，即第 1 次 3 月上旬越冬成虫产卵盛期，第 2 次 3 月下旬花序分离期，第 3 次落花 70% 以后，当年第一代若虫集中发生期，第 4 次越冬后第一代成虫发生盛期（5 月上旬）。其他时间因世代重叠，并且若虫分泌有大量黏液保护，杀虫效果较低。

常用药剂有 1.8% 阿维菌素 4 000 倍液、10% 吡虫啉可湿性粉剂 2 500 倍液。

4.6.4.2　梨卷叶瘿蚊

在越冬成虫羽化前一周或在第一、二代老熟幼虫脱叶高峰期，抓住降雨幼虫集中脱叶、入土、化蛹时期，在树冠下地面喷洒 40% 毒死蜱 800 倍液。成虫羽化盛期喷施 40% 毒死蜱 1 500 倍液、10% 吡虫啉可湿性粉剂 2 500 倍液。

4.6.4.3　梨黄粉蚜

一般月份梨黄粉蚜为害较轻，无须单独防治。发生较重的月份只需在 6 月中旬梨黄粉蚜向梨果转移时喷药防治即可。

常用药剂有 10% 吡虫啉 3 000 倍液、2.5% 啶虫脒 2 000 倍液、80% 敌敌畏乳油 1 500 倍液。

4.6.4.4　梨茎蜂

成虫发生高峰期新梢长至 5～6 cm 时，喷 80% 敌敌畏乳油 1 500 倍液加 10% 吡虫啉 2 500 倍液等，一般在落花后 7～10 d 进行。

4.6.4.5　梨小食心虫

成虫羽化盛期喷施 40% 毒死蜱 1 500 倍液，幼虫期喷 25% 灭幼脲水剂 2 000 倍液。

5　果实采收与商品化处理

5.1　果实采收

根据果实成熟度、用途和市场需求综合确定采收适期。通常早熟品种在种子由白色变浅褐色时即可采收；中熟品种种子呈浅褐色时即可采收；晚熟品种种子呈褐色时可采收。

成熟期不一致的品种，应分期采收。

采收时注意轻拿轻放，避免机械损伤。

5.2 商品化处理

5.2.1 分级

果实采收后,首先要进行选果,剔除病果、虫果和伤果,之后按照等级标准,进行严格的分级。主要从果实的大小、色泽、形状等方面把果实分为若干等级。具体分级标准见表5.2.1。

表 5.2.1 梨外观等级规格指标

等级		特等果	一等果	二等果
基本要求		果实充分发育成熟,完整良好,新鲜洁净,无异味,无正常外来水分、刺伤、虫果及病害		
色泽		具有本品种成熟时应有的色泽。套袋果果面洁净、果点小、颜色浅		
果形		端正	比较端正	可有缺陷,但不得畸形
单果重 (g)	特大型果	≥400	≥350	≥300
	大型果	≥270	≥230	≥200
	中型果	≥170	≥130	≥100
	小型果	≥80	≥65	≥50
果面缺陷	碰压伤	无	无	允许面积小于0.5 cm² 的轻微碰压伤
	磨伤	无	无	允许轻微碰压伤1处,面积小于0.5 cm²
	果锈	无	允许轻微的果锈,面积不超过0.5 cm²(套袋果不允许)	允许轻微的果锈,面积不超过1 cm²
	水锈	无	允许轻微的薄层,面积不超过0.5 cm²(套袋果不允许)	允许轻微的薄层,面积不超过1 cm²
	药害	无	无	允许轻微的薄层,面积不超过0.5 cm²
	日灼	无	无	允许轻微日灼,面积不超过0.5 cm²
	雹伤	无	无	允许轻微雹伤,面积不超过1 cm²
	虫伤	无	无	允许干枯虫伤,面积不超过0.5 cm²

注:1.果面缺陷,二等果不能超过2项。
　　2.果锈为其品种特征的梨不受此限制。

5.2.2 包装

包装容器采用瓦楞纸箱或钙塑纸箱,有良好的透气性。包装材料必须新而洁净、无异味,且不会对果实造成伤害和污染。

同一包装件中果实的横径差异,层装梨不得超过 5 mm,其他方式包装的梨不得超过 10 mm。各包装件的表层梨在大小、色泽等各个方面均应代表整个包装件的质量情况。

5.2.3 运输

运输工具必须清洁卫生,无异味,不与有毒、有害物品混运,装卸工具必须轻拿轻放,待运时,必须批次分明、堆码整齐、环境清洁、通风良好。严禁烈日暴晒、雨淋。注意防冻、防热,缩短待运时间。

5.2.4 储存

果品的冷藏按 SB/T 10060 标准的规定执行。库房必须无异味。产品不得与有毒、有害物品混合存放。产品中不得使用有损产品质量的保鲜试剂和材料。

6 生产档案

建立田间生产档案。对生产过程中重点生产技术、病虫害防治技术、采收等环节及措施进行详细记录。

附录 A 网架建造

A.1 网架所需材料

A.1.1 边线

6 股 10 号钢绞线。

A.1.2 主线

5 股 12 号钢绞线。

A.1.3 副线

10 号防锈钢丝,按一定距离编织在纵横主线间。

A.1.4 边柱

钢筋混凝土制作,长 12 cm、宽 10 cm、高 300 cm,顶端留一纵凹槽,距顶端 30 cm 留主线孔,顶端下 12 cm 左右侧面留一横凹槽,边柱植于果园周边。

A.1.5 角柱

钢筋混凝土制作,长 15 cm、宽 12 cm、高 340 cm,纵横凹槽、主线孔所在位置和功能与边柱相同,植于果园四个角上。

A.1.6　辅助角柱

规格与边柱相同。

A.1.7　直立顶柱

8 cm×8 cm×(180～200)cm,柱顶端外露5 cm钢筋,固定主线。

A.1.8　卡扣

边线用大扣,主线用中扣连接边线或主线接头,也用于主线与地锚连接。

A.1.9　地锚钩和地锚底座

地锚钩直径1.2 cm,长140 cm,上部做扣眼8～10 cm,下部焊接40 cm交叉十字钢架筑于地锚底座中,地锚底座长40 cm、宽40 cm、厚20 cm,地锚与主线相连。

A.1.10　砼盘

角柱与边柱砼盘规格相同,长30 cm、宽30 cm、厚1 cm,顶柱砼盘长20 cm、宽20 cm、厚6 cm。

A.2　网架安装

A.2.1　网架结构

边柱、角柱、顶柱等按一定间距,通常为10 m×1 m在园中平行栽植,其上端牢固边线、主线、副线,建成泾渭分明的网格,构成梨的网架。网架高1.8～2.0 m。

A.2.2　网架规划

以果园四角为起点,沿果园周边用生石灰粉标直线,规划出网架框架。

A.2.3　固定地锚

在标出的地锚位置,挖地锚坑(长70 cm、宽60 cm、深120 cm),将连有地锚的地锚底座置于坑内。果园四角分别挖三个地锚坑,一个挖在角柱顶端在地面的垂直投影处,另两个沿果园两边方向各跨1 m分别挖坑,放置地锚底座。

A.2.4　固定边柱、角柱和辅助角柱

边柱、角柱、辅助角柱与地面夹角为45°,果园周边边柱相互平行。各类柱体底端顶砼盘,且与砼盘平面垂直。柱体、地锚与主线连线、柱体在地面投影线三线组成等腰直角三角形。

A.2.5　架边线

首先斜立角柱,在果园四角顶点挖斜向坑,沟底置砼盘,置角柱于砼盘上,使角柱向园外斜向,其在地面上的投影线平分果园周边直角。然后固定好角柱,将边线置于角柱横凹槽,用防锈钢丝牢固,到地面垂直距离1.8~2.0 m,用12号钢绞丝过角柱顶端纵凹槽、经线孔做活扣,与三个地锚拉紧,用卡扣接牢。

A.2.6 架主线

在标记的立边柱位置,采用与立角柱同样的方法,向园外斜立边柱,将边柱上端横槽压在边线上,用12号防锈钢丝牢固。这时边柱顶端在地面上的投影应为地锚所在位置。把主线放入各自边柱顶端纵凹槽,在对应的两边柱上方同时拉紧主线,与地锚挂接,用卡扣接牢。

A.2.7 地锚与边柱、主线的连接方法

首先是地锚固定边柱,钢绞线连接地锚钩后,经边柱顶端纵凹槽,过主线孔,做活扣,卡扣牢固。然后地锚连接主线,棚架上主线经边柱顶端纵凹槽,再和地锚钩与边柱顶端间的钢绞线贴接,用卡扣接牢。

A.2.8 竖顶柱和架副线

园内沿主线每隔10 m竖顶柱,下端顶砣盘,上端固定主线,在纵横主线间每隔80 cm架副线,绑副线时从果园一边的中间向两边绑缚。这样整个架面构成一体,平整牢固。

A.2.9 加辅助角柱

辅助角柱应顺延边线,斜向角柱顶端方向,距离角柱12 m左右,安装方法与边柱相同,可与相邻边柱共用地锚,地锚与边线连接。

无公害农产品　桃生产技术规程

1　范围

本规程规定了无公害桃生产的产地环境条件、果园园地选择与规划、桃树的品种及砧木选择、苗木繁育、栽植、土肥水管理、花果管理、整形修剪、病虫害防治等技术。

本规程适用于新郑市行政区域内无公害桃的露地生产。

2　规范性引用文件

下列文件中的条款通过本规程的引用而成为本规程的条款。凡是注日期的引用文件,其随后所有的修改单(不包括勘误的内容)或修订版均不适用于本规程。凡是不注日期的引用文件,其最新版本适用于本规程。

NY/T 2798.1—2015　无公害农产品　生产质量安全控制技术规范　第1部分:通则

NY/T 2798.4—2015　无公害农产品　生产质量安全控制技术规范　第4部分:水果

NY/T 5010—2016　无公害农产品　种植业产地环境条件

NY/T 5114　无公害食品　桃生产技术规程

3　桃树对环境条件的要求

3.1　气候条件

适宜的年平均气温为 12 ~ 17 ℃,绝对最低温度 ≥ − 20 ℃,休眠期 ≤ 7.2 ℃的低温积累 600 h 以上,年日照时数≥1 200 h。

3.2　土壤条件

土壤质地以沙壤土为好,pH 值为 5.5 ~ 7.5,盐分含量≤1 g/kg,有机质含量最好≥10 g/kg,地下水位在 1.0 m 以下。不宜在重茬地建园。

3.3　产地环境

水质和大气质量按 NY/T 2798.4—2015、NY/T 5010—2016 标准的规定

执行。

4　生产管理技术措施

4.1　品种及砧木选择

4.1.1　品种选择与授粉树配置

根据气候,结合品种的类型、成熟期、品质、耐储运性、抗逆性等制订品种规划方案;同时考虑市场、交通、消费和社会经济等综合因素,注意早、中、晚熟品种搭配,同一果园内的品种不宜过多,一般以 3~4 个为好。

目前新郑市适宜选用的品种有春艳、春蜜、春美、北京晚蜜、豫桃 1 号(红雪桃)、中油 4 号、中油 5 号、中油 8 号等。

主栽品种与授粉品种的比例一般在 5:1~8:1;当主栽品种的花粉不稔时,主栽品种与授粉品种的比例提高至 2:1~4:1。

4.1.2　砧木选择

以毛桃为砧木,也可以选择甘肃桃作砧木。

4.2　苗木繁育

4.2.1　砧木苗的培育

采用实生繁殖,培育一年生苗,6 月嫁接时粗度达到 0.8 cm 以上。

4.2.2　苗木嫁接

选择品种纯正、生长健壮、无病虫害的优质丰产树作采穗母株。一般采用带木质部芽接。

4.2.3　嫁接苗的管理

嫁接后 10~15 d,检查成活情况。嫁接成活后及时剪砧、除萌,未成活要及时补接。加强中耕除草、肥水管理和病虫害防治等工作。

4.3　定植前准备

4.3.1　园地规划与设计

选择适宜地块,栽植前先进行合理的规划和设计,主要包括小区划分、园地道路、排灌设施、园地房屋等配套设施设计,防风林体系规划等内容。

平地及坡度在 6°以下的缓坡地,栽植行为南北向。坡度在 6°~20°的山地、丘陵地,栽植行沿等高线延长。

4.3.2　栽植方式和密度

栽植密度应根据园地的环境条件(包括气候、土壤和地势等)、品种、整形修剪方式和管理水平等而定,平地直行定植,一般株行距为(2~4)m×(4~6)m,密植园株行距为(1~1.5)m×(1.5~2)m。

4.3.3 挖定植穴(沟)、施有机肥

定植前挖 0.8 m 见方的定植穴,心土、表土分开放置,回填时底部 1/3 填入表土,中部 1/3 填入与足量的有机肥(有机肥应是 4.5.2.2 规定的肥料)拌匀的表土,上部 1/3 填入心土。回填后浇水洇实。也可以挖宽 0.8 m、深 0.8 m 的定植沟。

4.3.4 苗木准备

苗木质量的基本要求见表 4.3.4。

表 4.3.4 苗木质量的基本要求

项目			要求		
			二年生	一年生	芽苗
品种与砧木			纯度≥95%		
根	侧根数量(条)	毛桃、新疆桃	≥4	≥4	≥4
		山桃、甘肃桃	≥3	≥3	≥3
	侧根粗度(cm)		≥0.3		
	侧根长度(cm)		≥15		
	病虫害		无根癌病和根结线虫		
苗木高度(cm)			≥80	≥70	—
苗木粗度(cm)			≥0.8	≥0.5	—
茎倾斜度(°)			≤15	≤15	—
枝干病虫害			无介壳虫		
整形带内饱满叶芽数(个)			≥6	≥5	接芽饱满,不萌发

4.4 定植

4.4.1 定植时期

秋季落叶后至早春萌动前均可定植。秋季栽植宜在秋季落叶后至土壤封冻前(11~12 月)进行,春季栽植宜在土壤解冻后至萌芽前(2 月中下旬至 3 月)进行,以春季栽植最好。

4.4.2 定植方法

栽植前,对苗木根系用 1%硫酸铜溶液浸 5 min 后再放到 2%石灰液中浸 2 min 进行消毒。栽苗时要将根系舒展开,苗木扶正,嫁接口朝迎风方向,边填土边轻轻向上提苗、踏实,使根系与土壤充分密接;栽植深度以根茎部与地面相平为宜;种植完毕后,立即灌水。

4.5 土肥水管理

4.5.1 土壤管理

4.5.1.1 深翻改土

每年秋季果实采收后结合秋施基肥深翻改土。扩穴深翻是在定植穴(沟)外挖环状沟或平行沟,沟宽 50 cm、深 30~45 cm。全园深翻应将栽植穴(沟)外的土壤全部深翻,深 30~40 cm。土壤回填时混入有机肥,然后充分灌水。

4.5.1.2 中耕

果园生长季降雨或灌水后,及时中耕松土,中耕深度 5~10 cm。

4.5.1.3 覆草和埋草

覆盖材料可以用麦秸、麦糠、玉米秸、干草等。把覆盖物覆盖在树冠下,厚度 10~15 cm,上面压少量土。实施覆草制的果园树盘应抬高 10~20 cm,且树干周围 30 cm 内不覆草,以防雨后积水。

4.5.1.4 种植绿肥和行间生草

提倡桃园实行生草制。种植的间作物应为与桃树无共性病虫害的浅根、短秆植物,以豆科植物和禾本科为宜,推广使用毛叶苕子,适时刈割,翻埋于土壤或覆盖于树盘。禁种玉米、高粱等高秆作物和攀缘植物。

4.5.2 施肥

4.5.2.1 原则

按照 NY/T 2798.4—2015 标准的规定执行。所施用的肥料不应对果园环境和果实品质产生不良影响,应是经过农业行政主管部门登记或免于登记的肥料。提倡根据土壤和叶片的营养分析进行配方施肥和平衡施肥。

4.5.2.2 允许使用的肥料种类

有机肥料:包括堆肥、沤肥、厩肥、沼气肥、绿肥、作物秸秆肥、泥肥、饼肥等农家肥和商品有机肥、有机复合(混)肥等;农家肥的卫生指标按照 NY/T 2798.4—2015 标准的规定执行。

腐殖酸类肥料:包括腐殖酸类肥。

化肥:包括氮、磷、钾等大量元素肥料和微量元素肥料及其复合肥料等。

微生物肥料:包括微生物制剂及经过微生物处理的肥料。

4.5.2.3 肥料使用中应注意的事项

禁止使用未经无害化处理的城市垃圾或含有重金属、橡胶和有害物质的垃圾;控制使用含氯化肥和含氯复合肥。

4.5.2.4 施肥方法和数量

基肥:秋季果实采收后施入,以农家肥为主,混加少量化肥。施肥量按 1 kg 桃果施 1.5~2.0 kg 优质农家肥计算。施用方法以沟施为主(挖放射状沟、环状沟或平行沟),沟深 30~45 cm,以达到主要根系分布层为宜。施肥部位在树冠投影范围内。

追肥:追肥的次数、时间、用量等根据品种、树龄、栽培管理方式、生长发育时期以及外界条件等而有所不同。幼龄树和结果树的果实发育前期,追肥以氮、磷肥为主;果实发育后期以磷、钾肥为主。成龄树全年追肥 2~3 次,前期多追肥,后期少追肥。按氮:磷:钾 =1:0.8:1.2 的比例进行追肥,分别于萌芽前期和开花坐果前期每亩追硫酸钾型复合肥(15-15-5)50 kg。分别于果实膨大期和果实成熟期,每亩施磷酸二铵 40 kg。

叶面追肥:可结合喷药进行。高温干旱期应按使用范围的下限施用,距果实采收期 20 d 内停止叶面追肥。

发芽前至果实膨大期营养储备不足的树可用不含激素的氨基酸原液涂干。

4.5.3 水分管理

4.5.3.1 灌溉

要求灌溉水无污染,水质应符合 NY/T 2798.4—2015 标准的规定。芽萌动期、果实迅速膨大期和落叶后封冻前应及时灌水。

4.5.3.2 排水

设置排水系统,在多雨季节通过沟渠及时排水。

4.6 花果管理

4.6.1 疏花、疏果

4.6.1.1 原则

根据品种特点和果实成熟期,通过整形修剪、疏花、疏果等措施调节产量,一般每亩产量控制在 1 250~2 500 kg。高密度园可适当增加产量。

4.6.1.2 时期

疏花在大蕾期进行;疏果从落花后两周至硬核期前进行。

4.6.1.3 方法

具体步骤:先里后外,先上后下;疏果首先疏除小果、双果、畸形果、病虫果;其次是朝天果、无叶果枝上的果。选留部位以果枝两侧、向下生长的果为好。长果枝留 3~4 个,中果枝留 2~3 个,短果枝、花束状果枝留 1 个果或不留果。

4.6.2 果实套袋

4.6.2.1 套袋时间和方法

在定果后及时套袋,套袋前要喷一次杀菌剂和杀虫剂。套袋顺序为先早熟品种,后晚熟品种,坐果率低的品种可晚套,以减小空袋率。

4.6.2.2 解袋

解袋一般在果实成熟前 10~20 d 进行,不易着色的品种和光照不良的地区可适当提前解袋。解袋前,单层袋先将底部打开,逐渐将袋去除;双层袋应分两次解完,先解外层,后解内层。

果实成熟期雨水集中地区,裂果严重的品种也可不解袋。

4.7 整形修剪

4.7.1 主要树形

4.7.1.1 三主枝开心形

干高 40~50 cm,选留三个主枝,在主干上分布错落有致,主枝方向不要正南,主枝分枝角度在 40°~70°;每个主枝配置 2~3 个侧枝,呈顺向排列,侧枝开张角度 70°左右。

4.7.1.2 "Y"字形

干高 40~50 cm,两主枝角度 60°~90°,主枝上着生结果枝组或直接培养结果枝。

4.7.1.3 主干形

树高 2~2.5 m,干高 30~40 cm,中干通直,其上直接培养小主枝,角度开张至 85°~90°,单轴延伸,主枝间距 20~30 cm,在主干上螺旋排列,插空均匀分布。

4.7.2 修剪要点

幼树生长旺盛,应重视夏季修剪。

4.7.2.1 幼树期及结果初期

以整形为主,尽快扩大树冠,培养牢固的骨架;对骨干枝、延长枝适度短截,对非骨干枝轻剪长放,促使提早结果,逐渐培养各类结果枝组。

主干形桃树及时拿枝软化,控制上部枝条旺长。

4.7.2.2 盛果期

前期保持树势平衡,培养各种类型的结果枝组。中后期要抑前促后,回缩更新,培养新的枝组,防止早衰和结果部位外移。结果枝组要不断更新。

4.8 病虫害防治

4.8.1 防治原则

积极贯彻"预防为主,综合防治"的植保方针。以农业和物理防治为基础,提倡生物防治,按照病虫害的发生规律和经济阈值,科学使用化学防治技术,有效控制病虫害。

4.8.2 农业防治

以"预防为主",实行植物检疫;选用抗病虫的品种和砧木,培育壮苗;彻底清除果园的残枝、落叶,减少潜藏的病虫源;刮树皮;刮涂伤口;科学施肥,合理灌水;合理修剪,改善果园通风透光条件;合理负载,保持树体健壮;果园生草,增加植被多样化;合理间作;深翻整地,施足腐熟有机肥;树干涂白;早春覆盖地膜或树盘培土,阻止害虫上树;树干绑草绳等。

4.8.3 物理防治

根据病虫害生物学特性,采取糖醋液、频振式杀虫灯、树干缠草把、黏着剂和防虫网等方法诱杀害虫。

4.8.4 生物防治

保护瓢虫、草蛉、捕食螨等天敌;利用有益微生物或其代谢物,如利用昆虫性外激素诱杀。

4.8.5 化学防治

在以上方法不能奏效时,可以采用化学防治的方法。但应严格执行农药的使用准则,依据病虫测报以及防治对象的为害特点,提倡使用生物源农药、矿物源农药(如石硫合剂和硫悬浮剂),禁止使用剧毒、高毒、高残留和致畸、致癌、致突变农药。使用化学农药时严格按照 NY/T 2798.4—2015 标准的要求控制施药量与安全间隔期,并遵照国家有关规定,严格掌握喷施时间和浓度,交替使用农药,保证农药喷施质量。

5 采收

由于大部分品种储运性都较差,桃果实可以适当早采。采收时应该分期分批采收,将果实带果柄一起采下。采收时轻拿轻放,不能对果实造成任何伤害(挤压或伤口)。

6 生产档案

建立田间生产档案。对生产过程中重点生产技术、病虫害防治技术、采收等环节及措施进行详细记录。

无公害农产品　大枣生产技术规程

1　范围

本规程规定了无公害大枣的枣树育苗、枣园建立、枣园田间管理等技术。
本规程适用于新郑市行政区域内无公害大枣的生产。

2　规范性引用文件

下列文件中的条款通过本规程的引用而成为本规程的条款。凡是注日期的引用文件,其随后所有的修改单(不包括勘误的内容)或修订版均不适用于本规程。凡是不注日期的引用文件,其最新版本适用于本规程。

NY/T 2798.1—2015　无公害农产品　生产质量安全控制技术规范　第1部分:通则

NY/T 2798.4—2015　无公害农产品　生产质量安全控制技术规范　第4部分:水果

NY/T 5010—2016　无公害农产品　种植业产地环境条件

3　要求

3.1　产地环境

选择远离工矿企业(距离超过 5 km),无"三废"污染,土壤肥沃,水质良好,空气清新,光照资源丰富,生物资源呈多样性的基地。大气、灌溉用水、土壤环境质量符合 NY/T 2798.4—2015、NY/T 5010—2016 标准的要求。

3.2　育苗

3.2.1　苗圃的建立

3.2.1.1　苗圃地选择

在地势平坦、背风向阳、土质差异小、地下水位较低的地方,选土层深厚、质地疏松的中性沙质壤土。遇不良土壤,应针对具体情况,通过土壤改良,改善其理化性质,使之成为疏松肥沃适宜苗木生长的土壤。有水源,达到旱能浇,涝能排的要求。无危险性病虫,若有不利于苗木生长的病虫,育苗前必须采取有效措施防治。忌重茬地。

3.2.1.2 苗圃地规划

苗圃地包括优种采穗圃和苗木繁殖圃,面积比例为1:10。

小区设计原则:安排小区道路、排灌系统等设施,要求便于操作管理。

对按规划设计出的小区、畦进行统一编号,对小区、畦内的品种登记建档,使各类苗木准确无误。

3.2.2 实生砧木苗的繁殖

3.2.2.1 种子采集和储藏

采种要求种子充实饱满和充分成熟。

一般在9~10月枣果或酸枣充分成熟时采集果实进行堆沤5 d左右,待果肉软化腐烂后,加水搓洗,除去果肉及其他杂物,洗净枣核,捞出阴干。将充分干燥的种子放在阴凉处储藏,以备沙藏。

枣和酸枣种子寿命很短,在常温下储藏一年,大部分种子即无发芽力。因而,育苗必须采用新种。

3.2.2.2 种子层积处理

春播前应做层积处理。在11~12月,先将种子放入清水中浸2~3 d,使其充分吸水,然后将种子与5倍湿沙(沙的湿度以手握成团不滴水为宜)均匀混合,放入层积沟内。层积沟应选背阴排水良好处,挖深80 cm,层积沟的宽、长因种核多少而定。沟内温度保持在3~10 ℃。

如春季播种前种核未经层积处理,则播种前将种核在70~75 ℃的水中热烫,自然冷却后,用冷水清洗,浸泡2~3 d。放温室或室内催芽,待部分种核裂开时及时播种。

用机械去壳后的酸枣仁播种,不需层积处理。

3.2.2.3 播种

整地做畦:早春土壤化冻后,按3 000 kg/亩施腐熟有机肥,然后耕翻土壤,压碎土块,使土地平整、土壤疏松。随后灌水,待水渗后即可做畦,畦宽1.2 m、长10 m,每亩可做畦50个。

播种量:种核为每亩播种量15~20 kg(发芽率在80%左右),用机械去壳后的酸枣仁每亩播种量2~4 kg(发芽率在80%左右)。

播种期:春播为3月中下旬至4月中下旬。秋播可在土壤封冻前播种。

播种方式:按行距50~60 cm,开沟深3~5 cm,覆土厚度以2~3 cm为宜,播种后为增温保墒,需用塑料薄膜覆盖地面,促使幼苗提早出土,提高出苗率。

3.2.2.4 播后管理

苗出土后破膜放苗。

苗高 10 cm 时进行定苗,株距保持 15 cm 左右,每亩留苗 7 000 ~ 8 000 株,缺苗处应及时补种。

苗高 15 cm 时,进行第一次追肥,苗高 30 cm 时,进行第二次追肥,肥后及时灌水。追肥时,在苗行一侧距苗 10 cm 处,挖 4 ~ 5 cm 深的施肥沟,施入速效肥料。每次每亩施磷酸二铵 20 kg 或等量其他氮素和磷素化肥。

苗高 60 cm 时,应对主茎摘心,促其加粗生长,以保证苗木秋后达到嫁接粗度。

做好苗期病虫害防治工作。

3.2.3 嫁接苗的繁殖

3.2.3.1 接穗的选择、采集与储藏

采集接穗应选健壮结果树,枝接用穗整个休眠期均可采集。选直径大于 6 mm、成熟良好的 1 ~ 3 年生枣头一次枝、二次枝剪成单芽小段,去除针刺,迅速蜡封后放于塑料袋中,储藏在 0 ~ 2 ℃的冰柜或冷藏库中,储期可达 4 ~ 6 个月。生长季芽接,最好是随采随用,采下后立即剪去二次枝和叶片,基部浸入水中防止萎蔫。接穗远运,要随采随包。包装物用透气性好的麻袋、草包等物料,并于穗间填充洁净潮湿锯末,切忌用不透气的包装材料,也不能用易腐烂的碎草、稻麦颖壳作填料,运输中要防止失水干燥,也要防止不透气使枝条发热。

3.2.3.2 嫁接方法

劈接:最适宜时期是萌芽前后一段时间。嫁接时,在砧木近地面处选择枝面平整的部位,截去上部,然后从砧木断面中央向下劈一裂口(粗大的砧木可靠近边缘处劈口),长 4 ~ 5 cm。接穗下端削成两面等长的楔形。削面 3 ~ 4 cm,要平直光滑,接穗削好后,插入劈口,一定要使接穗削后的皮层内缘和砧木劈口皮层内缘对齐。用塑料条包严接口,以防失水影响成活。

皮下接:也叫插皮接,是枣的主要嫁接法。优点是方法简便、成活率高。在春、夏季砧木离皮期间均可进行。先将接穗下端削成较薄的单面舌状(也可用和劈接一样的削法),削面长 3 ~ 4 cm,再将砧木靠近地面处剪断,削平茬口,自断面向下将皮层竖切一刀(刀口长 2 ~ 3 cm)并把两边皮层撬开少许,随即插入接穗。

芽接:枣树的芽接方法通常采用"T"字形带木质部芽接。优点是嫁接时间长,凡皮层能够剥离时均可进行,节省接穗,操作简便,成活率高。具体做法

是:枣头一次枝和二次枝均可。在芽上方 2 mm 处横切一刀,深 2 ~ 3 mm,再从芽下 1.5 cm 处向上斜削,使芽长约 2 cm,宽 4 ~ 8 mm,上平下尖,带木质部。砧木在距地面 10 cm 左右处,选平整的枝面,在皮层上切"T"字形接口,横切口长 0.6 ~ 1.0 cm,纵切口长约 2 cm,拨开纵切口,插入芽片,使芽片上部的切口与砧木横切口密接。也可采用倒"T"字形接,效果更好,接口用塑料膜捆绑,包扎严密。

3.2.3.3 嫁接苗的管理

除萌:接后应及时抹去砧木萌发的所有嫩芽,使砧木集中储存养分,用于接口愈合和接芽生长。一般 7 ~ 10 d 进行一次。不然,轻则影响接口愈合速度、接芽生长量,重则大大降低成活率。

绑扶:接芽长到 30 cm 时,应立柱绑扶,防止因风雨而折断。

追肥灌水:在新株整个生长季节中,一般应进行 2 ~ 3 次追肥,每次相隔 20 d 左右,以复合肥为宜,每亩 10 kg 左右,施肥一般结合灌水。

病虫害防治:新梢生长期要注意及时防治病虫。

3.2.4 根蘖苗的归圃培育

3.2.4.1 根蘖苗的采集

根蘖苗系母株的无性再生,能保留母体的遗传性状。在枣区,耕地间作、开沟施肥时会切断枣树的部分根系,到生长季节,大树周围就会萌发出一定量的根蘖苗,要注意保护,到秋后可以按品种起出假植。

3.2.4.2 归圃培育

根蘖苗的整修:把假植的根蘖苗起出,用修枝剪把并生的新梢、枝杈剪掉,剪去劈、断根,每株保留一条新梢,新梢留 35 cm 剪除。

育苗时期:冬季 11 月树体落叶后至土壤上冻前,春季土壤解冻后到树体萌芽前均可。

挖沟、做畦、育苗、浇水、剪砧:在挖沟育苗的同时做畦,可省掉单独做畦的工序,省工省时。畦宽 150 cm、长 20 ~ 30 m,畦埂宽 45 cm,每畦 2 沟,每沟宽 35 cm、深 30 cm,育苗 2 垄,每畦 4 垄,行距 35 cm,株距 8 cm,每亩用根蘖种苗 2 万株。具体方法是:靠苗地一侧起挖沟,挖出的土放在就近畦埂上,沟内摆苗,挖相邻沟时,土挖出一半封在前沟里,压住苗,另一半放在就近埂上。依此类推,这样苗育完,畦也做好了,其后,把沟内整平、踏实。同时,灌足底水,待地皮干后,沿地表上 1 cm 剪去苗砧(苗期的其他管理同嫁接苗)。

3.2.5 苗木出圃

3.2.5.1 起苗

起苗在秋季或春季均可进行。如条件允许,最好是春季起苗,随起随栽,既可减少假植工序,又有较高的栽植成活率。起苗时要尽量起全根系,最好使用起苗机械作业。地上部二次枝可留 1 ~ 2 个芽以后剪掉,既便于运输栽植,又有利于成活。

3.2.5.2 分级

根据苗木分级规格分别假植及分区域栽植,分级标准见表 3.2.5.2。

表 3.2.5.2 枣树苗木分级规格一览表

级别	苗高(m)	地径(cm)	根系状况
一级	1.2 ~ 1.5	1.5 以上	根系发达,直径 2 mm 以上,长 20 cm 以上,侧根 6 条以上
二级	1.0 ~ 1.2	1.0 以上	根系发达,直径 2 mm 以上,长 15 cm 以上,侧根 6 条以上

3.2.5.3 假植

假植沟深 60 ~ 80 cm,宽 1 m,长度不限。把枣苗成排斜放沟中,埋土,再放苗,再埋土,一排一排假植,务必使土壤和苗根密接。也可将苗存于地窖内或冷凉室内,把根部用湿沙或湿锯末覆严保湿,并经常检查,喷水保湿。

3.2.5.4 包装运输

将苗木每 50 ~ 100 株扎成一捆,根部蘸泥浆,然后用湿蒲包或湿麻袋包裹好。若远运,湿麻袋或蒲包外要加塑料袋,塑料袋外再加草袋包装。苗木到达目的地后,应立即松包栽植或假植。

4 枣园建立

4.1 枣园选址

枣树耐盐碱、耐瘠薄、抗旱、耐涝。在 pH 值为 5.5 ~ 8.5 的土壤上均可正常生长。黏质壤土对制干品种的品质有利,沙质壤土对鲜食品种的品质有利。

4.2 枣园的规划设计

4.2.1 整地

4.2.1.1 整地时间

定植前一年秋季之前完成。

4.2.1.2　整地方式及规格

平原和山间台地,地势较平缓且面积大,可进行全园平整,平整后果园坡度不超过6°。

地形较复杂、高差较大的,可修整梯田。直壁式梯田的阶面应与树冠的冠幅相当;斜壁式梯田阶面宽度可以小于树冠的1/4。梯田长边应与枣树的行向一致。

山地建枣园因地形、地势较复杂,只宜按等高线找好水平,随弯就弯,平高垫低,做成等高撩壕,壕宽1.5~3 m,深80 cm,撩壕外沿做高20 cm的土埂。山坡坡度超15°时,不宜采用此工程整地。

4.2.2　小区规划

根据一个小区内的土壤、气候、光照等条件大体一致的原则,安排品种,将枣园划分若干小区。

平原大型果园4~6 hm² 为一个小区;山区2 hm² 左右为一个小区。小区形状以长方形为宜,长边与宽边的比例为2:1~5:1。平原小区的长边应与当地主要有害风向垂直,山地小区的长边要与等高线相平行。

4.2.3　排灌系统规划

积极推广低压管道输水灌溉、滴灌、喷灌。排水可在地面上挖明沟,以达到排地表径流的目的。山地果园排水系统由集水沟和总排水沟组成。集水沟与等高线一致。梯田的集水沟应修在梯田内侧,比降与梯田一致。总排水沟连通各级等高排水沟,设在集水线上。总排水沟的方向与等高线垂直或斜交。

4.2.4　占地面积比例规划

枣树占88.5%~90.5%,灌渠占2%~2.5%,防护林占2%~3%,建筑物占1%~1.5%,道路占2.5%,其他占2%。

4.3　品种选择

品种选择应以区域化和良种化为基础,遵照枣区域化,结合当地自然条件,选择优良品种,做到适地适种。

优良品种引进栽培时,必须进行品种区域试验,然后再大面积发展。

品种选择时要注意选用传统特色的乡土良种,做到乡土良种与引进品种相结合,以更好地适应市场需求。

4.4　栽植密度

要根据土、肥、水、光照、品种生长特性、生产管理水平和建园要求等诸方面因素综合考虑(见表4.4)。

表 4.4　枣树栽植密度一览表

类别	株行距(m)	株数(亩)	适宜园地
稀植园	(3～5)×(8～20)	7～28	以粮为主,兼收枣果,枣粮间作
一般密度园	(3～4)×(5～7)	28～44	一般园地,管理水平较高
中等密度园	(2～3)×(4～5)	44～83	土肥水条件好,管理水平高
高密度园	(1.5～2)×(3～4)	83～148	土肥水条件好,管理水平极高

4.5　定植前的准备

按照小区内栽植的品种和株行距,采用测绳放线,用白灰渣标示定植点的位置。

在标示定植点的位置上挖定植穴或顺行挖定植沟。定植穴(沟)在定植的前一年完成。定植穴要求直径80 cm。顺行定植沟要求宽、深各80 cm,定植穴(沟)内挖出的表土放在一侧,心土堆放在另一侧。当年3月回填定植穴,先将腐熟的优质有机肥每株40 kg或鸡粪20 kg与表土混合回填,注意定植穴下部回填表土,上部回填心土。回填土时必须分层踏实。

4.6　苗木处理

栽前应将苗木根系浸泡水中8～24 h,将苗木根部劈裂处剪平,然后用5波美度石硫合剂消毒20 min,洗净后用生根粉处理根系或蘸泥浆后栽植。

4.7　栽植

在定植穴(沟)内按株行距挖深、宽各30 cm的定植穴,定植枣苗时应在原回填土的基础上,将穴内堆一小土丘,将根系均匀舒展地放在土丘上,扶正苗木,纵横成行,边填土、边提苗、边踏实,到与地面相平,注意枣苗的根茎处应高于地面,以便灌水土壤下沉后,根茎处与地面持平。

4.8　栽植后管理

4.8.1　灌水

苗木栽植后,应立即灌水,使根与土壤紧密结合,灌水后待地表不黏时及时中耕松土保墒,以提高土壤温度和透气性,促使苗木尽快发根,缩短缓苗期。

4.8.2　覆膜

苗木栽植灌水后,立即在树盘铺覆地膜,能提高地温,使苗木发根早、生长快。

4.8.3　定干

苗木栽后应根据整形要求及时定干、抹芽、除萌蘖。

4.8.4 追肥

当苗木新梢长到 10 ~ 15 cm 时,应结合灌水追施速效氮肥,以每亩每次 10 kg 为宜。也可雨前开沟抢追化肥。在根部追肥的同时,每隔 10 ~ 15 d 还应用 0.3% 尿素、0.3% 磷酸二氢钾进行叶面喷肥,叶面喷肥也可结合打药进行。

4.8.5 病虫害防治

应特别注意防治金龟子、毛虫类食芽食叶的为害,以保证叶片的完整和树体的正常生长。

4.8.6 补植

苗木栽植时,应留有一定量的备用苗木同时栽植,以备缺株补栽。另外,枣苗栽植当年,有时会出现不发芽或发芽晚的假死现象,对假死苗应抓紧肥水和特别管理,促其尽早发芽、加快生长。

5 枣园田间管理

5.1 土壤管理

5.1.1 果园深翻

以秋季为宜,深翻一般在果实采收后至土壤封冻前结合施基肥进行。缺水山地果园可以在雨季到来之前进行。深翻方法:扩穴深翻。在幼园中应用,即由定植穴的边缘开始,每年或隔年向外扩展,挖宽 50 ~ 100 cm、深 60 ~ 100 cm 的环状沟,掏出沟中沙石,每株施 20 ~ 40 kg 优质有机肥混土回填。逐年进行一直到相邻两株之间深翻沟相接为止。

株间深翻,行间间作。一般在幼树栽植 3 ~ 4 年内可在行间间作矮秆作物。待间作作物收获,土壤休闲期将果树株间深翻 30 ~ 50 cm。

全园深翻。盛果期,撒施基肥后深翻土壤。深翻深度 30 ~ 50 cm,靠近树干的地方粗根多,应浅些。

以上三种深翻方法要与施基肥一起进行。

5.1.2 中耕除草与覆盖

清耕区内经常中耕除草,保持土壤疏松、无杂草,中耕深度 5 ~ 10 cm。树盘内提倡秸秆覆盖,以利于保湿、保温,抑制杂草生长,增加土壤有机质含量。

5.2 施肥

5.2.1 施肥原则

以有机肥为主,化肥为辅,保持或增加土壤肥力及土壤微生物活性。所施用的肥料不应对果园环境和果实品质产生不良影响。

5.2.2 允许使用的肥料种类

5.2.2.1 农家肥料

符合 NY/T 2798.4—2015 标准的要求,包括堆肥、沤肥、厩肥、沼气肥、绿肥、作物秸秆肥、泥肥、饼肥等。

5.2.2.2 商品肥料

符合 NY/T 2798.4—2015 标准的要求,包括商品有机肥、腐殖酸类肥、微生物肥、有机复合肥、无机(矿质)肥、叶面肥、有机无机肥等。

5.2.3 禁止使用的肥料

未经无害化处理的城市垃圾或含有金属、橡胶和有害物质的垃圾。

硝态氮肥和未腐熟的人粪尿。

未获准登记的肥料产品。

5.2.4 施肥方法和数量

5.2.4.1 基肥

秋季施入,以农家肥为主,混加少量氮素化肥。施肥量按 1 kg 枣施 1.5~2.0 kg优质农家肥计算,一般盛果期枣园每亩施 3 000~5 000 kg 有机肥。施用方法以沟施为主,施肥部位在树冠投影范围内。沟施为挖放射状沟或在树冠外围挖环状沟,沟深 60~80 cm。

5.2.4.2 追肥

土壤追肥:每年 3 次,萌芽肥、花期肥和助果肥。第一次以氮肥为主;第二次以磷、钾肥为主,氮、磷、钾肥混合使用;第三次以钾肥为主。施肥量按当地的土壤条件和需肥特点确定。施肥方法是树冠下开沟,沟深 15~20 cm,追肥后及时灌水。

叶面喷肥:要求在枣生长期每 10~15 d 进行一次叶面喷肥。生长前期以氮肥为主,后期以磷、钾肥为主。浓度:尿素 0.3%~0.5%,磷酸二氢钾 0.2%~0.3%,硼砂 0.1%~0.3%。最后一次叶面喷肥在距果实采收期 20 d 以前进行。叶面喷肥可单独进行,也可结合喷药同时进行。

5.3 灌水与排水

枣树虽较抗旱和耐涝,但要获得高产仍要在生长期进行灌水和排水,以满足枣树对水分的需要和防止积水危害。

5.3.1 灌水时期

灌水时期分别为萌芽前、开花前、落花后、着色前和冬灌几个关键时期。

5.3.2 灌水量

保持田间持水量不低于60%。

5.3.3 排水

枣园土壤水分过大或园地长期积水,会引起土壤严重缺氧,根系发育不良,树势衰弱,产量下降。建园时应做好排水工程,一旦土壤含水量超过田间最大持水量的75% ~80%时,就应立即进行排水。

5.4 花果管理

5.4.1 提高花期营养供给水平,促花坐果

肥水管理水平高,树体营养积累多,花芽分化质量好,就能促进花果发育,满足树体生长和开花坐果对养分的需求,减少落花落果。

叶面喷肥能及时补充树体急需养分,明显减少落花落果现象。盛花初期(40%的花开放)喷尿素、磷酸二氢钾混合液,有明显增产效果。

花期喷微量元素硼、铁、镁、锌等可有效提高坐果率。

5.4.2 调节生长与结果的矛盾

断根:断根可减缓幼树、旺树营养生长。

春季抹芽:春季枣树萌芽后,对萌发出的新枣头,如不做延长枝培养或没有生长空间,都可以从基部抹掉。可节省营养生长所消耗的养分,明显促进坐果。

摘心:包括一次枝、二次枝、枣吊三种方式。一次枝摘心即剪掉枣头顶端的生长点,摘心后枣头停止生长,有利于花芽分化及提高开花质量。二次枝摘心,能显著促进枣吊生长,早开花,早坐果。

生长期抹芽:果实生长期枣芽大量萌发,如任其生长会造成巨大的营养消耗,严重落花落果。

疏枝:对位置不当,影响通风透光的枝条都应及时疏除。

拉枝:对生长直立的枣头,花前及花期用绳将其拉弯,迅速减缓枝条营养生长,促进花芽分化,提早开花,提高坐果率。

环剥(开甲):可暂时切断韧皮组织中养分运转通道,使叶片光合产物一时不能下运,集中于树冠部分,供给花及果,提高花果的营养条件,达到开花好、坐果好、成熟早、品质高的良好效果。

环剥适期是在盛花初期,即全树大部分结果枝已开花5 ~8朵,正值枣花质量最好的"头蓬花"盛开之际。要求干径4~10 cm的幼树剥口宽0.3~0.5 cm,干径10 cm以上的为0.5~0.7 cm。剥口应用牛皮纸条保护。

5.4.3 疏花、疏果

通过疏花、疏果,人工调整花果数量,减少养分消耗,集中养分供应,能减少落花落果。

疏果原则是按亩定产,以吊定果。定果时强调一果一吊,中庸树一果两吊,弱

树一果三吊。也应根据实际管理水平和树体情况、果形大小等加以调节。

5.4.4 创造良好授粉条件,促花坐果

花期喷水提高空气湿度,促花坐果:枣花授粉需要较高的空气湿度,相对湿度要求 75%~85%,一天中喷水时间以傍晚为好,因傍晚空气湿度较高,喷水能维持较长时间高湿状态。

枣园放蜂,增加授粉媒介,促花坐果:一般情况下,枣花需授粉才能结果。在花期放蜂,增加授粉媒介,可有效提高坐果率。蜂群间距以小于 300 m 为宜。

5.5 整形修剪

要达到密植早产、丰产、稳产、高效的目的,就必须遵循结果与整形并重、冬剪与夏剪并重,夏剪为主、轻剪为主的原则,才能达到成形快、结果早的栽培目的。

5.5.1 幼树的整形修剪

在增加枝叶量、促进坐果的同时,要注意随时整形,为丰产稳产建立牢固的树体骨架。

5.5.1.1 小冠疏层形

树形优点:树体小,成形快,光照好;主枝少,负载重量大,易丰产;修剪方法简单,地下管理方便。

树体结构特点:全树主枝 5~6 个,分三层着生在中心干上,第一层 3 个,第二层 1~2 个,第三层 1 个,主枝上不设侧枝,直接培养大中小型枝组,冠径不超过 2.5 m;干高 30~40 cm,主干直立,树高 2.5 m 左右。

整形修剪技术要点:在距地面 30~35 cm 处,选留 3 个长势均匀、角度适宜(基角 45°~60°)、方位好、层内距 10~20 cm 处的 1~3 年生枝培养第一层主枝,主枝长 1 m 左右。距第一层主枝 70~80 cm 处选 1~2 个枝条作第二层主枝,长度小于第一层主枝。第三层距第二层 50~60 cm,选 1 个枝即可。三层主枝上直接培养大中小结果枝组。第一层以大型枝组为主,第二层以中型枝组为主,第三层以小型枝组为主。枝组相互交错,通风透光。树高达 2.5 m 左右时,顶部及时回缩,增加下部养分积累。

5.5.1.2 单轴主干形

树形优点:生长势强,通风透光好,成形快;修剪方法简单,枝组布局合理;树体小,产量高,地下管理方便。

树形结构特点:单轴主干直立,无主枝,枝组直接着生在主干上;结果枝组下强上弱、下大上小;全树有枝组 12~15 个,树高 2 m 左右。

整形修剪技术要点:在距地面30~35 cm处,选择角度大、生长壮的1~2年生枝条自下而上培养枝组,而下层枝组又以栽植密度决定大小。一般要求株间留30~35 cm宽的发育空间,行间留80 cm的作业道。枝组培养方法可采用二次枝重短截、夏季摘心、拉枝等措施。主干上枝组为保证有旺盛的结果能力,3~5年可更新复壮一次。更新时,可在枝组基部6~10 cm处重截,刺激隐芽萌发新枝,培养新枝组。可依枝组情况,分批分年进行。

5.5.1.3 自由圆锥形

树形优点:骨架牢固,光照好,整形简单,骨干枝少,负载量大,结果早,宜丰产,管理和采收方便。

树形结构特点:主枝少(8~10个),全面呈水平状,均匀排列在中心干上,不重叠、不分层;主枝长度在1 m左右,冠径不超过2~2.2 m;主枝上直接着生中小型枝组,不配备大型枝组,枝组与枝组间有一定的从属关系;干高35~40 cm,主干直立,树高2.2~2.5 m。

整形修剪技术要点:在距地面35~40 cm处,选留长势强、方位好的1~3年生枝条拉成水平状,自下而上培养主枝,并使主枝均匀分布在中心干上。主枝下长(1 m左右,依株距而定)上短(60 cm左右),成形后下宽上窄呈圆锥形。各主枝上结果枝组的留量一般下层5~7个,上层3~5个。枝组的培养方法是将二次枝从基部剪除,促其主芽萌发枣头,在枣头长出5~7个二次枝时夏剪摘心,培养成中小型枝组。要求枝组交错,通风透光,立体结果,树冠达一定高度的落头。枝组5年生左右,可重回缩更新,也可主枝回缩,重新培养主枝及结果枝组。

5.5.1.4 水平扇形

树形优点:树冠小,受光面积大,早期产量高;修剪方法简化,技术容易掌握;果实着色好,品质优良。

树体结构特点:全树有水平主枝3~4个,分别向两个相反方向生长;主枝长1 m左右,顺行向枝展,树高1.8 m左右,成形后为扇形;干高40 cm,各主枝间距40~50 cm。

整形修剪技术要点:定植当年萌芽前将植株顺行向拉成近水平状,距地30~40 cm,在弯曲背上选方位适宜、芽体饱满的主芽,剪去上方二次枝,然后将主芽前部刻伤,促发枣头培养主枝。次年再将此枝拉向另一方,如此拉3~4个主枝,各主枝上配中小型枝组为主,严格控制大型枝组。枝组分布均匀,通风透光良好。枝组培养采取二次基部剪除,待主芽萌发长到5~7个二次枝时,夏剪摘心。

5.5.2 盛果期的修剪

盛果期是以营养生长为主转向结果期,此期修剪的任务是通风透光,更新枝组。

5.5.2.1 疏枝

锯除过密大枝,保证大枝稀、小枝密,枝枝见光,内外结果,立体结果。过密枝、层间直立枝、交叉枝、重叠枝、枯死枝、徒长枝、细弱枝等,凡无位置、无利用价值者均应疏除。

5.5.2.2 回缩

主枝回缩防止上强下弱,结果外移,产量下降。

有空间的交叉枝、直立枝、徒长枝等回缩培养结果枝组。

主枝、枝组回缩更新复壮,培养新主枝、枝组,保证旺盛的结果能力。

5.5.3 衰老树的修剪

5.5.3.1 回缩骨干枝

对开始焦梢、残缺少枝的骨干枝,应回缩更新。

先缩后养:截去骨干枝的1/3左右,促其后部萌生新枣头,逐年培养成新的骨干枝。

先养后缩:在衰老骨干枝的中部或后部进行刻伤,有计划地培养1~2个健壮的新生枣头,然后回缩老的骨干枝,达到更新的目的。

5.5.3.2 调整新生枣头

对新生枣头必须加以调整,去弱留强,去直立留平斜,防止延长性的枣头过多地消耗营养,扰乱树形,同时,用摘心、枝撑、拉枝等方法开张主枝角度,尽快利用更新枣头形成新的树冠。

5.6 病虫害防治

5.6.1 防治原则

以农业和物理防治为基础,生物防治为核心,按照病虫害的发生规律和经济阈值,科学使用化学防治技术,有效控制病虫危害。

5.6.2 农业防治

主要施用有机肥和无机复合肥,增强树体抗病能力,控制氮肥施用量。生长季后期注意控水、排水,防止徒长,严格疏花、疏果,合理负载,保持树体健壮。萌芽前刮除枝干的翘裂皮、老皮,清除枯枝落叶,消灭越冬病虫,生长季及早摘除病虫叶、果,结合修剪,剪除病虫枝。在枣树行间和枣园周围种植有益植物,增加物种多样性,提高天敌有效性,抑制次要病虫害发生。

5.6.3 物理防治

根据害虫生物学特性,采取糖醋液、性诱剂、树干缠草绳和黑光灯等方法诱杀害虫。

5.6.4 生物防治

利用寄生性、捕食性天敌昆虫及病原微生物,调节害虫种群密度,将其种群数量控制在为害水平以下。在枣园内增添天敌食料,设置天敌隐蔽和越冬场所,招引周围天敌。饲养释放天敌,补充和恢复天敌种群。限制有机合成农药的使用,减少对天敌的伤害。

5.6.5 化学防治

5.6.5.1 用药原则

根据防治对象的生物学特性和危害特点,允许使用生物源农药、矿物源农药和低毒有机合成农药,有限制地使用中毒农药,禁止使用剧毒、高毒、高残留农药。

5.6.5.2 允许使用的农药品种及使用技术

枣园允许使用的主要杀虫杀螨剂及使用方法见附表1。

枣园允许使用的主要杀菌剂见附表2。

5.6.6 科学合理使用农药

加强病虫害的预测预报,做到有针对性地适时用药,未达到防治指标或益害虫比合理的情况下不用药。

允许使用的农药,每种每年最多使用两次。最后一次施药距采收期间隔应在 20 d 以上。

限制使用的农药,每种每年最多使用一次。施药距采收期间隔应在 30 d 以上。

严禁使用国家禁止使用的农药和未核准登记的农药。

根据天敌发生特点,合理选择农药种类、施用时间和施用方法,保护天敌。

注意不同作用机制的农药交替使用和合理混用,以延缓病菌和害虫产生抗药性,提高防治效果。

严格按使用浓度施用,施药力求均匀周到。

5.7 植物生长调节剂类物质的使用

5.7.1 使用原则

在枣生产中应用的植物生长调节剂主要有赤霉素类、细胞分裂素类及延缓生长和促进成花类物质等。允许有限度使用对改善树冠结构和提高果实品质及产量有显著作用的植物生长调节剂,禁止使用对环境造成污染和对人体健康有危害的植物生长调节剂。

5.7.2　允许使用的植物生长调节剂及技术要求

允许使用的植物生长调节剂主要种类有苄基腺嘌呤、6－苄基腺嘌呤、赤霉素类、乙烯利、矮壮素等。

技术要求：严格按照规定的浓度、时期使用，每年最多使用一次，安全间隔期在 20 d 以上。

禁止使用的植物生长调节剂有比久、2,4－二氯苯氧乙酸(2,4－D)等。

6　果实采收

枣果实采收根据用途不同分为三个时期，即白熟期、脆熟期和完熟期。根据成熟度的划分，按照实际需要，采收某一成熟度的果实，以符合生食、储藏和加工的要求，减少损失，提高质量。采收方法有人工采收和机械化采收。采收的枣果应符合 DB41/T 513.1 标准的要求。

7　生产档案

建立田间生产档案。对生产过程中重点生产技术、病虫害防治技术、采收等环节及措施进行详细记录。

附表 1　枣园允许使用的主要杀虫杀螨剂及使用方法

农药品种	毒性	稀释倍数和使用方法	防治对象
1% 阿维菌素乳油	低毒	5 000 倍液，喷施	叶螨、金纹细蛾
0.3% 苦参碱水剂	低毒	800～1 000 倍液，喷施	蚜虫、叶螨等
10% 吡虫啉可湿性粉剂	低毒	5 000 倍液，喷施	蚜虫、金纹细蛾等
25% 灭幼脲 3 号悬浮剂	低毒	1 000～2 000 倍液，喷施	金纹细蛾、桃小食心虫等
50% 辛脲乳油	低毒	1 500～2 000 倍液，喷施	金纹细蛾、桃小食心虫等
50% 蛾螨灵乳油	低毒	1 500～2 000 倍液，喷施	金纹细蛾、桃小食心虫等
20% 杀铃脲悬浮剂	低毒	8 000～10 000 倍液，喷施	桃小食心虫、金纹细蛾等
50% 马拉硫磷乳油	低毒	1 000 倍液，喷施	蚜虫、叶螨、卷叶虫等
50% 辛硫磷乳油	低毒	1 000～1 500 倍液，喷施	蚜虫、桃小食心虫等
5% 尼索朗乳油	低毒	2 000 倍液，喷施	叶螨类
10% 济阳霉素乳油	低毒	1 000 倍液，喷施	叶螨类
20% 螨死净胶悬剂	低毒	2 000～3 000 倍液，喷施	叶螨类
15% 哒螨灵乳油	低毒	3 000 倍液，喷施	叶螨类
40% 蚜来多乳油	中毒	1 000～1 500 倍液，喷施	棉蚜及其他蚜虫等

农药品种	毒性	稀释倍数和使用方法	防治对象
99.1%加德士敌死虫乳油	低毒	200～300 倍液,喷施	叶螨类、蚧类
苏云金杆菌可湿性粉剂	低毒	500～1 000 倍液,喷施	卷叶虫、尺蠖、天幕毛虫等
10%烟碱乳油	中毒	800～1 000 倍液,喷施	蚜虫、叶螨、卷叶虫等
5%卡死克乳油	低毒	1 000～1 500 倍液,喷施	卷叶虫、叶螨等
25%扑虱灵可湿性粉剂	低毒	1 500～2 000 倍液,喷施	介壳虫、叶蝉
5%抑太保乳油	中毒	1 000～2 000 倍液,喷施	卷叶虫、桃小食心虫

附表 2 枣园允许使用的主要杀菌剂

农药品种	毒性	稀释倍数和使用方法	防治对象
5%菌毒清水剂	低毒	萌芽前 30～50 倍液,涂抹;100 倍液,喷施	腐烂病、枝干轮纹病
腐必清乳剂(涂剂)	低毒	萌芽前 2～3 倍液,涂抹	腐烂病、枝干轮纹病
2%农抗 120 水剂	低毒	萌芽前 10～20 倍液,涂抹;100 倍液,喷施	腐烂病、枝干轮纹病
80%喷克可湿性粉剂	低毒	800 倍液,喷施	斑点落叶病、轮纹病、炭疽病
80%大生 M－45 可湿性粉剂	低毒	800 倍液,喷施	斑点落叶病、轮纹病、炭疽病
70%甲基托布津可湿性粉剂	低毒	800～1 000 倍液,喷施	斑点落叶病、轮纹病、炭疽病
50%多菌灵可湿性粉剂	低毒	600～800 倍液,喷施	轮纹病、炭疽病
40%福星乳油	低毒	6 000～8 000 倍液,喷施	斑点落叶病、轮纹病、炭疽病
1%中生菌素水剂	低毒	200 倍液,喷施	斑点落叶病、轮纹病、炭疽病

农药品种	毒性	稀释倍数和使用方法	防治对象
27%铜高尚悬浮剂	低毒	500～800 倍液,喷施	斑点落叶病、轮纹病、炭疽病
石灰倍(多)量式波尔多液	低毒	200 倍液,喷施	斑点落叶病、轮纹病、炭疽病
50%扑海因可湿性粉剂	低毒	1 000～1 500 倍液,喷施	斑点落叶病、轮纹病、炭疽病
70%代森锰锌可湿性粉剂	低毒	600～800 倍液,喷施	斑点落叶病、轮纹病、炭疽病
70%乙膦铝锰锌可湿性粉剂	低毒	500～600 倍液,喷施	斑点落叶病、轮纹病、炭疽病
硫酸铜	低毒	100～150 倍液,灌根	根腐病
15%粉锈宁乳油	低毒	1 500～2 000 倍液,喷施	白粉病
50%胶悬剂	低毒	200～300 倍液,喷施	白粉病
石硫合剂	低毒	发芽前 3～5 波美度,生长期 0.3～0.5 波美度,喷施	白粉病、霉心病等
843 康复剂	低毒	5～10 倍液,涂抹	腐烂病
68.5%多氧霉素	低毒	1 000 倍液,喷施	斑点落叶病等
75%百菌清	低毒	600～800 倍液,喷施	轮纹病、炭疽病、斑点落叶病

无公害农产品　杏生产技术规程

1　范围

本规程规定了无公害杏的产地环境质量要求和生产管理措施。

本规程适用于新郑市行政区域内无公害杏的生产。

2　规范性引用文件

下列文件中的条款通过本规程的引用而成为本规程的条款。凡是注日期的引用文件,其随后所有的修改单(不包括勘误的内容)或修订版均不适用于本规程。凡是不注日期的引用文件,其最新版本适用于本规程。

NY/T 2798.1—2015　无公害农产品　生产质量安全控制技术规范　第1部分:通则

NY/T 2798.4—2015　无公害农产品　生产质量安全控制技术规范　第4部分:水果

NY/T 5010—2016　无公害农产品　种植业产地环境条件

3　产地环境条件

符合 NY/T 2798.4—2015、NY/T 5010—2016 标准规定的要求,地势平坦,排灌方便,地下水位较低,土层深厚、肥沃、疏松的地块。

4　生产管理措施

4.1　产量构成因素

4.1.1　成年园植株密度

55~82 株/亩,株行距(2~3) m×4 m。

4.1.2　产量

1 500~2 000 kg/亩,平均株产 20~25 kg。

4.2 建园

4.2.1 园地选择

园地应选择没有环境污染、土层深厚、土壤肥沃、地势高、光照充足、排灌良好、交通便利的地块。

4.2.2 品种选择

因地制宜,选择最适合本地区的品种。常规露地,早中熟品种搭配种植,品种数量不宜太多,1~2个主栽品种即可。适合新郑地区的主栽品种有金太阳杏和凯特杏等。

4.3 栽植技术

4.3.1 苗木

应选择根系发达,根茎粗0.8~1.0 cm,高0.8~1.0 m,无病虫害,1~2年生的健壮苗木。

4.3.2 定植穴

长、宽、深各80 cm。

4.3.3 基肥

每穴施入腐熟后的纯有机肥20 kg、过磷酸钙1 kg、多元复合肥0.25 kg,与土充分混合。

4.3.4 栽植时间

2月下旬至3月上旬。

4.3.5 栽植方法

栽植深度以根茎灌水后与地面平齐为宜,应把坑的塌陷程度计算在内,栽前对根系进行修剪。栽植时根系要疏展,不能与肥料直接接触。

4.3.6 浇水

栽植后立即浇一次透水,一周后再浇一次。

4.3.7 覆地膜

地面土壤疏松后,中耕覆膜。膜厚0.06 mm、宽2 m,顺行覆通膜。

4.4 土壤管理

4.4.1 改土

每年杏落叶后至封冻前顺行挖宽、深各40 cm的条状沟,深翻改土。

4.4.2 除草

采用机械与人工相结合的方法,及时除草,保持田间无杂草。

4.5 肥料管理

4.5.1 基肥

结合改土每年施有机肥 4 000 ~ 5 000 kg/亩。

4.5.2 追肥

坐果后追施三元复合肥 20 kg/亩(无机氮以尿素形式存在)。

4.5.3 叶面肥

生长期内根据叶分析结果,及时补充所需元素,如尿素 0.3% ~ 0.5%,磷酸二氢钾 0.2% ~ 0.3%,硼砂 0.1% ~ 0.3%,氨基酸类叶面肥 600 ~ 800 倍液。最后一次叶面喷肥应在距果实采收期 20 d 前进行。

4.6 水分管理

4.6.1 芽前水

萌芽前当地下 20 cm 处温度大于 12 ℃时,浇一次水。

4.6.2 膨大水

坐果后结合追肥浇一次大水,这次浇水非常关键,因为它影响到全年产量。

4.6.3 封冻水

土壤封冻前(12 月中旬)浇一次透水,水源不足或施肥过晚的果园也可基肥水与封冻水合二为一。

4.7 整形修剪

4.7.1 定植当年的修剪

4.7.1.1 树形

自由纺锤形或细长纺锤形。

4.7.1.2 定干

在苗高 0.8 ~ 1 m 处选饱满芽定干。

4.7.1.3 刻芽

定干后在距顶端 0.5 ~ 1 m 范围内不同方位刻芽 3 ~ 5 个,促发新枝。

4.7.1.4 绑竹竿

金太阳杏枝条干性不强,当枝条长到 30 cm 以上时,在植株旁边扎一根竹竿,把主干和中心干延长枝绑到竹竿上。

4.7.2 冬剪

4.7.2.1 冬剪时间

12 月下旬至翌年 1 月下旬。

4.7.2.2 冬剪方法

疏枝:疏除过密枝、背上枝、衰弱枝、病虫枝等。

短截:主枝与中心干延长枝不够长时,在饱满芽处短截,促其快速生长。

回缩:枝条结果后容易下垂衰弱,把前端衰弱部分剪掉,让树体复壮。

4.7.3 夏剪

4.7.3.1 夏剪时间

生长季节。

4.7.3.2 夏剪方法

花前复剪:串花枝回缩,过密枝疏除。

夏、秋季掏枝:7~8月疏除过密枝,打开内膛光照,促进枝条成花。

4.8 花果管理

成龄树留果量200~250个/株。

4.8.1 疏花

现蕾后根据结果枝强弱,决定每一个果枝回缩长度,强枝长留,弱枝短留。

4.8.2 疏果

坐果后按间距疏果,果间距10~15 cm。

4.9 病虫害防治

4.9.1 杏主要病虫害种类

主要病害有细菌性穿孔病、疮痂病、黑斑病,主要虫害有蚜虫、红蜘蛛、介壳虫、桃小食心虫等。

4.9.2 杏主要病虫害综合防治

4.9.2.1 休眠期

冬剪后清除枯枝、落叶、杂草,刮除老翘皮,消灭病虫源。

4.9.2.2 开花前

用3~5波美度石硫合剂防治腐烂病、干腐病、枝干轮纹病、斑点落叶病、白粉病和红蜘蛛。

4.9.2.3 开花后

用80%喷克1 000倍液加10%吡虫啉4 000倍液加200%螨死净2 000倍液防治细菌性穿孔病、疮痂病、黑斑病、蚜虫、红蜘蛛。

4.9.2.4 果实成熟前30 d

用25%嘧菌酯1 500倍液加25%灭幼脲3号1 500倍液防治黑斑病与桃小食心虫。

5 采收

采收时应根据市场需求分批采收,将果实带果柄一起采下。采收时轻拿轻放,不能对果实造成任何伤害(挤压或伤口)。

6 生产档案

建立田间生产档案。对生产过程中重点生产技术、病虫害防治技术、采收等环节及措施进行详细记录。

无公害农产品　鲜食葡萄生产技术规程

1　范围

本规程规定了无公害鲜食葡萄的产地环境质量要求和生产管理措施。

本规程适用于新郑市行政区域内无公害鲜食葡萄的生产。

2　规范性引用文件

下列文件中的条款通过本规程的引用而成为本规程的条款。凡是注日期的引用文件,其随后所有的修改单(不包括勘误的内容)或修订版均不适用于本规程。凡是不注日期的引用文件,其最新版本适用于本规程。

NY/T 2798.1—2015　无公害农产品　生产质量安全控制技术规范　第1部分:通则

NY/T 2798.4—2015　无公害农产品　生产质量安全控制技术规范　第4部分:水果

NY/T 5010—2016　无公害农产品　种植业产地环境条件

NY/T 5088　无公害食品　鲜食葡萄生产技术规程

3　产地环境条件

符合 NY/T 2798.4—2015、NY/T 5010—2016 标准规定的要求。

4　生产管理措施

4.1　产量构成因素

4.1.1　栽植密度

83～222 株/亩,行距 3～4 m,株距 1～2 m。

4.1.2　产量

1 500～2 000 kg/亩,平均株产单干双臂"V"形架 15 kg 左右,小棚架 7 kg 左右。

4.1.3 叶果比

（20～25）:1,强枝、中庸枝留果数 1 穗/枝,弱枝不留果,营养枝不少于 40%。

4.2 建园

4.2.1 园地选择

园地应选择土层深厚、土壤肥沃、土壤 pH 为 6.5～7.5、地势高、光照充足、排灌良好、交通便利的地块。

4.2.2 品种选择

因地制宜,选择最适合本地区的品种。常规露地栽培品种数量不宜太多,2～3 个主栽品种即可;观光园,品种应尽量丰富。新郑地区常用品种有京亚、矢富罗莎、香妃、绯红、巨峰、森田尼(无核)、藤稔、红地球、红宝石(无核)、美人指、圣诞玫瑰等。

4.2.3 苗木

尽量采用脱毒嫁接苗,砧木品种可选用 SO4。

4.3 栽植技术

4.3.1 栽植密度

根据树形决定株行距。单干双臂"V"形架行距 3.0～3.5 m,株距 2 m,83～111 株/亩;小棚架行距 3～4 m,株距 1 m,167～222 株/亩。

4.3.2 定植穴

定植穴长、宽、深各 80 cm。

4.3.3 基肥

每穴施入腐熟后的纯有机肥 20 kg、过磷酸钙 1 kg、多元复合肥 0.25 kg,与土充分混合。

4.3.4 栽植时间

宜 2 月下旬至 3 月下旬。

4.3.5 栽植方法

栽植深度以根茎灌水后与地面平齐为宜,应把坑的塌陷程度计算在内,栽前对根系进行修剪。栽植时根系要疏展,不能与肥料直接接触。栽植后立即浇一次透水,表土晾干后中耕覆膜,膜厚 0.06 mm、宽 2 m,顺行覆通膜。

4.4 设架

4.4.1 架材

架材包括立柱、拉丝、横杆和锚石。

4.4.1.1 立柱

立柱为水泥柱,钢筋水泥结构,截面为 10 cm × 10 cm,长 2.2 ~ 2.5 m。小棚架立柱在上部一侧应向外突出一畸肩,且棚梁长度与行距相当。

4.4.1.2 拉丝

拉丝为 10# 钢丝。

4.4.1.3 横杆

单干双臂"V"形架横杆为角铁,下横杆长 50 ~ 60 cm,上横杆长 1.0 ~ 1.2 m。

4.4.1.4 锚石

锚石是固定架材的基础,用材比较广泛,如石头等,单个质量应不少于 20 kg。

4.4.2 设架方法

4.4.2.1 栽立柱

顺行向挖栽植坑,间距 6 m,深 50 ~ 60 cm,呈一条直线,边柱稍向外倾斜。

4.4.2.2 埋锚石固定边柱

在边柱外 1 m 处挖深 1 m 的坑,把锚石用拉丝捆好放到坑底用土埋实,拉丝另一端固定到边柱上部。

4.4.2.3 架横杆和棚梁

单干双臂"V"形架上下横杆,分别固定到立柱距地面 1.3 m 和 1.7 m 处;小棚架水泥棚梁后端放在立柱畸肩部,前端放在立柱顶部,用铁丝固定牢固。

4.4.2.4 拉钢丝

按不同架型要求,把钢丝按一定位置摆放、拉紧,固定到架面和横担上。

4.5 树形培养

4.5.1 树形与架形

根据新郑市气候特点与管理经验,宜采用单干双臂"V"形架和小棚架。

4.5.2 单干双臂"V"形架与单干水平树形

基本结构是一根立柱上两道横杆、五道拉丝,干高 0.8 ~ 1.0 m,反方向培养两条水平主蔓,主蔓上培养结果母枝,结果母枝间距 15 ~ 20 cm。

4.5.3 小棚架与龙干树形

架面宽 3 ~ 4 m,架根高 1.2 ~ 1.6 m,架梢高 1.8 ~ 2.2 m。树形为独龙干或双龙干,其上着生结果母枝,同侧结果母枝间距 30 ~ 50 cm。

4.6 枝蔓管理

4.6.1 抹芽

葡萄萌芽后,对芽的优劣进行选择,留下健壮位置好的,将多余的芽抹除。

4.6.2 定枝

葡萄定枝应根据架形、品种、负载量确定留梢量,然后再分结果枝和营养枝按比例选留,一般大叶短节间品种新梢留量少一些,小叶长节间品种新梢留量多一些。

4.6.3 绑蔓

绑蔓是对葡萄新梢进行固定,通过合理摆布,让叶片充分利用光能。方法是用尼龙草、布条、稻草等材料,先兜住枝条拉到钢丝上,再打成猪蹄扣。

4.6.4 除卷须

卷须在枝条上不仅无用,而且影响葡萄正常生长与管理,应在幼嫩时及早掐除掉。

4.6.5 摘心

葡萄摘心是掐掉新梢顶端的幼嫩部分。摘心的时间不同,作用也不同。花前摘心能提高坐果率。

生长季节摘心能够控制枝条过度生长,促进枝条成熟与花芽分化。摘心的位置一般在新梢正常叶片1/3大小处。

4.6.6 副梢处理

副梢的处理方法因品种而异,叶片有留和不留的。如果叶果比合适,可不留副梢;如果叶果比不够,可在果穗上每节位适当保留1~2片叶。

4.7 花果管理

4.7.1 疏花序

花序分离后根据树体生长势和生产管理水平,确定负载量;再根据产量水平和平均穗重确定亩留穗量。疏掉多余的果穗,疏穗方法是去掉小穗、发育晚的穗、病虫穗、双穗、弱枝上的穗,同时对保留下来的花序捋顺到架面外侧便于管理的位置。

4.7.2 花序整形

开花前疏掉花序副穗、畸肩、过密分枝,并掐掉穗尖和分枝过长部分。

4.7.3 疏果粒

根据不同品种的标准穗重和标准粒重,确定穗粒数,疏掉小、病、虫、过密的果粒。

4.7.4 套袋

4.7.4.1 套袋时期

5月下旬至6月上旬,果粒长到黄豆粒大小时套袋。

4.7.4.2 套袋方法

套袋前选药剂处理果穗。套袋时先把袋口在清水中蘸一下,湿润的袋口不仅结扎得紧、省力,而且不伤果柄,然后将手伸进袋内让袋体膨起,并把底角的透气孔打开,套住果穗,尽量让果穗在袋内悬空。

4.8 冬季修剪

4.8.1 修剪时期

12月下旬至翌年伤流前。

4.8.2 结果母枝留量

根据新梢留量的一半确定结果母枝留量。

4.8.3 结果母枝剪留长度

应根据不同品种花芽分化节位高低,决定结果母枝剪留长度。单枝或双枝更新。短梢2~3芽,中梢4~6芽,长梢7~8芽。

4.9 土壤管理

土壤是葡萄生长的基础。土壤的质地、酸碱度、有机质含量等都会直接影响葡萄的正常生长。

4.9.1 土地规划与土壤处理

对准备栽植的地块进行深耕熟化,平整规划,并施入大量有机肥料,以方便管理,促进树体健壮生长。对老果园更新,要对土壤进行消毒,消除土壤病虫害。

4.9.2 深翻改土

结合秋施基肥开挖深30~40 cm的沟(穴),面积占全园面积的10%~15%。

4.9.3 中耕除草

树行内用人工、行间用机械除草,保持果园地面疏松、无杂草。

4.10 施肥

肥料是葡萄丰产稳产的基础,每年都应该给树体供应充足的肥料,施肥的方法有基肥、追肥和叶面肥。

4.10.1 基肥

4.10.1.1 施肥时期

葡萄采收后至土壤封冻前。

4.10.1.2 施肥量

纯有机肥按 1 kg 果 2 kg 肥施用,产量 1 500 ~ 2 000 kg/亩,施有机肥 3 000 ~ 4 000 kg/亩。

4.10.2 追肥

无公害葡萄生产提倡施用有机肥,在有机肥不足的情况下,花后可酌情追施复合肥 30 ~ 50 kg/亩。

4.10.3 叶面肥

叶面肥是土壤施肥的调节和补充,前期以氮肥为主,后期以磷、钾肥为主,提倡使用有机肥料,如氨基酸、核酸肥料等。

4.11 水分管理

4.11.1 灌水

萌芽期、果实膨大期、休眠期是葡萄灌水的三个关键时期。结合萌芽期灌水施用少量氮肥,芽眼萌发整齐一致,便于枝蔓统一管理,同时有利于花芽补充分化;果实膨大期灌水能够提高果实产量与品质,预防裂果;越冬期灌水有利于树体安全越冬。新郑地区容易出现春旱,干旱时注意灌水。

4.11.2 排水

葡萄长时间处于水淹状态,轻者出现树体衰弱、叶片黄花,重者出现死树现象,因此雨季应及时排水。

4.12 病虫害防治

4.12.1 防治原则

葡萄病虫害防治,要坚持"预防为主,综合防治"的原则,重点选用抗性品种与砧木;增加果园投入,培养健壮树体,提高树体抗性;加强果园管理,改善园内通风透光条件,创造有利于葡萄生长和不利于病虫害滋生的环境条件;选用低毒农药,尽量减少农药的使用次数,浆果成熟期严禁用药。

4.12.2 病虫害种类

新郑地区葡萄主要病害有黑痘病、白粉病、穗轴褐枯病、白腐病、炭疽病、灰霉病、霜霉病、褐斑病和酸腐病。虫害有绿盲蝽、透翅蛾、斑衣蜡蝉、远东盔蚧等。

4.12.3 防治方法

4.12.3.1 休眠期清园

清除葡萄园内残枝、落叶、杂草,揭老翘皮,挖出透翅蛾幼虫,刮除斑衣蜡蝉虫卵。

4.12.3.2 绒球期

用 3~5 波美度石硫合剂,全园消毒。

4.12.3.3 2~3 叶期

用 80%代森锰锌悬浮剂 800 倍液加 15%粉锈宁 800 倍液,防治黑痘病、白粉病。

4.12.3.4 开花前

用 50%异菌脲 1 500 倍液加 25%甲霜灵 600 倍液加 4.5%高效氯氰菊酯乳油 2 000 倍液防治穗轴褐枯病、霜霉病、透翅蛾和斑衣蜡蝉。

4.12.3.5 花期

用 20%速乐硼 2 000 倍液提高坐果率。

4.12.3.6 花后到套袋前

用 40%嘧霉胺 1 000 倍液加 25%嘧菌酯 1 500 倍液防治褐斑病、白腐病与炭疽病。

4.12.3.7 套袋前的果穗处理

套袋前用 25%吡唑醚菌酯 3 000 倍液蘸穗。

4.12.3.8 套袋后叶片病虫害防治

用 1:0.5:200 波尔多液 2~3 次/月。

5 采收和包装

根据果实成熟度、用途和市场需要决定采收期;按照 NY/T 5088 标准规定的要求对鲜食葡萄进行包装、运输和销售。

6 生产档案

建立田间生产档案。对生产过程中重点生产技术、病虫害防治技术、采收等环节及措施进行详细记录。

无公害农产品 甜樱桃生产技术规程

1 范围

本规程规定了无公害甜樱桃产地环境、品种和砧木、建园、土肥水管理、整形修剪、花果管理、病虫害防治等技术和果实采收要求。

本规程适用于新郑市行政区域内无公害甜樱桃的生产。

2 规范性引用文件

下列文件中的条款通过本规程的引用而成为本规程的条款。凡是注日期的引用文件,其随后所有的修改单(不包括勘误的内容)或修订版均不适用于本规程。凡是不注日期的引用文件,其最新版本适用于本规程。

NY/T 2798.1—2015 无公害农产品 生产质量安全控制技术规范 第1部分:通则

NY/T 2798.4—2015 无公害农产品 生产质量安全控制技术规范 第4部分:水果

NY/T 5010—2016 无公害农产品 种植业产地环境条件

DB 41/T 511—2007 樱桃生产技术规程

3 产地

3.1 产地环境质量

应符合 NY/T 2798.4—2015 、NY/T 5010—2016 标准中环境要求。

3.2 产地要求

年平均气温 10 ~ 12 ℃,4 ~ 7 月平均气温 18 ℃,一年中平均气温高于 10 ℃ 的时间在 150 ~ 200 d,绝对最低温不低于 − 20 ℃。年日照时数 2 600 ~ 2 800 h。年降水量 400 ~ 900 mm。休眠期 0 ~ 7.2 ℃ 的有效低温 750 ~ 1 500 h。

4 生产管理技术

4.1 品种与砧木

4.1.1 品种：因地制宜选择甜樱桃优良品种。

早熟品种：早大果、红灯、龙冠、早红宝石、维卡。

中熟品种：萨米脱、佳红、美早、艳阳。

晚熟品种：拉宾斯、先锋、雷尼尔、晚红珠（8-102）。

4.1.2 砧木

大青叶、考特、吉塞拉 5 号、吉塞拉 6 号、ZY-1、马哈利、山樱桃等。

4.2 建园

4.2.1 园地选择

4.2.1.1 土壤条件

土质疏松、通气性好、保水保肥性强的壤土、沙壤土或砾质壤土，活土层厚 40~60 cm，地下水位较低，土壤 pH 值为 6.0~7.5，总盐含量在 0.1% 以下，有机质含量在 1% 以上。避免在黏重土壤或核果类迹地建园。

4.2.1.2 地势地形

以平原、低缓丘陵地建园为宜，丘陵地坡度 15°以下。避免在地势低洼、空气不流畅、南面遮阳的地方建园。排灌条件良好。

4.2.2 苗木选择与处理

选用须根发达，侧根不少于 4 条，粗度 0.5 cm 以上，长度 10 cm 以上，不劈裂，不干缩失水，无病虫害，高度在 1 m 以上，芽眼饱满，嫁接口愈合良好的苗木。栽植前，对经过越冬假植或外调苗木根系用清水浸泡 12 h 并进行根系修剪，然后用 1% 硫酸铜液洗根或用菌毒清 200 倍液浸根 5~10 min，或用 K84 蘸根。

4.2.3 栽植时间

甜樱桃秋季落叶后至次年春季萌芽前均可定植，以春季土壤解冻后及时定植为好。

4.2.4 栽植方式与密度

平原采用深、宽各 0.8~1.0 m 的定植沟（或大穴）栽植，山地果园沿等高线栽植。不同地形和树形甜樱桃栽植密度见表 4.2.4。

表4.2.4　不同地形和树形甜樱桃栽植密度

树形	山地			平原		
	株距（m）	行距（m）	密度（株/亩）	株距（m）	行距（m）	密度（株/亩）
自由纺锤形	2.0	4.0	83	2.0～2.5	4.0	66～83
小冠疏层形	2.5～3.0	4.0	55～66	3.0～3.5	4.0	55～47
自然开心形	3.0～4.0	4.0	41～55	3.5～4.0	4.0～5.0	33～47

4.2.5　施定肥

定植沟（穴）挖好后，在沟（穴）内施腐熟的有机肥，并用熟土与其拌匀。底肥施用量为6 000～12 000 kg/亩。

4.2.6　授粉树配置

甜樱桃对授粉树要求较高，同一果园应保证三个品种以上，授粉树比例应不低于30%，且授粉亲和力高，授粉树距被授粉树距离应小于12 m。主要甜樱桃品种的适宜授粉品种见表4.2.6。

表4.2.6　主要甜樱桃品种的适宜授粉品种

主栽品种	适宜授粉品种
红灯	龙冠、早大果、巨红、雷尼尔
佳红	红灯、拉宾斯、先锋、雷尼尔
先锋	龙冠、早大果、斯坦勒、拉宾斯
美早	萨米脱、艳阳、先锋
早大果	红灯、巨红、龙冠、拉宾斯
拉宾斯	雷尼尔、斯坦勒
雷尼尔	滨库、红灯、巨红、拉宾斯
萨米脱	艳阳、美早
早红宝石	拉宾斯、98－2
晚红珠	红灯、巨红、滨库、早大果

4.2.7　定植技术

在栽植沟（穴）上按株行距挖深、宽各30 cm的栽植穴，然后栽植，栽后灌水，覆膜保墒。栽植深度为苗木在苗圃中生长的深度或略深一些。苗木栽植后立即浇水、定干,涂蜡保护剪口,并套塑膜袋,发芽后取袋。

4.3　土肥水管理

4.3.1　土壤管理

4.3.1.1　土壤熟化

对于 1~3 年生幼树园,每年可结合秋施基肥全园深翻扩穴,在定植穴或沟外挖环状沟,沟深 30~40 cm,宽 50~80 cm,土层浅薄的甜樱桃园可适当加深,并加入作物秸秆和牲畜粪,土壤黏重的樱桃园还应掺入沙土以改善土壤的透气性。埋肥回填土壤后充分灌水。深翻 20~30 cm,但进入结果期后,应避免全园深翻,以免大量根系受到伤害,造成树势衰弱,可采取果园生草或浅耕的办法保持土壤疏松。

4.3.1.2　中耕除草

清耕果园生长季降雨或灌水后,及时中耕松土,保持土壤疏松无杂草,中耕深度以 5~10 cm 为宜。

4.3.1.3　覆草

覆草在春季或秋季施肥灌水后进行,覆草厚度 15~20 cm,上面压少量土,连续覆草 3~4 年后浅翻一次。实施覆草制的果园树盘应抬高 10~20 cm,且树干周围 30 cm 内不覆草,以防雨后积水。

4.3.1.4　种植绿肥和行间生草

适合果园种植的绿肥和草种有白三叶草、紫花苜蓿、毛叶苕子等,生长季草高达 30 cm 左右时,进行刈割覆盖树盘。连续生草 4~5 年后应清耕 1~2 年。

4.3.2　施肥

4.3.2.1　施肥原则

肥料使用以有机肥为主、化肥为辅,所用肥料不能对环境和作物产生不良影响。

4.3.2.2　允许使用的肥料种类

堆肥、沤肥、厩肥、沼气肥、绿肥、作物秸秆肥、泥肥、饼肥等各种农家肥,商品有机肥、腐殖酸类肥、微生物肥、有机复合肥、无机(矿质)肥料、叶面肥料及有机无机肥(半有机肥)等商品肥料。

4.3.2.3　禁止使用的肥料种类

未经无害化处理的城市垃圾或含有重金属、橡胶或有害物质的垃圾;硝态氮肥和未腐熟的人粪尿;未获准登记的其他商品肥料。

4.3.2.4 施肥方法和数量

基肥:秋季早施有机肥,一般每年6 000~10 000 kg/亩,采用环状沟、条沟或放射状沟施肥,深度30~40 cm,施肥后及时灌水。

追肥:一般每年两次,第一次在萌芽至开花前,第二次在果实膨大期追肥。以复合肥为主,施肥量为0.8~1.2 kg/株。施肥方法为放射状或环状沟施,深度15~20 cm,施肥后及时灌水。

根外追肥:开花期至果实采收前每隔10 d左右喷施一次,以磷酸二氢钾、多元微肥、氨基酸类叶面肥为主。在3~5月,每7~10 d用不含激素的氨基酸原液涂干一次。

4.3.3 水分管理

4.3.3.1 灌水

水质应符合NY/T 2798.4—2015、NY/T 5010—2016标准的规定。全年根据土壤墒情,适期灌水。果实采收前应保持土壤水分相对稳定,避免忽干忽湿。

4.3.3.2 蓄水保墒

山区丘陵地果园,采取覆草、覆膜或穴储肥水等方法保持土壤水分。

4.3.3.3 排水

甜樱桃不耐涝,在建园和生产中,应特别注意设置并清理好排水系统,要求雨后无积水,避免涝害。

4.4 整形修剪

4.4.1 适宜树形

根据砧木、品种和果园立地条件,选择使用自由纺锤形、小冠疏层形和自然开心形等树形。

4.4.2 修剪时期

幼树以生长期修剪为主,休眠期修剪为辅。盛果期后树体以休眠期修剪为主,生长期修剪为辅。休眠期修剪适当推迟到萌芽前,有利于伤口愈合。

4.4.3 修剪技术

4.4.3.1 幼树期

适当轻剪,对各级骨干枝延长枝剪留60 cm左右,尤其注重刻芽、生长季摘心和拉枝开角,开张骨干枝角度,促进扩冠和早结果。

4.4.3.2 初果期

重点培养结果枝组,开张骨干枝角度,疏除过密枝,缓放中庸枝,促进早丰产。

4.4.3.3 盛果期

注重结果枝组回缩更新,控制树高,改善树冠通风透光条件,防止结果部位外移,维持树势中庸,延长结果年限。

4.5 花果管理

4.5.1 预防晚霜和低温冻害

加强果园土肥水管理,增强树势;采取萌芽前果园灌水和树体喷水,延迟萌芽开花时间;喷洒防冻剂;在晚霜到来之前,堆草熏烟,或进行设施防低温栽培。

4.5.2 预防花期高温

花期收听天气预报,高温时果园浇水、树上喷水、遮阳网遮阴降温。

4.5.3 提高坐果率

4.5.3.1 花期放蜂

在甜樱桃花开 10% 时,果园放蜜蜂或释放壁蜂进行传粉。

4.5.3.2 人工辅助授粉

在花期,从授粉品种中采集铃铛花,制成混合花粉,在初花期和盛花期各进行一次人工授粉,或每天 8:00～17:00 用鸡毛掸在不同品种的树上弹掸,进行人工辅助授粉。

4.5.3.3 花期喷施叶面肥

在盛花期喷布一次 0.2% 尿素加 0.2%～0.3% 硼砂液,可提高坐果率。

4.5.4 疏花疏果

4.5.4.1 疏花

在花蕾期剪除过多花芽、弱小花芽及发育差的花蕾和畸形花蕾;开花后疏去双子房的畸形花、弱质花。

4.5.4.2 疏果

疏果是在疏花的基础上进行的,时间一般在生理落果后进行。疏果原则为壮树强枝多留、弱树弱枝少留,疏除对象为弱小果、畸形果、病虫果、授粉受精不良及光照不足而着色不良的下垂果,保留横向及向上的大果。

4.5.5 减轻采前裂果

果实开始着色后,全园覆草覆膜,保持土壤湿度相对稳定;在果实发育期,适当喷施钙肥;有条件的可搭建避雨设施。

4.6 病虫害防治

4.6.1 防治原则

以农业和物理防治为基础,生物防治为核心,按照病虫害的发生规律和经济阈值,科学使用化学防治技术,有效控制病虫害的发生。预防为主,综合防治。

无公害果品甜樱桃的生产过程中,应从果园病虫草等整个生态系统出发,综合运用各种防治措施,创造不利于病虫草害滋生和有利于各类天敌繁衍的环境条件,保持农业生态系统的平衡和生物多样性,减少各类病虫害所造成的损失。

优先采用农业措施,加强栽培管理,中耕锄草,秋季深翻晒土,清洁田园,综合运用剪除病害枝、清除枯枝落叶、刮除树干翘裂皮、翻树盘、地面秸秆覆盖,间作套种等一系列措施起到防虫治虫的作用。

应尽量利用灯光、色彩诱杀害虫,机械和人工锄草等措施,防治病虫害。

必须使用农药时,应严格按照 NY/T 2798.1—2015、NY/T 2798.4—2015 标准的规定使用允许使用的农药。

4.6.2　防治对象

4.6.2.1　主要病害

主要病害包括流胶病、缩果病、穿孔病、褐斑病、早期落叶病、褐腐病、灰霉病、干腐病、根腐病、根癌病。

4.6.2.2　主要害虫

主要害虫包括桑白蚧、绿盲蝽、果蝇、金龟甲、梨小食心虫、桃潜叶蛾、茶翅蝽、毛虫类、叶蝉类、害螨类。

4.6.3　综合防治措施

选择良好的生态环境,使果园的气候、土壤、水和空气等条件,既与品种特性相适应,又符合无公害果品安全生产的要求。

增施有机肥,加强栽培管理,增强树势,提高树体抗病虫能力。

栽植脱毒苗木,定植前用 K84 菌剂蘸根,预防根癌病发生。

冬季清园:剪除病、虫、枯枝,清除园内残枝落叶,刮除老翘皮,并带出园外集中烧毁,减少越冬病虫源。

萌芽前喷布铲除剂,消灭越冬病虫。

诱杀:采用杀虫灯、糖醋液、粘虫板、性诱剂、树干缚草把等方法,诱杀鳞翅目、鞘翅目、半翅目昆虫。

按照生产无公害食品的农药准则,选用无公害食品生产资料农药类产品。

在以上方法不能有效防治病虫害时,可采用化学药剂防治。但必须遵循无公害食品农药使用准则中允许使用的农药及方法,有限度地使用部分有机合成农药。病虫害综合防治见表4.6.3。

表 4.6.3　病虫害综合防治

时期	防治对象	防治措施	说明
休眠期 （11 月下旬 至翌年）	越冬病虫害	1. 落叶后,剪除病虫枝,刮除粗翘皮,集中烧毁,减少越冬病虫基数。 2. 整地翻园,进行冬灌,减少土壤中越冬害虫。 3. 刮治流胶病斑,涂刷石硫合剂残渣或菌毒清 50 倍液。 4. 对较大的伤口、剪锯口涂菌毒清 50 倍液或果康宝等药剂保护	1. 同一物候期内,若多种病虫同时发生,采用农药混用的办法进行兼治,以减少果园用药次数。 2. 叶果病虫为害不突出的果园在花后至果实采收前不使用化学农药。 3. 同一果园、同一种化学农药,一年只允许使用一次。 4. 果园全年喷药次数控制在 5 次以内
干枝期 （3 月上旬 至 3 月下旬）	枝干潜伏病害、草履蚧	1. 人工刮治介壳虫。 2. 基干涂抹杀虫油剂带（废机油和废黄油各半溶化）阻止害虫上树。 3. 发芽前,全园普遍喷洒一次 3～5 波美度石硫合剂（自己熬制）,杀灭越冬病虫源	
花果期 （3 月下旬 至 5 月下旬）	金龟子、果蝇、舟形毛虫、绿盲蝽、桑白蚧、蟥类越冬代	1. 放置频振杀虫灯和糖醋液,集中诱杀鳞翅目、鞘翅目害虫;挂黄板,诱杀果蝇。 2. 利用其假死性,人工防治金龟子。 3. 成虫发生期,人工捕捉蟥类;在介壳虫孵化盛期,集中刮治介壳虫。 4. 果蝇为害较重的果园,采果后地面喷洒 90% 敌百虫 1 000 倍液	
采果后至 落叶前 （5 月下旬 至 11 月下旬）	穿孔性落叶病、褐斑病、潜叶蛾、梨网蝽、舟形毛虫、叶蝉、蟥类	1. 正常年份,果实采收后喷 20% 哒螨灵可湿性粉剂 4 000 倍液加 72% 农用链霉素可湿性粉剂 3 000 倍液防治红蜘蛛和细菌性穿孔病。 2. 褐斑病发生的果园,喷洒 80% 喷克 600 倍液,也可以喷倍量式波尔多液 200 倍液。 3. 叶蝉发生时,喷桃小灵乳油 1 500 倍液,可兼治梨网蝽、舟形毛虫。 4. 舟形毛虫也可用 10% 歼灭乳油 2 500 倍液防治。 5. 潜叶蛾可用 25% 灭幼脲悬浮剂 2 500～3 000 倍液防治	

4.7 果实采收

根据不同品种果实发育天数(落花至果实成熟所需天数,一般早熟品种40 d 以下、中熟品种 40～50 d、晚熟品种 50 d 以上)及销售方式,适时采收。

5 采收

甜樱桃果实小而软,采收时要带柄采收、轻摘轻放,同时要注意不可损伤结果枝。

6 包装

适宜采用规格为 1～2.5 kg/件盒装。

7 生产档案

建立田间生产档案。对生产过程中重点生产技术、病虫害防治技术、采收等环节及措施进行详细记录。

无公害农产品　软籽石榴生产技术规程

1　范围

本规程规定了无公害软籽石榴生产园地选择与规划、品种选择和配置、栽植、土肥水管理、整形修剪、花果管理、病虫害防治、果实采收等技术。

本规程适用于新郑市行政区域内无公害软籽石榴的生产。

2　规范性引用文件

下列文件中的条款通过本规程的引用而成为本规程的条款。凡是注日期的引用文件，其随后所有的修改单（不包括勘误的内容）或修订版均不适用于本规程。凡是不注日期的引用文件，其最新版本适用于本规程。

NY/T 2798.1—2015　无公害农产品　生产质量安全控制技术规范　第1部分：通则

NY/T 2798.4—2015　无公害农产品　生产质量安全控制技术规范　第4部分：水果

GB/T 5084　农田灌溉水质标准

NY/T 5010—2016　无公害农产品　种植业产地环境条件

3　园地选择与规划

3.1　园地选择

石榴园应优先在沙滩地、丘陵地和缓坡山地选址建园。要求土壤为轻沙壤土，厚度≥1 m，pH 值为 7.1～7.5，有机质≥1.0%，地下水位较低。坡度15°以下，年最低气温 −12 ℃以上，灌溉和排水条件良好。

3.2　园地规划

3.2.1　小区规划

小区面积：平地 2～3 hm²，丘陵 1～2 hm²，山地 0.5～1 hm²。

3.2.2 园内道路和灌排系统

园内道路分主路、支路和小路三级,要求达到既便于机械化操作,又节约土地的原则。灌排系统包括干渠、支渠和园内灌水沟,有条件优先提倡滴灌等节水灌溉技术。

3.2.3 防护林设置

果园防护林由 5 ~ 8 行毛白杨组成。

4 品种、砧木的选择和品种配置

4.1 品种的选择和配置

品种应尽量选择目前效益较高的优良品种,如突尼斯软籽系列、豫大籽石榴等。低洼、低谷地块主栽品种选豫大籽石榴,温暖地块主栽品种选突尼斯软籽石榴。授粉品种配备比例为 3:1 ~ 5:1。

4.2 砧木选择

易受冻地块发展突尼斯软籽石榴可以栽植嫁接苗,砧木应选抗性强的品种,如泰山红、铁皮、大红甜、大钢麻子、铜皮石榴等。

5 栽植

5.1 栽植密度

株行距为(2 ~ 3) m × (3 ~ 4) m。

5.2 栽植时期

栽植分为秋植和春植两个时期。秋植多在 11 月下旬至 12 月中旬落叶后进行,也可以在落叶前带叶栽植。春植多在 3 月上中旬至 4 月中旬,土地解冻后、苗木萌芽前均可。

5.3 栽植方式

平地以南北行向为宜,丘陵、山地采取等高栽植方式。

5.4 栽植方法

5.4.1 挖坑

栽前按株行距挖宽、深各 80 cm 的定植穴或沟,挖穴时要将心土和表土分开堆放。

5.4.2 底肥

每亩施腐熟的优质有机肥 4 000 kg 以上和硫酸钾复合肥 100 kg。

5.4.3 方法

定植穴或沟底先垫 20 cm 厚秸秆,然后一层土,一层肥,拌均施匀,先填表土,后填底土,靠近地表处填一些熟土,把沟填至离地平 15 cm 处。然后浇透水一次,待水渗下后,选无病无伤的石榴壮苗,并用消毒溶液浸根后栽植,栽后再浇一次透水,随后在树盘处覆盖 1 m 见方的黑色地膜,以利于保墒和提高地温,从而促进根系早活动和防止春季石榴根部萌蘖的发生。

6　土肥水管理

6.1　土壤管理

6.1.1　深翻改土

6.1.1.1　扩穴深翻

幼树龄(树龄 3 年以下)一般采用扩穴深翻。每年秋季果实采收后,结合秋施基肥进行。具体方法是定植穴(沟)外挖环状沟或条状沟,沟宽 40 cm,深30 cm 左右。

6.1.1.2　全园深翻

成龄树(树龄 3 年以上)一般采用全园深翻。具体方法是将栽植穴外的土壤全部深翻,深度 30~50 cm。土壤回填时混以有机肥,表土放在底层,底土放在上层,然后充分灌水,使根土密接。全园深翻一般在落叶后至封冻前进行。

6.1.2　中耕除草

降雨或灌水后,及时中耕松土,铲除杂草,保持土壤疏松。中耕深度 5~10 cm,以调温保墒,防止土壤板结,增强蓄水保墒能力。

6.1.3　园地覆盖

覆草在春季施肥、灌水后进行。覆盖材料可以用麦秸、麦糠、厩肥、落叶、玉米秸、干草等。把覆盖物覆盖在树冠下,厚度 10~15 cm,上面压少量土,连覆 3~4 年后浅翻一次。也可结合深翻开大沟埋草,以提高土壤肥力和蓄水能力。

6.1.4　合理间作和种植绿肥

6.1.4.1　合理间作

建园初期,在覆盖率低时,间作一些低秆作物,适宜的间作物有豆类、花生、薯类、瓜类、药材等,以提高土地利用率和经济效益。

6.1.4.2　种植绿肥

果园的行间,也可以种植绿肥。适宜种植苕子、紫云英、黄花苜蓿等绿肥,种植绿肥能有效保持水土,改善土壤结构,提高土地肥力。

6.2 施肥

6.2.1 施肥原则

以有机肥为主,化肥为辅。所施用的肥料不应对果园环境和果实品质产生不良影响。

6.2.2 允许使用的肥料种类

6.2.2.1 农家肥料

农家肥料包括腐熟的人畜粪尿、堆肥、沤肥、厩肥、沼气肥、绿肥、作物秸秆肥、泥肥、饼肥等。

6.2.2.2 商品肥料

肥料的使用按 NY/T 2798.4—2015 标准的要求。商品肥料包括腐殖酸类肥、微生物肥、有机复合肥、无机(矿质)肥、叶面肥、有机无机肥等。

6.2.2.3 其他肥料

不含有毒物质的食品、鱼渣、牛羊毛废料、骨粉、氨基酸残渣、屠宰场的下脚料、骨胶废渣、家禽家畜加工废料、糖厂废料等有机物料制成的,经农业部门登记允许使用的肥料。

6.2.3 禁止使用的肥料

6.2.3.1 未经无害化处理的城市垃圾或含有害金属、橡胶和其他有害物质的垃圾。

6.2.3.2 硝态氮肥和未腐熟的人粪尿。

6.2.3.3 未获准登记的肥料产品。

6.2.4 施肥方法和数量

6.2.4.1 基肥

秋季果实采收后施入,以农家肥为主,混加少量氮素化肥。施肥量幼树龄一般株施有机肥 10 kg;结果树按生产 1 000 kg 果实施入 1 500 ~ 2 000 kg 有机肥。施用方法以沟施或撒施为主,施肥部位在树冠投影范围内。沟施为挖放射状沟或在树冠外围挖环状沟,沟深 50 ~ 60 cm,撒施时将肥料均匀地撒于树冠下,并深翻 20 cm。

6.2.4.2 追肥

土壤追肥:每年 3 次,第一次是花前追肥,以速效氮肥为主;第二次是盛花末和幼果膨大期追肥,此次追施氮、磷肥配合,适量施钾肥;第三次是果实膨大和着色期追肥,以磷、钾肥为主。施肥量以当地土地条件和施肥特点确定。施肥方法是树冠下呈放射状开沟 5 ~ 6 条,沟深 15 ~ 20 cm,追肥后及时灌水。最后一次追肥在距果实采收期 30 d 前进行。

6.3　灌溉和排涝

6.3.1　灌溉

灌溉水的质量应符合 GB/T 5084 标准的要求。依据石榴树生理特点和需水特点,灌水可分为四个时期进行,即萌芽水、花前水、催果水、封冻水。其分别于 3 月萌芽前、5 月上旬、6 月下旬到 8 月中旬、采果后土壤封冻前进行。

成熟前 15 d 到采收,禁止灌水,以免裂果。

6.3.2　排涝

当果园在短期内大量降水或连阴雨天造成积水时,要利用沟渠或机械及时排水,以尽量减少因涝害而造成的损失。

7　整形修剪

7.1　整形修剪的原则

有利于造就科学合理的丰产树形;有利于光能的充分利用;有利于实现营养生长与生殖生长之间的平衡;有利于立体结果;有利于丰产、稳产。

7.2　整形修剪的目标

调整树体结构,确保通风透光。树冠高度 2.5～3.0 m。

7.3　适宜树形

以单干小冠疏散分层形或自由纺锤形为最佳。

7.4　冬季修剪

每年 11 月至翌年 2 月进行,但是由于一些石榴品种容易受冻,修剪工作易推迟到发芽前为好。

7.4.1　幼树修剪

以选择培养骨干枝为主,扩大树冠,培养丰产树形,及时抹除萌蘖。

7.4.2　初结果树的修剪

将主枝两侧位置适宜、长势健壮的营养枝培养成侧枝或结果枝组,疏除或改造徒长枝、萌蘖枝成为结果枝组,对长势中庸的营养枝缓放促其开花结果,对长势弱的多年生枝轻度回缩复壮,以轻剪、疏枝为主,谨慎短截。

7.4.3　盛果期树的修剪

更新结果枝组,适当回缩枝轴过长、结果能力下降的枝组和长势衰弱的侧枝,疏除干枯病虫枝、徒长枝、细弱枝、萌蘖枝、交叉枝、重叠枝,培养以中小枝为主的健壮结果枝组,重点留春梢,适当留夏梢,抹除秋梢,使树冠呈下密上稀、外密内稀、小枝密大枝稀的"三密三稀"状态,创造通风透光的树体结构。

7.4.4 衰老树的修剪

以回缩复壮地上部分和深耕施肥促生新根为主,同时剪除老枝、枯枝,多留新枝、强枝,培养基部萌蘖,更新复壮,恢复树势,延缓衰老。

7.5 夏季树体管理

6~7月,通过采取摘心、撑拉、圈枝等措施,达到促进幼树迅速扩大树冠、缓和生长势、提早结果、提前进入丰产期的目的。

8 花果管理

8.1 提高坐果率的措施

8.1.1 加强肥水管理,改善树体营养水平。

8.1.2 合理修剪,改善光照条件,集中养分。

8.1.3 辅助授粉。

8.1.3.1 石榴园放蜂

每150~200株树放置一箱蜂(约1.8万头蜂),即可满足传粉需要。

8.1.3.2 人工授粉

方法是摘取花粉处于生命活动期(花冠开放的第二天,花粉粒金黄色)的败育花,掰去萼片和花瓣,露出花药,直接点授在正常柱头上。

8.1.3.3 机械授粉

把花粉混入10%的糖液中,利用喷雾喷粉。配置比例为水10 kg,砂糖1 kg,花粉50 mg,再加入硼酸10 g。

8.2 疏花疏果

8.2.1 疏花

要及时疏去钟状花,越早越好,并疏去全部三次花。疏去细长果枝梢部的花和过于密集的花。留筒状花,保留稀疏适宜的花。

8.2.2 疏果

采用多留头花果,选留二次果,疏去三次果的方法。强树、强枝多留,弱树、弱枝少留。还应贯彻外围和上层多疏少留,下层少疏多留的原则。要疏掉病虫果、畸形果、裂果、丛生果的侧位果,尽量保证单果生长。疏果应在幼果坐稳(基部膨大色泽变青)时进行。

8.3 果实套袋

在谢花后30~40 d幼果坐稳后,选用单层白纸袋对石榴进行套袋,进行果实保护。套袋前应先喷施防治病虫的药物。套袋应在果实采摘前20 d去除。

8.4 摘叶转果

在果实着色期摘去遮光叶片和转动枝条使果实均匀着色。

8.5 铺反光膜

在着色期于树盘内铺反光膜,树冠内挂反光板,促进果实充分着色。

9 病虫害防治

9.1 防治原则

病虫害防治要按照"预防为主,综合防治"的植保方针,以农业和物理防治为基础,生物防治为核心,科学应用化学防治技术,有效控制病虫危害。

9.2 防治措施

9.2.1 农业防治

采取剪除病虫枝、清除枯枝落叶、刮除树干翘裂皮、翻树盘、地面秸秆覆盖、科学施肥等措施抑制病虫害发生。

9.2.2 物理防治

根据害虫生物学特性,采取糖醋液加农药诱杀蛾类,树干缠草绳诱杀介壳虫,频振式杀虫灯和黑光灯诱杀蛾类、金龟子及人工捕捉天牛、蝉、金龟子等措施诱杀害虫。

9.2.3 生物防治

人工饲养或释放捕食性草蛉、瓢虫等天敌防治蚜虫、介壳虫,土壤施用白僵菌防治桃小食心虫,利用大袋蛾多角体病毒和苏云金杆菌喷洒防治蛾类,使用性诱剂诱杀害虫。

9.2.4 化学防治

严格执行 NY/T 2798.4—2015 标准的规定,根据防治对象的生物学特性和危害特点,优先使用生物源农药、矿物源农药和低毒有机合成农药,有限度地使用中毒农药,禁止使用剧毒、高毒、高残留农药。严格控制农药使用浓度、次数和安全间隔期。注意轮换用药,合理混配。

9.3 主要病虫害与推荐用药

9.3.1 石榴茎窗蛾

石榴茎窗蛾可用敌敌畏、溴氰菊酯、敌马合剂防治。

9.3.2 桃蛀螟

在石榴花凋谢后、子房开始膨大时,在萼筒内填敌百虫、辛硫磷药泥或刮除雄蕊进行预防。在发生初期,用敌百虫、溴氰菊酯、氯氰菊酯、氟啶脲、氟虫腈防治。

9.3.3　桃小食心虫:可用氯氟氰菊酯、氟虫腈、苏云金杆菌、氰戊菊酯防治。

9.3.4　蚜虫:可用鱼藤酮、苦参碱、吡虫啉、氯氰菊酯、氯氟氰菊酯、溴氰菊酯防治。

9.3.5　介壳虫:可用噻嗪酮、石硫合剂、柴油乳剂进行防治。

9.3.6　石榴干腐病:可用波尔多液、多菌灵防治。

9.3.7　石榴疮痂病:可用代森锌、百菌清、多菌灵、甲基硫菌灵防治。

10　植物生长调节剂类物质的特别要求

在软籽石榴的生产过程中控制使用2,4-D等植物生长调节剂,控制和限量使用赤霉素、多效唑等植物生长调节剂。

11　果实采收

11.1　采收时间

根据果实成熟度、用途和市场需求综合确定采收适期,成熟期不一致的品种,应分期采收。

11.2　采收方法

采摘时一手拿石榴,一手持整枝剪,将果实从果柄处剪下,将果实轻放于有软衬的容器内,果柄处要剪平,防止刺伤果实。

12　树体防冻

主要预防措施有:使用抗寒砧木,如泰山红、粉红甜、豫大籽和铜皮石榴等;树干涂白、果园熏烟、树干保护和培土等;合理负载,注意病虫害防治。

13　生产档案

13.1　记录项目

13.1.1　基本信息记录

园地所处的地理位置、交通状况和生态环境状况评价、土壤状况及水质分析报告;果园种植的情况,包括品种来源及数量、面积和品种分布图。

13.1.2　果园管理记录

做好病虫害的监测,记录主要病虫害的发生规律。重点记录肥料和农药的种类及来源、使用时间、数量配比和使用方法;灌水时间、水源、灌水方式等。并做好使用时的天气状况和使用后的效果等记录;用工时间、数量及工作内容等。

13.1.3 物候期与灾害性天气记录

物候期记录,包括萌芽、抽枝、开花、结果等。灾害性天气记录,包括发生时间、持续时间、对石榴树及农事活动的影响,以及采取应对或补救措施等。

13.1.4 产出及效益记录

每年产量、产品质量、优质果率;销售状况、销售价格、效益情况等。

13.2 记录要求

专人记录、内容翔实、记载及时、数据保存完整。

无公害农产品　猕猴桃生产技术规程

1　范围

本规程规定了无公害猕猴桃的生产园地建设、栽培管理技术、病虫害防治技术以及果实采收等技术。

本规程适用于新郑市行政区域内无公害美味猕猴桃和中华猕猴桃的生产。

2　规范性引用文件

下列文件中的条款通过本规程的引用而成为本规程的条款。凡是注日期的引用文件，其随后所有的修改单（不包括勘误的内容）或修订版均不适用于本规程。凡是不注日期的引用文件，其最新版本适用于本规程。

NY/T 2798.1—2015　无公害农产品　生产质量安全控制技术规范　第1 部分:通则

NY/T 2798.4—2015　无公害农产品　生产质量安全控制技术规范　第4 部分:水果

NY/T 5010—2016　无公害农产品　种植业产地环境条件

NY/T 5108—2002　无公害食品　猕猴桃生产技术规程

3　术语和定义

3.1　主干

植株由地面到架面下着生主蔓分枝部位之间的茎干。

3.2　主蔓

着生在主干上,是着生结果母枝的部位。

3.3　结果母枝

着生在主蔓上,是着生结果枝的部位。

3.4 徒长枝

由潜伏芽或大枝剪口附近发出、生长势特别强旺的枝条,通常组织不充实。

3.5 二次枝

由当年生新梢的腋芽萌发抽生形成的枝条。

3.6 侧花(蕾)

猕猴桃花序上着生在中心花(蕾)两旁的花(蕾)。

3.7 有效芽

冬季修剪后结果母枝上留下的能够抽生枝条、开花结果的饱满芽,不包括瘪芽。

3.8 营养带

园内套种作物或实行果园生草制时,树冠下沿树行的一定宽度耕地保持清耕,不种植其他作物或草类的地带。

4 园地选择

4.1 产地环境条件符合 NY/T 2798.1—2015、NY/T 5010—2016 标准的要求。

4.2 土壤除碱性的黏重土壤以外均可栽培,以轻壤土、中壤土、沙壤土为好,地下水位较低。

4.3 有可靠的灌溉水源和有效的灌溉设施,地势低洼的地区应排水良好。

4.4 避开风口和常发生狂风暴雨的地方。

5 建园

5.1 园地规划

根据地形划分为作业小区,小区一般长不超过 150 m,宽 40~50 m,平地建园行向尽量采用南北向,山地建园时沿等高线栽植。

5.2 防风林

在主迎风面应建设防风林或人造防风障。防风林距猕猴桃栽植行 5~6 m,栽植行距 1~1.5 m,株距 1 m,以对角线方式栽植,树高 10~15 m,树种以杨树等乔木为主,在乔木之间加植灌木树种。人造防风障高 10~15 m。

5.3 品种选择

5.3.1 选抗病力强、品质好、商品性好的品种。

5.3.2 苗木应品种纯正、无检疫性病虫害、生长健壮。

5.4 雌株和雄株搭配

建园时,栽植雌性品种和配套的授粉雄品种,雌株和雄株的配置比例为
(5~8):1。

5.5 栽植密度

使用"T"形架时,株距2.5~3 m,行距3.5~4 m;使用大棚架时,株距3~
4 m,行距4 m。

5.6 栽植时期

栽植时期以春季定植为宜,在土壤解冻后至芽萌动前进行。

5.7 定植方法

按照规划测出定植点,开挖长、宽、深各40~50 cm定植穴,每亩施入腐熟
的有机肥20 kg,过磷酸钙1 kg,与土壤充分混合,施入的肥料应符合NY/T
2798.4—2015标准的规定。苗木在穴内的放置深度以穴内土壤充分下沉后,
根茎部大致与地面持平,栽植后灌一次透水并覆1 m² 地膜保墒。

6 土壤管理

6.1 深翻改土

新建园每年结合秋季施肥进行深翻,第一年从定植穴外沿向外挖环状沟,
深度50~60 cm,宽度根据施肥量而定,第二年接着上年深翻的边沿向外扩展
深翻,逐年向外,直到全园深翻一遍。

6.2 覆草

在施肥、灌水后把麦秸、麦糠、玉米秸等材料覆盖在树冠下,厚度10~15
cm,上面压少量土,连续覆盖3年后浅翻一次。

6.3 间作

幼树期行间距比较大,提倡间作花生、豆类、豆科牧草等间作物,提高土壤
肥力。

7 施肥

7.1 施肥原则

以施有机肥为主,化肥为辅,增加或保持土壤肥力及土壤微生物活性,所
施用的肥料不应对果园环境或果实品质产生不良影响。

7.2 允许使用的肥料种类

7.2.1 农家肥料

农家肥料包括腐熟的堆肥、沤肥、厩肥、沼气肥、绿肥、作物秸秆肥、泥肥、

饼肥等。

7.2.2 商品肥料

在农业行政主管部门登记或免予登记允许使用的各种肥料,包括商品有机肥、微生物肥、化肥、叶面肥、有机无机复合肥等。

7.3 限制使用的肥料

含氯化肥或含氯复合肥。

7.4 施肥量、时期和方法

7.4.1 施肥量

以树龄、树体大小、结果量、土壤条件和肥料特点确定施肥量。肥料中氮、磷、钾的配合比例为1:(0.7~0.8):(0.8~0.9)。

不同树龄的猕猴桃园参考施肥量见表7.4.1。

表7.4.1 不同树龄的猕猴桃园参考施肥量

树龄	年产量（kg/亩）	年施用肥料总量（kg/亩）			
		优质农家肥	化肥		
			纯氮	纯磷	纯钾
1年生		1 500	4	2.8~3.2	3.2~3.6
2~3年生		2 000	8	5.6~6.4	6.4~7.2
4~5年生	1 000	3 000	12	8.4~9.6	9.6~10.8
6~7年生	1 500	4 000	16	11.2~12.8	12.8~14.4
成龄园	2 000	5 000	20	14~16	16~18

注:根据需要加入适量铁、钙、镁等其他微量元素肥料。

7.4.2 施肥时期

全部农家肥和各种化肥的60%在秋季做基肥一次施入,第二年萌芽前追肥施用化肥的20%,果实膨大期追肥施用化肥的20%。

7.4.3 施肥方法

施基肥时,幼园结合深翻改土挖环状沟施入,逐年向外扩展,全园深翻一遍后改用撒施,将肥料均匀地撒于树冠下,浅翻10~15 cm。施追肥时,幼园在树冠投影范围内撒施,树冠封行后全园撒施,浅翻10~15 cm。施基肥和追肥后均应灌水,最后一次追肥应在采收前30 d内进行。

7.5 叶面喷肥

全年4~5次,生长前期2次,以氮肥为主,后期2~3次,以磷、钾肥为主。

常用叶面肥浓度:尿素 0. 3% ~ 0. 5% 、磷酸二氢钾 0. 2% ~ 0. 3% 、硼砂 0. 1% ~0. 3% 。最后一次叶面肥在果实采收期 20 d 前进行。

8 灌溉与排水

8.1 灌溉

8.1.1 灌溉指标

土壤湿度保持在田间最大持水量的 70% ~ 80% 为宜,低于 65% 时应灌水,清晨叶片上不显潮湿时应灌水。

8.1.2 灌溉时期

正常年份,在萌芽前、花前或花后、幼果膨大期根据土壤湿度各灌水一次,但花期应控制灌水,以免降低地温,影响花的开放。越冬前灌水一次。干旱年份,要根据土壤墒情及时灌水,保证植株生长结果需要。

8.2 排涝

低洼易发生涝害的果园周围修筑排水沟,沟深 1 m 以上,果园面积较大时园内也应有排水沟,排水沟排出的水要有适宜的出路。雨停后 2 ~ 3 h 内争取园内渍水排尽。

9 架型

9.1 "T"形架

沿行向每隔 6 m 栽植一个立柱,立柱全长 2. 5 m,地上部分长 1. 8 m,地下部分长 0. 7 m,立柱顶部固定 2 m 长的横梁,横梁上顺行架设 3 ~ 5 道 8#镀锌防锈铅丝,每行末端立柱外 2. 0 m 处埋设一地锚拉线,地锚体积不小于 0. 06 m³、埋置深度 1 m 以上。

9.2 大棚架

立柱的规格及栽植密度同"T"形架,顺横行在立柱顶端架设三角铁,在三角铁上每隔 50 ~ 60 cm 顺行架设一道 8#镀锌防锈铅丝,每竖行末端及每横行末端立柱外 2 m 处埋设一地锚拉线,埋置规格及深度同"T"形架。

10 整形修剪

10.1 整形

采用单主干上架,在主干上接近架面的部位留 2 个主蔓,分别沿中心铅丝伸展,主蔓的两侧每隔 30 cm 左右留一结果母枝,结果母枝与行向呈直角固定在架面上。

10.2 修剪

10.2.1 冬季修剪

10.2.1.1 结果母枝选留

结果母枝优先选留生长强壮的发育枝和结果枝,其次选留生长中庸的枝条,短枝在缺乏枝条时适量选留填空;选留结果母枝时尽量选用距离主蔓较近的枝条,选留的枝条根据生长状况修剪到饱满芽处。

10.2.1.2 更新修剪

尽量选留从原结果母枝基部发出或直接着生在主蔓上的枝条做结果母枝,将前一年的结果母枝回缩到更新枝位附近或完全疏除掉。每年全树至少1/2 以上的结果母枝进行更新,2 年内全部更新一遍。

10.2.1.3 培养预备枝

未留做结果母枝的枝条,如果着生位置靠近主蔓,剪留 2 ~ 3 芽为下年培养更新枝,其他枝条全部疏除。

10.2.1.4 留芽数量

修剪完毕后结果母枝的有效芽数大致保持在 30 ~ 35 个/m² 架面,将所留的结果母枝均匀地分散开固定在架面上。

10.2.2 夏季修剪

10.2.2.1 抹芽

从萌芽期开始抹除着生位置不当的芽,一般主干上萌发的潜伏芽均应疏除,但着生在主蔓上可培养作为下年更新枝的芽应根据需要保留。抹芽在生长前期大致 7 d 进行一次。

10.2.2.2 疏枝

当新梢上花序开始出现后及时疏除细弱枝、过密枝、病虫枝、双芽枝及不能用作下年更新的徒长枝等,结果母枝上每隔 15 ~ 20 cm 保留 1 个结果枝,每平方米架面保留正常结果枝 10 ~ 12 根。

10.2.2.3 绑蔓

新梢长到 30 ~ 40 cm 时开始绑蔓,使新梢在架面上分布均匀,母枝间距30 ~ 50 cm。每隔 2 ~ 3 周全园检查、绑缚一遍。

10.2.2.4 摘心

开花前对强旺的结果枝、发育枝轻摘心,摘心后如果发出二次枝,在顶端只保留一个,其余全部抹除,对开始缠绕的枝条全部摘心。

11　疏蕾、授粉与疏果

11.1　疏蕾

侧花蕾分离后 2 周左右开始疏蕾,根据结果枝的强弱调整花蕾数量,强壮的长果枝留 5~6 个花蕾,中庸的结果枝留 3~4 个花蕾,短果枝留 1~2 个花蕾。

11.2　授粉

以蜜蜂授粉为主,蜂源不足或受气候影响,蜜蜂活动不旺盛时采用人工授粉。

11.2.1　蜜蜂授粉

在大约 10% 的雌花开放时,每公顷果园放置活动旺盛的蜜蜂 5~7 箱。

11.2.2　人工辅助授粉

可采集当天刚开放、花粉尚未散失的雄花,用雄花的雄蕊在雌花柱头上涂抹,每朵雄花可授 7~8 朵雌花;也可采集第二天将要开放的雄花,在 25~28 ℃条件下干燥 12~16 h,收集散出的花粉贮于低温干燥处,用毛笔蘸花粉在当天刚开放的雌花柱头上涂抹,也可将花粉用滑石粉或淀粉稀释 10~30 倍,用电动喷粉器喷粉。

11.3　疏果

疏果在盛花后 10 d 左右开始,首先疏去授粉受精不良的畸形果、扁平果、伤果、小果、病虫果等,保留果梗粗壮、发育良好的正常果,根据结果枝的生长势调整留果数量,生长健壮的长果枝留 4~5 个果,中庸的结果枝留 2~3 个果,短果枝留 1 个果。同时,注意控制全树的留果量,成龄园每平方米架面留果 40 个左右。

12　病虫害防治

危害猕猴桃的病虫害较少。常见病害有猕猴桃溃疡病、猕猴桃根结线虫病、猕猴桃花腐病、猕猴桃黑斑病等。常见虫害有猕猴桃准透翅蛾、金龟子、桑盾蚧、小薪甲、红蜘蛛等。目前生产上基本不造成大的经济危害。一般可采用以农业防治为主的综合防治法。

12.1　农业防治

12.1.1　选用抗病品种。

12.1.2　加强水肥管理,雨季注意排水,确保猕猴桃植株健壮生长。

12.1.3　合理负载,禁用猕猴桃膨大剂,避免大小年的出现。

12.1.4 合理修剪,并集中烧毁剪掉的枝条,减少病虫源。

12.1.5 搞好防冻,在寒潮来临前尤其是晚春倒春寒,应提前利用灌水、生烟等措施防止冻伤,以减轻猕猴桃溃疡病的发生。

12.1.6 合理留枝,保持合理的叶幕层厚度。每平方米土地留 2 个结果母枝,最多不超过 3 个,只有保持合理的通风透光状态,才能降低中后期病虫害的发生,提高猕猴桃的品质。

12.2 物理防治

12.2.1 根据成虫趋光性,利用频振式杀虫灯、高压汞灯等进行害虫诱杀。

12.2.2 利用杨树枝进行金龟子诱杀,根据其假死性用树枝抖落下来踩死。

12.2.3 利用糖醋液、金龟子诱杀剂进行害虫的诱杀和扑灭。

12.3 生物防治

充分保护田间天然天敌,保持田间小生态系统的平衡,以控制有害生物的种群数量。

12.4 化学防治

12.4.1 农药的使用

严格执行 NY/T 2798.4—2015 标准的规定,严格控制农药使用浓度、次数和安全间隔期,禁止使用剧毒、高毒、高残留农药,注意农药的轮换和合理混配。

12.4.2 推荐农药

溃疡病:可用石硫合剂、波尔多液、农用链霉素等。

桑盾蚧、小薪甲:可用高效氟氯氰菊酯。

红蜘蛛:可用阿维菌素、阿维高氯等。

金龟子:可用溴氰菊酯、氰戊菊酯等。

12.5 检疫措施

对外来种苗实行复检,以防溃疡病等有害病菌随着种苗的调入而传入本地。

13 植物生长调节剂类物质的使用

允许使用苄基腺嘌呤、6-苄基腺嘌呤、赤霉素类、乙烯利、矮壮素等,严格按照农业行政管理部门登记规定的浓度、时期、次数施用。

不得使用比久、萘乙酸、2,4-二氯苯氧乙酸(2,4-D)等,不得使用苯脲类细胞分裂素蘸果。

14 采收

猕猴桃果实成熟时外观变化不明显,当果个长足、种子已变褐、果实易从树上摘落时即为成熟适期。采收过早,果小味淡,储藏期间烂果率高;采收过晚,果实容易软化,且易遭受早霜危害。通常以果实可溶性固形物的含量达到6% ~7%时,霜前采收为宜。

15 生产档案

建立田间生产档案。对生产过程中重点生产技术、病虫害防治技术、采收等环节及措施进行详细记录。

无公害农产品　草莓生产技术规程

1　范围

本规程规定了无公害草莓的产地环境要求和生产管理措施。

本规程适用于新郑市行政区域内无公害草莓露地和保护地的生产。

2　规范性引用文件

下列文件中的条款通过本规程的引用而成为本规程的条款。凡是注日期的引用文件,其随后所有的修改单(不包括勘误的内容)或修订版均不适用于本规程。凡是不注日期的引用文件,其最新版本适用于本规程。

NY/T 2798.1—2015　无公害农产品　生产质量安全控制技术规范　第1部分:通则

NY/T 2798.4—2015　无公害农产品　生产质量安全控制技术规范　第4部分:水果

NY/T 5010—2016　无公害农产品　种植业产地环境条件

NY/T 444　草莓

3　产地环境条件

3.1　产地环境质量

无公害草莓生产的产地环境条件应符合 NY/T 2798.4—2015、NY/T 5010—2016 标准的规定。

3.2　土壤条件

土层较深厚,质地为壤质,结构疏松,微酸性或中性土壤,有机质含量在15 g/kg 以上,排灌方便。

4 一般生产管理技术

4.1 栽培方式

草莓栽培分为设施栽培和露地栽培两大类。草莓设施栽培的主要类型有日光温室促成栽培、塑料大棚促成栽培、日光温室半促成栽培、塑料大棚半促成栽培及塑料拱棚早熟栽培。

4.2 品种选择

选用抗病、抗寒、休眠期短、早熟、外观和内在品质符合市场消费需求的品种。露地栽培可选用春香、四季、童子一号等;促成栽培可以选择丰香、宝交早生、星都一号、土特拉等。

4.3 育苗

4.3.1 母株育苗

4.3.1.1 母株选择

选择品种纯正、健壮、无病虫害的植株作为繁殖生产用苗的母株,建议使用脱毒苗。

4.3.1.2 母株定植

定植时间:每年秋季9月下旬以后和早春4月底以前进行。母株选择一年生、生长健壮、根系发达、无病虫害和有不少于4枚正常叶的匍匐茎苗,最好选用脱毒种苗或未结果的健壮植株作母株。每亩用苗量:繁殖系数高的品种1 000 株/亩,繁殖系数低的品种2 000 株/亩。

苗床准备:选择土壤肥沃、排灌方便的地块作草莓苗圃地,定植前施足基肥,施肥应坚持"适氮、重施磷钾"的原则,每亩施有机肥5 000 kg,复合肥20 kg。深耕25 kg,做成1.5~2 m的平畦。

定植方式:将母株单行定植在畦中间,株距50~80 cm。植株栽植的合理深度是苗心茎部与地面平齐,做到深不埋心,浅不露根。

4.3.1.3 苗期管理

定植后要保证充足的水分供应。为促使早抽生、多抽生匍匐茎,在母株成活后可喷施一次赤霉素(GA$_3$),浓度为50 mg/L。匍匐茎发生后,将匍匐茎在母株四周均匀摆布,并在生苗的节位上培土压蔓,促进子苗生根。整个生长期要及时人工除草,见到花序立即去除。

4.3.2 假植育苗

春季日平均气温达到10 ℃以上时定植母株。

4.3.2.1　假植育苗方式

草莓假植育苗有营养钵假植育苗和苗床假植育苗两种方式,在促进花芽提早分化方面,营养钵假植育苗优于苗床假植育苗。建议促成栽培和半促成栽培采用假植育苗方式。

4.3.2.2　营养钵假植育苗

营养钵假植:在6月中旬至7月中下旬,选取二叶一心以上的葡匐茎子苗,栽入直径10 cm或12 cm的塑料营养钵中。育苗土为无病虫害的肥沃表土,加入一定比例的有机物料,以保持土质疏松。适宜的有机物料主要有草炭、腐叶、腐热秸秆等,可因地制宜,取其中之一。另外,育苗土中加入优质腐熟农家肥20 kg/m³。将栽好苗的营养钵排列在架子上或苗床上,株距15 cm。

假植苗管理:栽植后浇透水,第一周必须遮阴,定时喷水以保持湿润,栽植10 d后叶面喷施一次0.2%尿素,每隔10 d喷施一次磷钾肥。及时摘除抽生的葡匐茎和枯叶、病叶,并进行病虫害综合防治。后期,苗床上的营养钵苗要通过转钵断根。

4.3.2.3　苗床假植育苗

苗床假植:苗床宽1.2 m,每亩施腐熟有机肥3 000 kg,并加入一定比例的有机物料。在6月下旬至7月中下旬选择具有3片展开叶的葡匐茎苗进行栽植,株行距15 cm×15 cm。

假植苗管理:适当遮阴。栽后立即浇透水,并在3 d内每天喷两次水,以后见干浇水以保持土壤湿润。栽植10 d后叶面喷施一次0.2%尿素,每隔10 d喷施一次磷钾肥。及时摘除抽生的葡匐茎和枯叶、病叶,并进行病虫害综合防治。8月下旬至9月初进行断根处理。

4.3.3　壮苗标准

具有4片以上展开叶,根茎粗达1.2 cm以上,根系发达,苗重达20 g以上,顶花芽分化完成,无病虫害。

4.4　生产苗定植

4.4.1　土壤消毒

采用太阳热消毒的方式。具体的操作方法:将基肥中的农家肥施入土壤,深翻,灌透水,土壤表面覆盖地膜或旧棚膜。为了提高消毒效果,建议棚室土壤消毒在覆盖地膜或旧棚膜的同时扣棚膜,密封棚室。土壤太阳热消毒在7、8月进行,时间至少为40 d。

4.4.2　定植时期

假植苗在顶花芽分化后定植,通常是在9月20日前后定植。对于非假植苗,棚室栽培在 8 月下旬至 9 月初定植,露地栽培在 8 月上中旬定植。

4.4.3 栽植方式

采用大垄双行的栽植方式,一般垄台高 30 ~ 40 cm,上宽 50 ~ 60 cm,下宽 70 ~ 80 cm,垄沟宽 20 cm。株距 15 ~ 18 cm,小行距 25 ~ 35 cm。棚室栽培每亩定植 7 000 ~ 9 000 株,露地栽培每亩定植 8 000 ~ 10 000 株。

4.5 栽培管理

4.5.1 日光温室促成栽培管理技术

4.5.1.1 保温

棚膜覆盖:日光温室覆盖棚膜是在外界最低气温降到 8 ~ 10 ℃ 的时候。

地膜覆盖:顶花芽显蕾时覆盖黑色地膜。盖膜后,立即破膜提苗。

4.5.1.2 棚室内温湿度调节

显蕾前:白天 26 ~ 28 ℃,夜间 15 ~ 18 ℃。

显蕾期:白天 25 ~ 28 ℃,夜间 8 ~ 12 ℃。

花期:白天 22 ~ 25 ℃,夜间 8 ~ 10 ℃。

果实膨大期和成熟期:白天 20 ~ 25 ℃,夜间 5 ~ 10 ℃。

湿度调节:整个生长期都要尽可能降低棚室内的湿度。开花期,白天的相对湿度保持在 50% ~ 60%。

4.5.1.3 水肥管理

灌溉:采用膜下灌溉方式,最好采用膜下滴灌。定植时浇透水,一周内要勤浇水,覆盖地膜后以"湿而不涝,干而不旱"为原则。

施肥:施肥原则按 NY/T 2798.4—2015 标准的规定执行。使用的肥料应是在农业行政主管部门已经登记或免予登记的肥料。限制使用含氯复合肥。

基肥:每亩施农家肥 5 000 kg 及氮磷钾复合肥 50 kg,氮磷钾的比例以 15∶15∶10 为宜。

追肥:第一次追肥,顶花序显蕾时;第二次追肥,顶花序果开始膨大时;第三次追肥,顶花序果采收前期;第四次追肥,顶花序果采收后期;以后每隔 15 ~ 20 d 追肥一次。追肥与灌水结合进行。肥料中氮磷钾配合,液肥浓度以 0.2% ~ 0.4% 为宜。

4.5.1.4 赤霉素(GA₃)处理

对于休眠深的草莓品种,为了防止植株休眠,在保温一周后往苗心处喷 GA_3,浓度为 5 ~ 10 mg/L,每株喷约 5 mL。

4.5.1.5 植株管理

摘叶和摘除匍匐茎:在整个发育过程中,应及时摘除匍匐茎和黄叶、枯叶、病叶。

掰芽:在顶花序抽出后,选留 1～2 个方位好而壮的腋芽保留,其余掰掉。

掰花茎:结果后的花序要及时去掉。

疏花疏果:花序上高级次的无效花、无效果要及早疏除,每个花序保留 7～12 个果实。

4.5.1.6　放养蜜蜂

花前一周在棚室中放入 1～2 箱蜜蜂,蜜蜂数量以一株草莓一只蜜蜂为宜。

4.5.1.7　二氧化碳气体施肥

二氧化碳气体施肥在冬季晴天的午前进行,施放时间 2～3 h,浓度 700～1 000 mg/L。

4.5.1.8　电灯补光

为了延长日照时数,维持草莓植株的生长势,建议采用电灯补光。每亩安装 100 W 白炽灯泡 40～50 个,12 月上旬至 1 月下旬期间,每天在日落后补光 3～4 h。

4.5.2　日光温室半促成栽培管理技术

4.5.2.1　保温

日光温室半促成栽培在 12 月中旬至 1 月上旬开始保温。

4.5.2.2　棚室内温湿度调节

同 4.5.1.2。

4.5.2.3　水肥管理

同 4.5.1.3。

4.5.2.4　赤霉素(GA₃)处理

为了促进草莓植株结束休眠,可以在保温后植株开始生长时往苗心处喷 GA_3 浓度为 5～10 mg/L,每株喷约 5 mL。

4.5.2.5　植株管理

同 4.5.1.5。

4.5.2.6　放养蜜蜂

同 4.5.1.6。

4.5.3　塑料拱棚早熟栽培管理技术

4.5.3.1　越冬防寒

拱棚早熟栽培在土壤封冻前扣棚膜,土壤完全封冻时在草莓植株上面覆盖地膜并在地膜上覆盖 10 cm 厚的稻草。

4.5.3.2 保温

拱棚栽培在 3 月上中旬开始保温,植株开始生长后破膜提苗。

4.5.3.3 水肥管理

灌溉:定植后及时灌水,上冻前灌封冻水,保温后植株开始发新叶时灌一次水。开花前,控制灌水,开花后,通过小水勤浇,保持土壤湿润。

施肥:基肥按每亩施农家肥 3 000 ~ 5 000 kg 及氮磷钾复合肥 50 kg,氮磷钾的比例以 15∶15∶10 为宜。

追肥:第一次追肥,顶花序显蕾时;第二次追肥,顶花序果开始膨大时。追肥与灌水结合进行。肥料中氮磷肥配合,液肥浓度以 0.2% ~ 0.4% 为宜。

4.5.3.4 植株管理

同 4.5.1.5。

4.5.4 露地栽培管理技术

4.5.4.1 越冬防寒

在温度降到 −5 ℃前浇一次防冻水,一周后往草莓植株上覆盖一层塑料地膜,地膜上再压上稻草、秸秆或草等覆盖物,厚度 10 ~ 12 cm。

4.5.4.2 去除防寒物

当春季平均气温稳定在 0 ℃左右时,分批去除已经解冻的覆盖物。当地温稳定在 2 ℃以上时,去除其他所有的防寒物。

4.5.4.3 植株管理

春季草莓植株萌发后,破膜提苗。及时摘除病叶、植株下部呈水平状态的老叶、黄化叶及匍匐茎。开花坐果期摘除偏弱的花序,保留 2 ~ 3 个健壮的花序。花序上高级次的无效花、无效果要及早疏除,每个花序保留 7 ~ 12 个果实。

4.5.4.4 水肥管理

灌溉:除结合施肥灌溉外,在植株生长旺盛期、果实膨大期等重要生育期都需要进行灌溉。建议采用微喷设施。

施肥:施肥原则按 NY/T 2798.4—2015 标准的规定执行。使用的肥料应是在农业行政主管部门已经登记或免予登记的肥料。限制使用含氯复合肥。

基肥:每亩施农家肥 3 000 ~ 5 000 kg 及氮磷钾复合肥 50 kg,氮磷钾的比例以 15∶15∶10 为宜。

追肥:开花前追施尿素 10 ~ 15 kg/亩,花后追施磷钾复合肥,果实膨大期追施磷钾复合肥 20 kg/亩。

5 病虫害防治

5.1 主要病虫害

主要病害包括白粉病、灰霉病、病毒病、芽枯病、炭疽病、根腐病和芽线虫。
主要虫害包括螨类、蚜虫、白粉虱。

5.2 防治原则

应以农业防治、物理防治、生物防治和生态防治为主,科学使用化学防治技术。

5.3 农业防治

5.3.1 选用抗病虫品种

选用抗病虫性强的品种是经济、有效的防治病虫害的措施。

5.3.2 使用脱毒种苗

使用脱毒种苗是防治草莓病毒病的基础。此外,使用脱毒原种苗可以有效防止线虫危害发生。

5.3.3 栽培管理及生态措施

发现病株、叶、果,及时清除烧毁或深埋;收获后深耕 40 cm,借助自然条件,如低温、太阳紫外线等,杀死一部分土传病菌;深耕后利用太阳热进行土壤消毒;合理轮作。

5.4 物理防治

5.4.1 橙黄板诱杀白粉虱和蚜虫

在 100 cm×20 cm 的纸板上涂黄漆,上涂一层机油,每亩挂 30~40 块,挂在行间。当板上粘满白粉虱和蚜虫时,再涂一层机油。

5.4.2 阻隔防蚜

在棚室放风口处设防止蚜虫进入的防虫网。

5.4.3 驱避蚜虫

在棚室放风口处挂银灰色地膜条驱避蚜虫。

5.4.4 毒饵毒杀

在地里挖长、宽、深为 30 cm×30 cm×20 cm 的坑,内装马粪诱杀蝼蛄。

5.4.5 糖醋诱杀

按酒、水、糖、醋 1∶2∶3∶4 的比例,加入适量敌敌畏,放入盆中,每 5 d 补加半量诱液,10 d 换全量,诱杀甘蓝夜蛾、地老虎成虫等害虫。

5.5 生物防治

扣棚后当白粉虱成虫在 0.2 头/株以下时,每 5 d 释放丽蚜小蜂成虫 3

头/株,共释放 3 次丽蚜小蜂,可有效控制白粉虱为害。

5.6 生态防治

开花和果实生长期,加大放风量,使棚内湿度降至 50% 以下。将棚室温度提高到 35 ℃,闷棚 2 h,然后放风降温,连续闷棚 2～3 次,可防治灰霉病。

5.7 化学防治

禁止使用高毒、高残留农药,有限度地使用部分有机合成农药。所有使用的农药均应在农业部注册登记。农药安全使用标准和农药合理使用准则参照 NY/T 2798.4—2015 标准执行。保护地优先采用烟熏法、粉尘法,在干燥晴朗天气可喷雾防治,如果是在采果期,应先采果后喷药,同时注意交替用药,合理混用。

5.7.1 病害综合防治

芽枯病:每亩用 5% 百菌清粉尘剂 110～180 g,分放 5～6 处,傍晚点燃,闭棚过夜,7 d 熏 1 次,连熏 2～3 次。

灰霉病:每亩用 20% 速克灵烟剂 80～100 g 分散燃放,或选用 50% 速克灵可湿性粉剂,或 25% 扑海因可湿性粉剂 1 000 倍液喷雾,7～10 d 1 次,连喷 2～3 次。

白粉病:选用世高 10% 水分散性颗粒剂,每亩用 50 g,兑水喷雾,或选用 20% 三唑酮可湿性粉剂 1 000 倍液喷雾。

病毒病:发病初期用 20% 病毒 A400 倍液,或 1.5% 植病灵乳剂 400 倍液喷雾。

5.7.2 虫害综合防治

蚜虫:用 50% 抗蚜威可湿性粉剂 2 000 倍液,或用 3% 啶虫脒 1 000～2 000 倍液,或 10% 吡虫啉可湿性粉剂 1 500 倍液喷雾防治。

红蜘蛛:用 73% 的克螨特乳油 1 000～2 000 倍液,或 1.8% 阿维菌素乳油 3 000 倍液喷雾。

6 采收

6.1 果实采收标准

果实表面着色达到 70% 以上。

6.2 采收前准备

果实采收前要做好采收、包装准备。采收用的容器要浅,底部要平,内壁光滑,内垫海绵或其他软的衬垫物。

6.3 采收时间

根据草莓果实的成熟期决定采收时间。采收在清晨露水已干至中午或傍晚转凉后进行。

6.4 采收操作技术

采收时用拇指和食指掐断果柄,将果实按大小分级摆放于容器内,采摘的果实要求果柄短,不损伤花萼,无机械损伤,无病虫危害。果实分级按 NY/T 444 中所述的草莓感官品质标准执行。

6.5 果实产品要求

草莓作为直接入口的产品,应符合 NY/T 444 标准规定的感官和卫生要求。感官要求为:果实新鲜洁净,无尘埃泥物,无外来水分;无萎蔫变色、腐烂、霉变、异味、病虫害、明显碰压伤;无汁液浸出。草莓中农药残留和硝酸盐含量符合国家有关标准(GB 2763)的规定。

7 生产档案

建立田间生产档案。对生产过程中重点生产技术、病虫害防治技术、采收等环节及措施进行详细记录。

无公害农产品　平菇生产技术规程

1　范围

本规程规定了无公害平菇的产地环境要求、生产管理措施和采收要求。

本规程适用于新郑市行政区域内无公害平菇的生产。

2　规范性引用文件

下列文件中的条款通过本规程的引用而成为本规程的条款。凡是注日期的引用文件,其随后所有的修改单(不包括勘误的内容)或修订版均不适用于本规程。凡是不注日期的引用文件,其最新版本适用于本规程。

NY/T 2798.1—2015　无公害农产品　生产质量安全控制技术规范　第1部分:通则

NY/T 2798.3—2015　无公害农产品　生产质量安全控制技术规范　第3部分:蔬菜

NY/T 5010—2016　无公害农产品　种植业产地环境条件

NY/T 528　食用菌菌种生产技术规程

NY 5099　无公害食品　食用菌栽培基质安全技术要求

GB 4806.7—2016　食品安全国家标准　食品接触用塑料材料及制品

3　产地环境

应符合 NY/T 5010—2016 标准的规定。标准的平菇生产大棚应建成向阳、通风、面积应在 500 m² 以内,排水方便,通风透光,避开"三废"污染源,而且加设防虫网。

4　生产技术措施

4.1　栽培季节

春栽:2月上旬到3月下旬,平均气温稳定在 15 ℃左右;秋栽:8月下旬到

10月上旬,气温降至28 ℃以下时;周年栽培,利用设施条件可常年栽培。

4.2 菌种选择和生产

应选择发菌快、出菇早、转潮快、产量高、品质好的品种。品种按出菇温度可分为低温种、中低温种、中高温种和广温种四大类型,栽培者应按市场要求和栽培季节选择适宜品种。菌种生产按 NY/T 528 标准执行。

4.3 培养料及其处理

4.3.1 培养料

主料、辅料和添加剂应符合 NY 5099 标准的规定。平菇栽培一般以棉籽壳、木屑、玉米芯和作物秸秆为主,栽培时一般配合使用,相互掺和。调制好的栽培料适宜含水量应为 60% ~ 65%,即用手尽力握指缝有水珠,但不下流。pH 值为 5.5 ~ 6.5。

4.3.2 培养料配方

配方一:玉米芯78%、豆秸粉10%、麦麸10%、多菌灵0.1%、石灰2%。

配方二:木屑50%、玉米芯46.9%、石膏2%、过磷酸钙1%、尿素0.1%。

配方三:棉籽壳95%、石膏2%、过磷酸钙2%、石灰1%。

配方四:棉籽壳80%、麸皮15%、石膏粉1%、过磷酸钙3%、石灰1%。

4.3.3 培养料处理发酵

4.3.3.1 培养料处理:选用干燥新鲜、未经雨淋、无霉变的优质原料,配料前暴晒2 ~ 3 d。晒时勤翻动确保晒透晒匀。

4.3.3.2 培养料预湿:建堆前一天,先将主料用水湿透到手捏能从指缝中渗出2 ~ 3 滴水为宜。

4.3.3.3 建堆:将拌好的料堆成底宽 1 m,上宽 0.7 ~ 0.8 m,高 1 ~ 1.5 m 的梯形堆,长度根据投料多少而定,堆顶部呈龟背形,在堆顶和堆两侧竖直倾斜方向用直径 5 cm 的木棍相隔 1 m 扎洞通气。

4.3.3.4 翻堆:待温度自然上升至65 ℃后,保持24 h,然后进行第一次翻堆,表层翻至中间,中间料翻至表面,稍压平,插入温度计,盖膜再升温到65 ℃,反复处理3 次。发酵料 pH 为中性或微碱性,料为茶褐色,无异味并具有一种发酵香味。

4.4 装袋及接种

4.4.1 菇袋的规格

采用24 cm 宽聚乙烯筒料装袋,将筒料裁成50 ~ 55 cm 长,一端扎紧。塑料袋应清洁、牢固、无毒、无污染、无异味,符合 GB 4806.7—2016 标准的规定。

4.4.2 装袋及接种

当培养料发酵完毕,料温降至 30 ℃以下时即可进行装袋、接种,边装料边接种,先将菇袋底部放一层菌种,厚约 2 cm,然后放 8 ~ 10 cm 发酵料,再叠加放一层菌种一层发酵料,最后用菌种封住,表层菌种量要多,以布满料面为准,扎口。接种量一般占培养料的 10% ~ 15%。

4.5 发菌期管理及催蕾

接种好的菌袋立即置于 22 ℃室温下避光培养,根据菇房内温度决定排列层次,如温度较低时可适当多放些,以利保温防冻。当温度升至 20 ℃以上时,堆积的层数可适当减少,以利通风散热。一般堆 4 ~ 6 层,每 3 ~ 6 d 翻堆一次,并及时处理杂菌。温度控制在 22 ~ 26 ℃,空气相对湿度在 65% ~ 70%,通风避光。

4.6 出菇管理

发菌 20 ~ 30 d 菌丝发透,此时打开袋两端,去掉封口谷草段,喷水降温,并给予温差刺激,促菌蕾形成。子实体分化生产温度为 10 ~ 20 ℃,以 15 ~ 17 ℃最合适,空气相对湿度维持在 85% ~ 90%,适当增加散射光,加强通风换气。出现菇蕾时,将袋口翻卷,露出菇蕾,立体墙式堆垛。当出现幼菇时,喷水要少而勤,相对湿度 85%,随着菇体长大,喷水次数可增至每天 2 ~ 3 次,湿度提高到 90%。第一潮菇收完,要及时清理料面,去掉残留的菌柄、烂菇,同时进行喷水保湿,并盖塑料薄膜保温,为了提高第二潮菇的产量,结合喷水管理,可在 100 kg 水中加 0.2 kg 磷酸二氢钾,或糖水喷在菇体上,10 ~ 12 d 第二潮菇现蕾。如此反复管理,一般可出 3 ~ 5 潮菇。

5 病虫害防治

5.1 防治原则

应贯彻"预防为主,综合防治"的植保方针,优先采用农业防治和物理防治措施,配合科学合理地使用化学防治,达到生产安全、优质的平菇生产目的。药剂防治应按照 NY/T 2798.3—2015 标准的规定执行。

5.2 综合防治措施

5.2.1 使用抗性强、丰产的优良品种。

5.2.2 选择新鲜培养料,并在露天暴晒 2 ~ 3 d 杀菌消毒。

5.2.3 选好栽培场所,搞好培养室和接种室内外清洁卫生,使用前彻底消毒灭菌,避免杂菌产生的环境条件。

5.2.4 栽培中调节好温湿度,加强通风换气,控制料面无积水,严防杂菌污染。

5.2.5　管理好通风门窗,防止外来病虫源进入。

5.3　药剂防治

防治菌蝇和菌蚊可用阿维菌素、溴氰菊酯、氰戊菊酯。

5.4　施药时机

应在采菇后施药。

6　采收

菌盖边缘完全平展前及时采收。采收时整丛起收,用手捏住菌柄下部轻轻扭下,不应带出培养基。鲜菇应轻拿轻放,用小刀削去菇柄基部,及时销售或加工。

7　生产档案

建立生产档案。对生产过程中重点生产技术、病虫害防治技术、采收等环节及措施进行详细记录。

无公害农产品　香菇生产技术规程

1　范围

本规程规定了无公害香菇的产地环境、培养料选择与配制、栽培管理技术、采收等要求。

本规程适用于新郑市行政区域内无公害香菇袋装的生产。

2　规范性引用文件

下列文件中的条款通过本规程的引用而成为本规程的条款。凡是注日期的引用文件,其随后所有的修改单(不包括勘误的内容)或修订版均不适用于本规程。凡是不注日期的引用文件,其最新版本适用于本规程。

NY/T 2798.1—2015　无公害农产品　生产质量安全控制技术规范　第1部分:通则

NY/T 2798.3—2015　无公害农产品　生产质量安全控制技术规范　第3部分:蔬菜

NY/T 5010—2016　无公害农产品　种植业产地环境条件

NY/T 528　食用菌菌种生产技术规程

NY 5099　无公害食品　食用菌栽培基质安全技术要求

3　产地环境

场地应选在生态条件好,周围环境清洁,水质良好,无污染源,地势平坦,并有可持续性生产能力的农业生产区域,应按照 NY/T 5010—2016 标准的规定执行。生产所用的菇棚每个面积应为 300 m² 左右,棚外通风处应有防虫网且棚内有保温措施。

4 培养料的选择与配制

4.1 培养料的选择

按 NY 5099 标准的要求选料。具体选择标准分述如下。

4.1.1 木屑

一般阔叶树的木屑均能用于培植香菇,但以材质坚实、边材发达的壳斗科(各种栎树)、桦木科等阔叶树种为佳。苹果树、板栗树等经济林木修剪下的枝杈材均可使用。或以无害化处理的松、杉、柏、栗树等经济林木修剪下的枝杈材均可使用。经粉碎后要纯净无杂质,干燥无霉变。木屑粗细要搭配,粗:细为7:3,这样有利于通气,又有一定的密实程度。

4.1.2 棉籽壳、玉米芯、豆秸等

要选用手握柔软、稍有刺感、有少量短绒、无毒变、无结块、无虫蛀、无杂质、未淋过水的棉籽壳,以灰白色为好,褐色不可使用。玉米芯要新鲜,无霉变。豆秸要新鲜、无霉变、粉碎后充分晒干备用。

4.1.3 麦麸和米糠、石膏粉等

选大、中片、红皮、粗皮的麦麸为好,要新鲜、无虫蛀、无霉变、未被雨淋、无结块、无杂质的纯净麦麸,一般加入量以 20% 为宜。石膏粉又称硫酸钙($CaSO_4 \cdot 2H_2O$)经煅烧脱去 1 个结晶水后变成熟石膏($2CaSO_4 \cdot H_2O$),呈弱酸性,pH 值为 5 左右,在培养料中加入量为 1%,选色白发亮的。

4.2 培养料的配方

配方一:木屑78%、麦麸20%、石膏1%、糖1%、水适量。

配方二:阔叶树木屑80%、麸皮18%、石膏粉1.5%、石灰0.5%、硫酸镁微量,pH 值为 6~7,水(料:水=1:0.9)。

配方三:树枝、棉柴(粉碎)50%、玉米芯30%、麸皮20%、石灰微量、硫酸镁微量、水(料:水=1:1),pH 值为 6~7。

4.3 培养料配置

培养料配置分四步进行。第一步过筛,先把木屑用 23 目的铁筛过筛,剔除小木片、小枝条及有棱角的硬物,以防装袋时刺破塑料袋。第二步准确称量,混合搅拌,先将木屑倒入清理好的拌料场,堆成锥形,把麸皮、石膏从堆顶撒向堆的四周,干料搅拌 2~3 遍,混合均匀。然后把可溶性的添加料,如磷酸二氢钾、蔗糖等混合溶于水泼入干料内进行搅拌。第三步加水调制,可用搅拌机。第四步测定,水分多用感观测定,酸碱度测定用 pH 试纸。pH 值:春栽6.5~7.5,秋栽7.0~8.0。

配制好的培养料应达到三均匀一充分,即主料与辅料混合均匀,干湿均匀,酸碱度均匀,料吸水充分。

5 栽培管理技术

5.1 栽培季节

5.1.1 秋季栽培

8月下旬至9月底接种,最好是在白露前后10 d接种。

5.1.2 春季栽培

12月至翌年2月接种。

5.2 装袋

按GB 9687标准规定,用20 cm×55 cm×0.04 cm的高密度聚乙烯袋子装料。春栽袋子细长,用机器装袋。袋口用线绳扎,先直扎再反过来扎成回头结,要扎牢,防止灭菌时水蒸气从袋口进入造成水袋。每袋装干料1.25 kg左右,用手握住料袋两头没有下垂的感觉即可。

5.3 灭菌

料袋装好后要随即入灶灭菌(钢筋水泥砌成大型的流通蒸汽灭菌灶),料温达到100 ℃保持12~16 h,当料温降到70 ℃以下时,再趁热把料袋送入标准的香菇培养棚,进棚后料温冷却到28 ℃以下时,及时接种。

5.4 接种

香菇菌苞接种前,把栽培种和接种工具一起放进菇棚,用5 g/m² 的气雾消毒盒熏蒸24 h后接种,接种人员应个人消毒后进行无菌接种操作。

5.5 菌丝培养

香菇是恒温发菌,菌丝生长最适宜的温度为24~27 ℃,室温控制在25 ℃左右培养。接种15 d内不要搬动菌袋,16 d进行第一次检杂刺孔。发现有霉菌污染的菌袋,捡出统一处理,再在菌丝生长点后1 cm处用直径0.2 cm铁钉刺深2 cm的孔以便增氧,防止烧菌现象出现。接种30 d再进行检杂刺孔,这一次可以用粗一点的钉多刺几个孔。45 d时菌丝长满料袋,这一时期多刺孔,促进菌丝成熟,待菌苞内有瘤状物出现时,即可转色管理。整个发菌阶段保持室内空气清新。

5.6 转色促熟管理

菌丝发满袋后应及时转入转色和促使菌丝生理成熟阶段管理。春栽要求在越夏之前必须完成转色。转色温度以23 ℃最佳,空气湿度85%~90%。恒温培养4 d,菌袋表面有一层薄菌丝时拉大温差,刺激菌丝倒伏,形成一层菌膜后,进行干湿刺激。再过 2 d 的恒温培养(温度 25 ℃,湿度 60%),就会形成一个个棕褐色的香菇菌棒了。

5.7　菌袋越夏

菌袋越夏正值 7～8 月的高温时期,越夏管理的重点是控温。

5.8　催蕾、割膜、疏蕾

5.8.1　催蕾

5.8.1.1　地面排场催蕾

把补水后的菌袋直立排在事先铺满麦草或河沙的地上,在菌袋周围用麦草等物圈严,早晚通风。白天盖膜保温,晚上揭膜通风后,再盖上草帘,这样白天温度 20 ℃左右,晚上降至 8～12 ℃,使菌丝受较大温差刺激,持续 3～5 d 即有大量菇蕾出现。

5.8.1.2　棚内催蕾

白天菇棚用薄膜覆盖,以光增温,温度可达 15～20 ℃,保持湿度 85% 左右,22:00 时揭膜降温,造成昼夜温差 10 ℃左右,再盖膜,同时加湿保持棚内湿度 85%,晚上在棚膜外加盖草帘保温,使温度不低于 5 ℃。同时协调好光、温、水、气,形成肥壮菇蕾。

5.8.2　割膜

当小菇蕾长到 0.5～1 cm,将袋膜顶起见光变黑时,应及时用利刃尖刀靠菇蕾边沿割开袋膜。割膜时一定不能伤及菇蕾,所开的小圈薄膜不要全割断,留一小角,使割开的薄膜仍能覆盖在菇蕾上,让初露菇蕾接受恶劣环境的刺激有个缓冲的过程。

5.8.3　疏蕾

对丛生菇和菇蕾过多的一定要疏蕾,去弱留壮,去小留大,每袋留 8 个左右壮菇,经培养易形成优质菇。

5.9　出菇管理

5.9.1　出菇场所及菇棚建造

出菇场所应选择背风向阳,干燥卫生,空气流通,地势高,近水源的地方。出菇棚多由竹架作支撑,内设温湿可控装置。

5.9.2　培育花菇

5.9.2.1　蹲菇

开穴后露出的幼蕾先在较适宜环境中培养,菇棚内空气相对湿度要求保持在 85% 左右,棚内温度控制在 6～12 ℃,使其慢慢生长,大体需 7～10 d。当幼小菇蕾直径达到 2.5～3 cm,质地顶手有弹性,具光泽,即可进行催花。

若菇体无光泽,质地很硬,需要增温、增湿,促其发育生长;若菇体质地偏松,则需要降温控制,达到密实。

5.9.2.2 保花

保花生长通常的做法是白天揭棚凉菇,夜间盖棚加温排湿,务使棚内湿度保持在70%以下,以严防棚内反潮,否则就会使"明花"变成"暗花"。

6 病虫害防治

坚持"预防为主,综合防治"的原则。采用农业防治、物理防治、生物防治、配合科学合理地使用化学防治。及时调温、调湿,做到及早预防。注意不能将农药喷到菇体上。使用的农药必须符合 NY/T 2798.3—2015 标准中农药使用的规定。

7 采收

7.1 采收标准

鲜销菇要求菇柄正中、朵形圆整、菇肉肥厚,卷边整齐,菇盖直径4 cm 以上,菌膜微破,为适宜采收期。

干制菇菌膜刚破,菇盖展开7成,仍有部分内卷,成"大卷边"或"铜锣边"时,为适宜采收期。

7.2 采收时间

采收香菇应选择在晴天进行,晴天采收的香菇色泽鲜,菇盖光滑,烘干后质量好。

7.3 采收方法

采摘时,一手按袋、一手大拇指和食指捏紧菇柄基部,左右旋转轻轻拔起,注意保持菇形完整,不受损伤。采后同时清除菌袋上的菇根,以免腐烂造成杂菌感染。

采下的鲜菇要盛在干净的竹筐、塑料筐等硬质容器中,内垫无毒的塑料薄膜。不可装在编织袋或布袋内,造成挤压和损伤。

8 生产档案

建立生产档案。对生产过程中重点生产技术、病虫害防治技术、采收等环节及措施进行详细记录。

无公害农产品 草菇生产技术规程

1 范围

本规程规定了无公害草菇产地环境条件、栽培管理技术、采收、病虫害防治等要求。

本规程适用于新郑市行政区域内无公害草菇的生产。

2 规范性引用文件

下列文件中的条款通过本规程的引用而成为本规程的条款。凡是注日期的引用文件,其随后所有的修改单(不包括勘误的内容)或修订版均不适用于本规程。凡是不注日期的引用文件,其最新版本适用于本规程。

NY/T 2798.1—2015 无公害农产品 生产质量安全控制技术规范 第1部分:通则

NY/T 2798.3—2015 无公害农产品 生产质量安全控制技术规范 第3部分:蔬菜

NY/T 5010—2016 无公害农产品 种植业产地环境条件

NY/T 528 食用菌菌种生产技术规程

NY 5099 无公害农产品 食用菌栽培基质安全技术要求

3 产地环境

应符合 NY/T 5010—2016 标准的规定。

4 栽培管理措施

4.1 栽培季节

根据自然气候条件、栽培场所而定,在自然条件下,6~8月都适宜种植。

4.2 菌种选择

栽培所用菌种应采用优质、高产的品种。

4.3 栽培技术

4.3.1 室外堆式栽培

4.3.1.1 配方

配方一:麦秸98%、石灰2%。

配方二:麦秸80%、干牛粪粉17%、生石灰3%。

4.3.1.2 培养料处理

草菇生产所用的基质应符合 NY/T 5099 标准的要求。

麦秸处理:把麦秸碾压破碎,用2%的石灰水浸泡一昼夜,堆成高1.5 m、宽1.5 m、长度不限的垛,覆盖薄膜,当麦秸垛中心温度上升到60 ℃时维持24 h,翻堆2次,堆垛发酵3~5 h。

牛粪处理:发酵、晒干后粉碎。

4.3.1.3 选场做畦

选择坐北朝南、阳光充足的地方,要求疏松的沙壤土,地下水位不能过高。

在播种前先松土暴晒,做成宽1~2 m、高20~30 cm,表面龟背形的畦地,周围挖排水沟。

4.3.1.4 建堆播种

在整好的场地,沿畦内侧15 cm处施用准备好的牛粪,把浸水预处理的麦秸成把拧成麻花形,依次紧密地横排在畦上。排好一层草把后,离外沿10 cm的两草把间播菌种,在菌种圈施少量有机肥。以后每层向内5 cm放置草把并播菌种、施有机肥。共5~6层,最上一层表面普撒菌种。草堆呈梯形,覆盖3 cm厚的湿草被。

4.3.1.5 发菌期管理

播种后2~3 d,堆温升到50 ℃以上时,及时掀开草被降低堆温,使堆中心温度保持在40 ℃左右。发菌期温度应维持在25 ℃以上。

草堆含水量要求在75%~80%,空气相对湿度控制在85%~95%。

4.3.1.6 出菇的管理

出菇阶段要通风透光,疏薄草被,堆内温度保持在35 ℃左右,空气相对湿度保持85%~95%。每次采菇后,停止浇水3~5 d养菌,然后加强水分管理。

下雨时要覆盖塑料薄膜,雨后及时去除,松动草被通气。

4.3.2 菇房层架栽培

4.3.2.1 菇房建造

可采取砖墙式专用菇房,宽9 m,长25~50 m,高2.2~3.7 m,脊高3~

4.5 m,4~7层床架。

4.3.2.2 播种前准备

把麦秸均匀铺到菇房层架上,用水管自上而下喷水,大约喷淋4 d,使稻草吸足水,即可铺上牛粪、棉饼、石灰等辅料,密闭菇房并向菇房内通蒸汽升温,升至气温和料温达62 ℃左右,维持2 d左右,停火适当通风降温,降至料温约30 ℃时即可播种。

4.3.2.3 播种

把菌种掰成豆状大小,均匀撒播到料面上,稍整平,使菌种与料面紧贴,每平方米用0.5~0.75 kg菌种。

4.3.2.4 发菌期的管理

播种后,保持料温在35 ℃左右,使菌丝尽快萌发生长,2 d后适当通风,促使菌丝向料内生长,6~7 d,料内菌丝长满后,喷"结菇重水",喷至培养料向外滴水,结合大通风,棚温控制在28 ℃左右,刺激菇蕾形成。

4.3.2.5 出菇管理

料温保持在35 ℃以上,菇房内温度控制在28~32 ℃。料内含水要求65%~75%,空气相对湿度90%~95%。草菇出菇阶段每天需通风几小时,补充新鲜空气。同时给予一定的散射光。

5 病虫害防治

5.1 防治原则

贯彻"预防为主,综合防治"的植保方针,坚持以农业防治、物理防治、生物防治为主,化学防治为辅的无害化控制原则。化学防治时所用药剂应符合NY/T 2798.3—2015标准的规定。

5.2 农业防治

5.2.1 把好菌种质量关,选用高抗、多抗的品种。

5.2.2 菇房使用前消毒灭菌,工具及时洗净消毒,废弃料应运至远离菇房的地方。

5.2.3 选用新鲜、无霉变原料,配置优良培养料,进行彻底灭菌。

5.2.4 创造适宜的生育环境条件。

5.2.5 菇房放风口用防虫网封闭。

5.3 物理防治

对蚊类虫害,利用电光灯、粘虫板进行诱杀。

5.4 药剂防治

5.4.1 褐腐病:发现病害,立即停止喷水,并加强菇房的通风,使温度降至15 ℃以下。摘除病株,用1% ~2%的福尔马林喷洒病区。

5.4.2 褐斑病:防止菌蝇及废弃物进入菇房,培养场避免高温高湿,发病区用多菌灵或波尔多液喷洒。

5.4.3 菌蝇(包括菌蛆):用鱼藤酮、阿维菌素、拟除虫菊酯等防治。

6 采收

适期、分批采收。采收过程中所用工具要清洁、卫生、无污染。采菇要及时,动作要轻快,一天需采菇2~3次。

7 生产档案

建立生产档案。对生产过程中重点生产技术、病虫害防治技术、采收等环节及措施进行详细记录。

无公害农产品　白灵菇生产技术规程

1　范围

本规程规定了无公害白灵菇的产地环境要求、生产管理措施和采收要求。本规程适用于新郑市行政区域内无公害白灵菇的生产。

2　规范性引用文件

下列文件中的条款通过本规程的引用而成为本规程的条款。凡是注日期的引用文件,其随后所有的修改单(不包括勘误的内容)或修订版均不适用于本规程。凡是不注日期的引用文件,其最新版本适用于本规程。

NY/T 2798.1—2015　无公害农产品　生产质量安全控制技术规范　第1部分:通则

NY/T 2798.3—2015　无公害农产品　生产质量安全控制技术规范　第3部分:蔬菜

NY/T 5010—2016　无公害农产品　种植业产地环境条件

NY/T 528　食用菌菌种生产技术规程

NY 5099　无公害食品　食用菌栽培基质安全技术要求

GB 4806.7—2016　食品安全国家标准　食品接触用塑料材料及制品

3　产地环境

生产场地应选在地势平坦,交通方便,排水方便,通风透光,周边 0.3 ~ 0.5 km 以内没有"三废"污染源,远离医院、学校、居民区、公路主干线 500 m 以上,而且须加设防虫网。其大气、灌溉水、土壤质量等应符合 NY/T 2798.3—2015、NY/T 5010—2016 标准的规定。

4　生产管理措施

4.1　栽培季节

白灵菇属中低温型菌类,8 月下旬至 9 月底播种,当年冬季至翌年早春出菇。

4.2　培养料制作

4.2.1　培养料基质

培养料基质应符合 NY 5099 标准的规定。选用无污染、无杂菌的棉籽壳、玉米秸、玉米芯、麸皮等。

4.2.2　培养料常用配方

配方一:玉米芯 50%、棉籽壳 30%、麸皮 13%、豆饼粉 4%,过磷酸钙、石膏、石灰各 1%。

配方二:棉籽壳 60%、玉米芯 15%、麦麸 20%、玉米粉 3%、石膏 1%、石灰 1%。

配方三:棉籽壳 40 kg、麸皮 18 kg、玉米芯 60 kg、石膏粉 1 kg。

4.2.3　培养料制成标准

调制好的栽培料适宜含水量为 55% ~ 60%,感官以手攥时,指缝含水但不能滴出为度。

4.3　装袋灭菌

4.3.1　塑料袋规格

选用高密度聚乙烯塑料袋,所用材料应符合 GB 4806.7—2016 的要求,其规格为 17 cm × 34 cm × 0.04 cm。

4.3.2　装袋

装袋前先用绳扎袋口一端,然后将调制好的培养料装入袋中,松紧度适中,再折扎另一端袋口,每袋装干料 450 ~ 500 g,料时要轻拿轻放,力争在 4 ~ 6 h 把料装完。

4.3.3　灭菌

装袋后要及时灭菌,常压灭菌使温度 4 ~ 6 h 上升到 100 ℃,持续 10 ~ 12 h。再用灶内余热焖 8 ~ 12 h。当灶内温度降至 70 ℃ 以下时,趁热将料袋搬入接种室冷却。

4.4　消毒与接种

当袋内料温下降至 30 ℃ 以下时便可接种。在接种前 5 d 用甲醛熏蒸消毒无菌室,用量为 10 ~ 15 mL/m³。无菌室门口要放置石灰粉,进出人员要脚踏石灰粉消毒。在使用前 1 ~ 2 d,用 10 ~ 15 mL/m³ 甲醛或 1 盒气雾消毒盒消毒接种箱。将灭过菌的料袋、菌种、酒精灯、接种工具等全部放入接种室(箱)后,用气雾消毒盒熏蒸 30 min 即可接种。接种工具必须用 75% 酒精擦拭消毒和火焰灭菌。菌种瓶、封口要用 0.1% 高锰酸钾溶液消毒。接种采用两头接种方式。每瓶麦粒菌种接 25~30 袋,每瓶棉籽壳菌种接 20~25 袋,接种时动作要迅速,快解袋口,快接种,快扎口,接种后要及时运往发菌场。

4.5 发菌管理

在室内和温室大棚内均可发菌。发菌前一周,将发菌室打扫干净,并用甲醛或气雾消毒盒消毒一次。根据季节和室(棚)内温度决定摆放层数,一般摆放 4~6 层,气温高时层与层之间要放两根细竹竿,以利通风降温,菌袋放入发菌场所后,要用气雾消毒盒进行空气消毒,以后每 10 d 消毒一次,接种后 10 d 左右要进行第一次翻堆,检查菌丝长势和有无杂菌,并借翻堆互相倒换菌袋位置。若有点状杂菌时,可用甲醛、酒精或煤油处理。严重时拿出室外集中处理。以后每隔 10 d 翻堆检查一次。发菌期要注意调节温度、湿度、空气和光线等因素。

适温 24~27 ℃,空气相对湿度 65%~70%,在黑暗或微弱光线下菌丝生长良好,保持室内空气新鲜,每天开窗 1~2 次,每次 20~30 min,发现杂菌后应及时处理,培养 30~40 d 菌丝可发满袋。

4.6 后熟管理

白灵菇菌丝长满袋后不能立即出菇,应加强后熟期管理。

适温 20~25 ℃,空气相对湿度 65%~70%,培养室通风避光,经 40~60 d 菌袋达生理成熟,可转入生殖生长。后熟期标准为:菌袋坚实,菌丝浓密,通体发白,养分积累充分。

4.7 催蕾管理

菌袋生理成熟后,即可进入催蕾管理。

菌袋需经低温、高温刺激,白天 10~18 ℃,夜间 0~6 ℃,连续进行 10 ℃左右的大温差,室内应通风,打开通风窗和门,每天通风 2~3 次,每次 30~50 min,散射光在 300~1 000 lx,每天照射 10 h 以上,经 10~15 d 当菌袋口出现米粒状菇蕾时解开袋口扎绳。

4.8 出菇管理

4.8.1 菇蕾形成期管理

适温 8~15 ℃,空气相对湿度 80%~90%,当菇蕾长到黄豆粒大小时,去掉两头扎绳,撑开袋口使空气进入袋内,培养室散射光应保持 500~1 000 lx,每天照射 10 h 以上,当菇体长到花生粒大小时,进行疏蕾,每袋两端各保留 1 个圆形的菇,最多留 2 个。

4.8.2 子实体生长期管理

适温 8~20 ℃,空气相对湿度 85%~90%,加强培养室通风,每天打开门

3~4次,每次30~50 min,培养室散射光应保持500~1 000 lx,每天照射10 h以上,当菇体长到乒乓球大小时要挽口,继续培养,从现蕾到采收需10~15 d。

5 病虫害防治

5.1 原则

贯彻"预防为主,综合防治"的植保方针,优先使用农业防治和物理防治措施。出菇期尽可能不使用化学农药。药剂防治时要使用安全药剂,使用低毒低残留的农药,合理用药,用药符合NY/T 2798.3—2015标准的规定。

5.2 农业防治

5.2.1 把好菌种质量关,选用高抗、多抗的品种。

5.2.2 菇房使用前应消毒灭菌,工具应及时洗净消毒,废弃料应运至远离菇房的地方。

5.2.3 选用新鲜、无霉变原料,配制优良培养料,并进行彻底灭菌。

5.2.4 创造适宜的生育环境条件。

5.2.5 菇房放风口用防虫网封闭。

5.3 物理防治

对蕈蚊类虫害,利用电光灯、粘虫板进行诱杀。

5.4 药剂防治

5.4.1 绿霉

清除感病菌床或菌块,带到室外深埋,并在感病区域及其周围使用多菌灵消毒,后期严重发病时可结束生产。

5.4.2 菌蝇(包括菌蛆)

用鱼藤酮、阿维菌素、拟除虫菊酯等防治。

5.5 施药后处理

化学药剂施用后要密闭、暗光培养,创造利于菌丝生长、不利于子实体形成的环境条件,一周后,再行催蕾技术管理。

6 采收和修整

当菌盖初平展,边缘内卷,即将释放孢子时采收。个体质量在150~200 g为好。采收时,手抓菌柄整朵拔起,防止培养料带出。采后停止喷水,清理袋口四周和周围环境,让菌丝恢复生长。5 d后继续喷水、控温。一般能采收1~2潮菇,生物转化率在40%~60%。

7 生产档案

建立生产档案。对生产过程中重点生产技术、病虫害防治技术、采收等环节及措施进行详细记录。

无公害农产品　鸡腿菇生产技术规程

1　范围

本规程规定了无公害鸡腿菇的产地环境、栽培管理技术、采收、病虫害防治、运输、储存等要求。

本规程适用于新郑市行政区域内无公害鸡腿菇的生产。

2　规范性引用文件

下列文件中的条款通过本规程的引用而成为本规程的条款。凡是注日期的引用文件,其随后所有的修改单(不包括勘误的内容)或修订版均不适用于本规程。凡是不注日期的引用文件,其最新版本适用于本规程。

NY/T 2798.1—2015　无公害农产品　生产质量安全控制技术规范　第1部分:通则

NY/T 2798.3—2015　无公害农产品　生产质量安全控制技术规范　第3部分:蔬菜

NY/T 5010—2016　无公害农产品　种植业产地环境条件

NY/T 528　食用菌菌种生产技术规程

NY 5099　无公害食品　食用菌栽培基质安全技术要求

GB 4806.7—2016　食品安全国家标准　食品接触用塑料材料及制品

3　产地环境

选用地势平坦、排灌方便,周边 1 km 之内无"三废"污染源的地区。其大气、土壤质量应按照 NY/T 5010—2016 标准的规定执行。

4　栽培管理技术

4.1　栽培季节

鸡腿菇属于中低温型菌类,根据北方的气候特点,一年之中有两个最适宜的栽培季节,即秋栽 9~10 月和春栽 3~5 月。

4.2　栽培方式

鸡腿菇栽培形式多样,可以室内栽培,也可以室外栽培,可以生料栽培,也可以熟料栽培,可以袋栽,也可以床架式栽培。由于鸡腿菇具有不覆土不出菇的特性,因而较适宜提前制袋按计划出菇。

4.3　栽培场所

室外栽培:可以在果园、菜地、休闲田中整埂搭棚进行栽培管理。

室内栽培:可以利用现有的蘑菇房床架进行栽培管理,产业化、规模化管理可利用简易塑料蘑菇棚和冬暖式蔬菜保温大棚进行周年化多茬次栽培。

4.4　培养料的选择及配方

主要栽培材料有:畜禽粪、麦秆、棉籽壳、杂木屑、玉米粉等。其标准按 NY 5009 规定执行。

4.4.1　培养基配方

配方一:废菌料 50%、麸皮 18%、石灰 2%、棉籽壳 30%,含水量 60%,pH 值 7~8。

配方二:玉米芯 85%、麸皮 10%、过磷酸钙 2%、石灰 3%,含水量 60%,pH 值 8。

配方三:棉籽壳 90%、麸皮 4.5%、玉米粉 4.5%、石灰 1%。

配方四:棉籽壳 78%、麸皮 10%、玉米粉 5%、钙镁磷肥 5%、糖 1%、石膏 1%,维生素 B1 微量,含水量 65% 左右。

4.4.2　培养基制作

按配方称取,搅拌均匀,加水调制。熟料与发酵料不同,熟料含水量尽量少一些,含水量以 60% 为宜。原料堆闷 1~2 d。

4.5　装袋灭菌

栽培袋选用 37 cm × 17 cm × 0.04 cm 的塑料袋,所用材料符合 GB 4806.7—2016 标准的要求。装锅灭菌,在 1.4~1.5 kg/m² 压力下持续 12~16 h。

4.6　接种与菌袋培养

在接种箱或接种室内常规接种。置于 24~26 ℃ 室内培养 30 d 左右,菌丝长满袋可进行脱袋覆土。

4.7　脱袋覆土

4.7.1　覆土材料准备

提前 7 d 将菜园土准备好,覆土是鸡腿菇栽培中一项十分重要的内容,覆土材料直接影响到产量和质量。要求土质疏松,孔隙度大,通气性好,有一定团粒结构,大小以直径 0.5 ~ 2 mm 为好,不含病原体,无虫害杂菌、杂质、中性,达到干不结块、湿不发黏,喷水不板、水少不裂。用 1∶200 甲醛兑水调湿、消毒,pH 值以 7.0 为宜。盖塑料薄膜密封 2 ~ 3 d,待药味散发后入棚覆土。也可视土质每方土掺加 10 ~ 15 kg 腐殖酸有机肥促进菌丝爬土。

4.7.2 菌袋摆放

挖沟宽 1 m,深 30 cm,长 25 m,每 2 m 摆 35 ~ 40 袋。袋与袋之间留 2 ~ 3 cm 空隙,用土填实。菌袋脱袋排放后喷 5% 高效氯氰菊酯,每亩用 250 g,兑水 800 kg,喷雾一次,防治菇虫。用多菌灵预防绿霉,然后覆土,10 ~ 15 d 可以见菌丝陆续爬土,尽量避免覆土后浇水。

4.8 出菇管理

菇棚温度在 10 ~ 20 ℃ 环境下,初期低温刺激,菇蕾陆续破土而出。在 12 ~ 18 ℃ 范围内,单个菇体大,个个像鸡腿,温度在 16 ~ 24 ℃ 子实体发生量最多,产量最高。应控制在空气相对湿度为 85% ~ 95%。大量出菇阶段应加强通风换气,确保新鲜氧气供应。

5 病虫害防治

病虫害防治原则:预防为主、综合防治,优先采用农业防治、物理防治、生物防治,配合科学合理地使用化学防治,化学防治按 NY/T 2798.3—2015 标准规定执行。

5.1 农业防治

5.1.1 把好菌种质量关,选用高抗、多抗的品种。

5.1.2 菇房使用前消毒灭菌,工具及时洗净消毒,废弃料应运至远离菇房的地方。

5.1.3 选用新鲜、无霉变原料,配置优良培养料,进行彻底灭菌。

5.1.4 创造适宜的生育环境条件。

5.1.5 菇房放风口用防虫网封闭。

5.2 物理防治

对蚊类虫害,利用电光灯、粘虫板进行诱杀。

5.3 药剂防治

5.3.1 绿霉:用多菌灵进行预防。

5.3.2 菌蝇(包括菌蛆):用鱼藤酮、阿维菌素、拟除虫菊酯等防治。

6 采收

必须在菇蕾钟形期,菌环刚刚松动,钟形菌盖上反卷毛状鳞片时采收。

7 运输、储存

7.1 运输

运输过程需要有防挤压、防潮、防晒、防污染措施。

7.2 储存

鲜品储存要求温度在 0 ~ 5 ℃,不得与其他物品混合储存。

干品应用双层塑料袋包装,扎口密封后储存。储存库房应避风、避光,应具有防高温设备,严禁与有毒、有味物品混合存放,防虫蚀、鼠类危害和病菌感染。

8 生产档案

建立生产档案。对生产过程中重点生产技术、病虫害防治技术、采收等环节及措施进行详细记录。

无公害农产品　金针菇生产技术规程

1　范围

本规程规定了无公害金针菇的产地环境、生产技术要求、病虫害控制措施及产品储存等要求。

本规程适用于新郑市行政区域内无公害金针菇的生产。

2　规范性引用文件

下列文件中的条款通过本规程的引用而成为本规程的条款。凡是注日期的引用文件,其随后所有的修改单(不包括勘误的内容)或修订版均不适用于本规程。凡是不注日期的引用文件,其最新版本适用于本规程。

NY/T 2798.1—2015　无公害农产品　生产质量安全控制技术规范　第1部分:通则

NY/T 2798.3—2015　无公害农产品　生产质量安全控制技术规范　第3部分:蔬菜

NY/T 5010—2016　无公害农产品　种植业产地环境条件

NY/T 528　食用菌菌种生产技术规程

NY 5099　无公害食品　食用菌栽培基质安全技术要求

GB 4806.7—2016　食品安全国家标准　食品接触用塑料材料及制品

3　产地环境

场地应选在地势平坦、排灌方便,周边 1 km 之内无"三废"污染源的地区,其环境空气质量、土壤质量等自然条件应按照 NY/T 2798.3—2015 、NY/T 5010—2016 标准执行。金针菇一般采用阴棚培养。

4 生产技术措施

4.1 栽培季节

由于金针菇属于低温型菇种,华北地区栽培季节一般选在春、秋两季栽培(如果是工厂化生产可周年栽培)。春栽接种期 12 月至翌年 1 月,秋栽接种期 9 月中旬至 10 月中旬。

4.2 品种选择

选用适于当地气候及原料特点的优质、高产、抗逆性强、商品性好的金针菇品种。可根据市场需求选择不同色型的品种。

4.3 栽培料的选择

采用熟料袋栽的形式,栽培料应按 NY 5099 标准的要求选料,选用新鲜无霉变的玉米芯、棉籽壳、木屑(阔叶树)、麸皮、石膏等。培养料配方:

配方一:玉米芯 100 kg、棉籽皮 100 kg、麸皮 50 kg、玉米面 10 kg、石膏 5 kg、白灰 4 kg、食盐 0.5 kg。

配方二:玉米芯 60 kg、木屑 40 kg、棉籽皮 100 kg、麸皮 50 kg、玉米面 10 kg、石膏 5 kg、白灰 4 kg、食盐 0.5 kg。

配方三:棉籽皮 100 kg、麸皮 20 kg、玉米面 5 kg、石膏 2 kg、食盐 0.5 kg、白糖 1 kg。

配方四:玉米芯 50 kg、木屑 30 kg、棉籽皮 20 kg、麸皮 20 kg、玉米面 4 kg、黄豆面 1 kg、食盐 0.5 kg、白糖 1 kg。

4.4 拌料

玉米芯经暴晒后粉碎成豆粒大小,再按配方将玉米芯、棉籽皮、木屑、麸皮、玉米面等混合均匀,将石膏、食盐等溶于水中,与水一起加入混匀的培养料中,拌料、堆制,料的含水量控制在 60%~65%,pH 值为 6~7,当堆内温度达到 65~70 ℃时进行翻堆,共计翻堆 4 次。翻堆时,若水分不足要补充水分,必须把水加入调匀,以用手紧握培养料,手指缝能溢出水且不下滴为宜,然后装袋。

4.5 制袋

栽培袋选择按 GB 4806.7—2016 标准执行,选用 40 cm×15 cm×0.04 cm 聚丙烯塑料袋,先将一头用塑料绳扎紧,将料装到离袋口 13~15 cm 高为好。把料面压平,用塑料绳扎紧,培养料应在 6 h 内装袋完毕。然后送入灭菌灶进行常压灭菌。

4.6 灭菌

先用猛火烧至料温达到100 ℃保持15 h。待冷却后袋温降到28 ℃以下时,便可送入接种室进行接种。

4.7 接种

用选好的菌种在无菌条件下接种,一般无菌操作规程是:接种室或接种箱用气雾消毒盒4 g/m³ 或用10 mL甲醛熏蒸30 min,再用紫外线灯杀菌30 min后进行接种。接种人员必须用75%酒精进行消毒,再进行无菌操作。

4.8 菌丝培养

采用两头接种,接种量要覆盖住栽培袋两端培养料的表面,然后在培养室培养,培养温度控制在25 ℃左右,空气相对湿度在65%~70%,避光培养,每天通风两次,每次30 min,一般30~35 d菌丝可长满菌袋。再进行菌丝后热培养,一般控制在5~10 d,25 ℃的恒温黑暗环境中进行。

4.9 出菇管理

菌丝长满菌袋后转入栽培室,进行出菇培养。

4.9.1 搔菌

用小铁耙去掉菌袋表层的老菌种和菌皮,这样形成的菇蕾快、数多、整齐。经搔菌后,菌袋口塑料袋以外下翻到料面2 cm处,直立放在地面或层架上,用报纸盖袋口保温,袋间距2~3 cm。

4.9.2 催蕾

温度12~15 ℃,利用白天和晚上温差刺激,湿度为85%~95%,给予一定的散射光和良好的通风。7~10 d会出现菇蕾。

4.9.3 抑蕾

当针头状、密集、丛生的小菇蕾形成后,要进行抑菌,温度降至8 ℃左右,湿度为80%~85%,并给弱散射光和通风,约需5 d。抑菌的目的是让菇蕾生长缓慢,丛生整齐、健壮。

4.9.4 子实体生长

当幼菇长到2~3 cm时,把袋口翻卷的塑料袋拉直,再盖上报纸,以增加CO_2含量,促进菌柄生长。温度8~12 ℃,湿度85%~90%,每天向地面和空气中喷水,不要直接喷到子实体上。每天通风一次,每次30~50 min,并给微弱散射光。待子实体的菌柄长到13~15 cm,菌盖直径1~1.5 cm时即可采收。采收后进入二潮菇管理。

5 病虫害控制措施

5.1 防治原则

贯彻"预防为主,综合防治"的植保方针,坚持以农业防治、物理防治、生物防治为主,化学防治为辅的无公害控制原则。化学防治要按照 NY/T 2798.3—2015 标准执行。

5.2 控制措施

在每项生产环节中,严格操作规程,及时清理污染源,搞好环境卫生,利用生物工程技术及生物药品防治病虫害,确保无公害产品标准要求。一般金针菇不会产生病虫害。

6 采收

菌盖内卷未平展,菌柄长 13 cm 以上,菌柄奶黄色或白色时采收。

7 运输、储存

7.1 运输

运输过程中需要有防挤压、防潮、防晒、防污染措施。

7.2 储存

金针菇鲜品储存要求温度在 0~5 ℃,不得与其他物品混合储存。

8 生产档案

建立生产档案。对生产过程中重点生产技术、病虫害防治技术、采收等环节及措施进行详细记录。

无公害农产品　双孢菇生产技术规程

1　范围

本规程规定了无公害双孢菇的产地环境条件、栽培管理措施、病虫害防治、采收等技术要求。

本规程适用于新郑市行政区域内无公害双孢菇的生产。

2　规范性引用文件

下列文件中的条款通过本规程的引用而成为本规程的条款。凡是注日期的引用文件,其随后所有的修改单(不包括勘误的内容)或修订版均不适用于本规程。凡是不注日期的引用文件,其最新版本适用于本规程。

NY/T 2798.1—2015　无公害农产品　生产质量安全控制技术规范　第1部分:通则

NY/T 2798.3—2015　无公害农产品　生产质量安全控制技术规范　第3部分:蔬菜

NY/T 5010—2016　无公害农产品　种植业产地环境条件

NY/T 528　食用菌菌种生产技术规程

NY 5099　无公害食品　食用菌栽培基质安全技术要求

GB 4806.7—2016　食品安全国家标准　食品接触用塑料材料及制品

3　产地环境条件

产地环境条件应符合 NY/T 2798.3—2015、NY/T 5010—2016 标准的规定。选用地势良好、土质肥沃、原材料丰富、排灌良好的地区。

4　栽培管理措施

4.1　品种选用

选用优质、高产、适应性广、抗逆性强、商品性能好的优良品种。

4.2 栽培季节

8月下旬到9月底播种,冬春季出菇,产量高、质量好。

4.3 栽培设施

栽培方式有冬暖式大棚、菇房、塑料大棚、坐地式塑料棚、小拱棚,也可用土窑洞、山洞和旧房改造等。

4.4 培养基质要求

麦秸、玉米秆为栽培双孢菇的主料,要求干燥新鲜,无霉变;粪肥有牛、马、猪、鸡、鸭等畜禽粪便,要求晒干,用时堆积发酵。还要加入一定量的饼肥、化肥和碳酸元素等。搭建菇棚所需的竹竿、农膜、铁丝、草帘及所选用其他栽培基质应符合 NY 5099 标准的要求。

4.5 菇棚建造

菇棚的大小依生产规模而定,棚向以东西方向为宜。

4.6 栽培料配方

4.6.1 每100 m² 菇床需用新鲜干麦秸 1 250 ~ 1 500 kg、干牛粪 400 ~ 600 kg、过磷酸钙 50 kg、尿素 15 kg、石膏粉和生石灰粉各 25 kg。

4.6.2 栽培100 m² 双孢菇需麦秸 2 000 kg、干牛粪或鸡粪 800 kg、豆饼 100 kg、尿素 30 kg、过磷酸钙 50 kg、石灰 50 kg、轻质碳酸钙 25 kg、石膏 50 kg、蘑菇健壮增产素 5 kg。

4.6.3 麦秸 1 000 kg、粪(鸡粪和猪粪)1 000 kg、过磷酸钙 20 ~ 25 kg、石膏粉 15 ~ 20 kg、生石灰 20 kg、尿素 10 kg、草木灰 20 kg。(适合小拱棚栽培)

4.6.4 每100 m² 菇床需麦秸 1 200 kg、干牛粪 400 kg、饼肥(大豆饼)40 kg、尿素 15 kg、碳酸氢铵 10 kg、过磷酸钙 25 kg、碳酸钙 30 kg、石灰粉 15 ~ 30 kg。

4.7 建堆发酵

培养料要经堆制发酵处理,分解为可供蘑菇吸收利用的营养物质。

配方建堆发酵:先将麦秸温堆 4 ~ 5 d,后建堆,堆高 1.5 ~ 1.8 m,宽 1.5 ~ 2 m,长度根据原料和场地而定。分五层铺,每层先铺麦秸 0.3 m 厚,上面铺 0.05 m 原已调湿过的粪肥。从第三层开始加饼肥、碳酸氢铵、尿素、石灰。建好堆后插温度计。2 ~ 3 d 温度可达 60 ~ 75 ℃,经 3 ~ 4 d 可进行第一次翻堆。料拌匀重建堆,加入石灰 57 kg,分层加碳酸钙 30 kg,过磷酸钙 13 kg,经 2 ~ 3 d,中间料温仍达 60 ~ 75 ℃,持续 3 d 进行第二次翻堆,料拌均匀,再第三次建堆,分层加入过磷酸钙 12 kg,经 4 ~ 5 d,进行第三次翻堆,pH 值以 7.8 ~ 8 为宜。在发酵过程中,若发现料堆的中下部有变黑的趋势,可用木棍适当打孔通气。堆制后约 16 d,即完成前发酵。趁热将料搬进菇房,在菇床架上摊开,密闭房内窗户,迅速将室温提高到 58 ~ 62 ℃,保持 8 ~ 12 h,而后可降低到 48 ~ 52 ℃,保持 4 ~ 5 d。室内加温可用煤炉或蒸汽管道,并维持室内一定湿度,这就是后发酵。应用后发酵技术,有杀虫灭杂菌的效果。

4.8 播种及管理

4.8.1 播种

先在棚内菇床上铺一层厚 3 cm 的新鲜麦秸,再将发酵好的培养料均匀地铺到菇床上,厚 20 cm。再按每 1 m^3 空间用高锰酸钾 10 g 加甲醛 20 mL 熏蒸消毒,24 h 后打开门窗通风换气。料温下降到 28 ℃ 以下时,即可开始播种。播种后需注意保湿,播种后 3 d 内适当关闭门窗,保持空气湿度在 80% 左右,以促使菌种萌发,注意棚内温度不能超过 30 ℃,超过 30 ℃ 则应在夜间适当通风降温。

4.8.2 覆土

播种后 15 d 左右,当菌丝基本长满料层 2/3 时进行覆土。100 m^2 菇床约需 3.54 m^3 的土,土内拌入占总量 1.5% ~ 2% 的石灰粉,再用 5% 的甲醛水溶液将土湿透,手抓不粘、抓起成团、落地就散时进行覆盖,覆土厚度为 3 ~ 3.5 cm。覆土后的空气湿度应保持在 80% ~ 90%,最适温度为 16 ℃ 左右。可用晒干的菜园土等肥土块过筛,大泥团 1.5 ~ 2 cm 大小,小泥团 0.5 ~ 0.8 cm 大小,含水量 20%,可一次性覆土,覆土粗细要均匀,有利于蘑菇出菇整齐,高产优质,覆土的 pH 值以 7.0 为宜。

4.8.3 出菇管理

蘑菇的水分管理要做到少喷勤喷。培养料和覆土层基本是底湿上干,内湿外干。温度保持在 13 ~ 16 ℃,最适宜子实体形成生长。喷好结菇水和出菇水,结菇水在菌丝生长至土层的 2/3 以上、4/5 以下时喷;发现土层上有米粒大小的菌蕾时,要喷出菇水,当子实体发育到有豆粒大小时,可多喷水,以利发菇。出菇期间,空气湿度保持在 85% ~ 90%。出菇期还要加强通风和散射光照射。秋菇采摘三批后,气温降低,可用 0.2% 尿素或硫酸铵、腐熟的人粪尿、畜尿或 1% 葡萄糖追肥。入冬后,加强管理,还可试验用增加菇房室温的办法继续产菇。冬季气温低,不宜过量喷水,一般在晴天中下、下午气温较高时喷施。春菇生产约在 3 月开始,管理需保温保湿,适时喷水,并在每批菇采摘后,下批菇蕾形成前喷施追肥。

5 病虫害的防治

5.1 防治原则

贯彻以"预防为主,综合防治"的植保方针,根据有害生物综合治理原则,以选抗病品种为主,合理控制田间生态环境,在蘑菇生产过程中,推广使用生物防治、物理防治措施。

5.2 农业防治

选用抗病虫优良品种;把好菌种质量关;对培养基进行彻底灭菌、接种室、培养室及出菇房使用前严格消毒;及时消除废弃料,保持环境清洁卫生;创造适宜的生长环境,做到勤检查、早发现、早处理;控制病虫害传播蔓延,发现局部发病要及时以药剂控制或隔离、挖除。

5.3 物理防治

用防虫网罩护;黄板诱杀菌蝇、菌蚊;糖醋液诱杀螨虫、蛞蝓;频振式杀虫灯诱杀蛾类和双翅目成虫等。

5.4 生物防治

使用植物源农药和微生物农药等防治病虫害,如用苦楝叶煮汁喷施菇场,烟叶熏蒸或其浸出液喷施防除生育期菌蝇、菌蚊。

5.5 化学防治

使用化学农药应按 NY/T 2798.3—2015 标准的要求执行。宜选用高效、低毒、低残留及与环境相容性好的农药。严格执行农药安全间隔期、出菇期不使用化学农药。

6 采收

6.1 采收时期

当菇盖 2~4 cm 时采收。采收后在空穴处及时补土填平,并喷施葡萄糖等营养液以促进小菇生长,提高产量和品质。

6.2 采收方法

从菇体下方托着菌盖,手指捏着菌柄基部,整丛摘下,轻拿轻放,切去菌柄基部黄色部分,分级装筐上市或加工。盛装器具应清洁卫生,避免二次污染。

7 生产档案

建立生产档案。对生产过程中重点生产技术、病虫害防治技术、采收等环节及措施进行详细记录。

无公害农产品　黄金菇生产技术规程

1　范围

本规程规定了无公害黄金菇的产地环境条件、生产管理措施、病虫害控制措施、采收等要求。

本规程适用于新郑市行政区域内无公害黄金菇的生产。

2　规范性引用文件

下列文件中的条款通过本规程的引用而成为本规程的条款。凡是注日期的引用文件,其随后所有的修改单(不包括勘误的内容)或修订版均不适用于本规程。凡是不注日期的引用文件,其最新版本适用于本规程。

NY/T 2798.1—2015　无公害农产品　生产质量安全控制技术规范　第1部分:通则

NY/T 2798.3—2015　无公害农产品　生产质量安全控制技术规范　第3部分:蔬菜

NY/T 5010—2016　无公害农产品　种植业产地环境条件

NY/T 528　食用菌菌种生产技术规程

NY 5099　无公害食品　食用菌栽培基质安全技术要求

GB 4806.7—2016　食品安全国家标准　食品接触用塑料材料及制品

3　产地环境

应符合 NY/T 2798.3—2015、NY/T 5010—2016 标准的规定要求。凡能提供黄金菇生长发育所需环境条件的地方均可作栽培场所。

4　生产管理措施

4.1　栽培季节

黄金菇出菇最适温度为 22 ℃,从制袋接种到出菇需 50~60 d。一般气温稳定在 7 ℃以上、30 ℃以下均可栽培,以春、秋两季为好。

4.2 栽培场所

干净通风的房间或有利遮光、通风的菇棚均可用于栽培。

4.3 培养料及其处理

所选用材料按 NY/T 5099 标准的规定执行。

4.3.1 培养料配方

配方一:玉米芯 78%、玉米粉 20%、石膏粉 1%、过磷酸钙 1%、含水量 60% ~65%。

配方二:棉籽壳 50%、木屑 30%、麸皮 18%、蔗糖 1%、碳酸钙 1%、含水量 60% ~65%。

4.3.2 培养料处理

选用干燥新鲜、未经雨淋、无霉变的优质原料,配料前暴晒 2 ~3 d,晒时勤翻动确保晒透晒匀。

4.3.2.1 培养料预湿

建堆前一天,先将主料用水湿透到手捏能从指缝中渗出 2 ~3 滴水为宜。

4.3.2.2 建堆

将拌好的料堆成底宽 1 m,上宽 0.7 ~0.8 m,高 1 ~1.5 m 的梯形堆,长度根据投料多少而定,堆顶部呈龟背形,在堆顶和堆两侧竖直倾斜方向用直径 5 cm 的木棍相隔 1 m 扎洞通气。

4.3.2.3 翻堆

待温度自然上升至 65 ℃后,保持 24 h,然后进行第一次翻堆,表层翻至中间,中间料翻至表面,稍压平,插入温度计,盖膜再升温到 65 ℃,反复处理 3 次。发酵料 pH 为中性或微碱性,料为茶褐色,无异味并具有一种发酵香味。

4.4 装袋、接种

4.4.1 菇袋的规格

选择 17 cm ×35 cm ×0.015 cm 的高密度聚乙烯塑料袋,所选材料应符合 GB 4806.7—2016 标准的规定。

4.4.2 装袋、接种

当培养料发酵完毕,料温降至 30 ℃以下时即可进行装袋、接种,边装料边接种,先将菇袋底部放一层菌种,厚约 2 cm,然后放 8 ~10 cm 发酵料,再叠加放一层菌种一层发酵料,最后用菌种封住,表层菌种量要多,以布满料面为准,扎口。接种量一般占培养料的 10% ~15%。

4.5　发菌管理

接种后在室温 23～25 ℃、空气相对湿度70%以下的培养室中培养,保持室内黑暗而清洁,通风不宜过频,防止料温剧烈波动。料温 25～27 ℃时生长最好,经过 30～35 d 培养,菌丝可满袋,搔菌后转入出菇房。

4.6　出菇管理

解开袋口或拔去袋口棉塞后,竖直排放于床架或地面上,上覆盖报纸保温保湿,5～6 d 后菇蕾可整齐发生时,促使菇蕾萌发。子实体生长期保持温度 18～22 ℃,空气相对湿度90%～95%,12～15 d 即可采收。

5　病虫害控制措施

5.1　防治原则

贯彻"预防为主,综合防治"的方针,坚持以农业防治、物理防治、生物防治为主,化学防治为辅的无公害控制原则。

5.2　控制措施

在每项生产环节中,严格操作规程,及时清理污染源,搞好环境卫生,确保产品达到无公害标准要求。

6　采收

当菇盖漏斗状,孢子尚未弹射时为采收适期。采收前 1 d 应停止喷水。采收时手握菌柄轻轻摘下即可。第一潮菇采收后,清理料面,清弃污染菌袋,调节好菇房的温度、湿度、通风、光线,经 10～15 d,又可长出第二潮菇。第一潮菇采完后,应及时补充菌袋水分或营养液,保证第二潮菇和第三潮菇的产量和质量。

7　生产档案

建立生产档案。对生产过程中重点生产技术、病虫害防治技术、采收等环节及措施进行详细记录。

无公害农产品　姬菇生产技术规程

1　范围

本规程规定了无公害姬菇的产地环境条件、栽培管理技术、采收、病虫害防治等要求。

本规程适用于新郑市行政区域内无公害姬菇的生产。

2　规范性引用文件

下列文件中的条款通过本规程的引用而成为本规程的条款。凡是注日期的引用文件,其随后所有的修改单(不包括勘误的内容)或修订版均不适用于本规程。凡是不注日期的引用文件,其最新版本适用于本规程。

NY/T 2798.1—2015　无公害农产品　生产质量安全控制技术规范　第1部分:通则

NY/T 2798.3—2015　无公害农产品　生产质量安全控制技术规范　第3部分:蔬菜

NY/T 5010—2016　无公害农产品　种植业产地环境条件

NY/T 528　食用菌菌种生产技术规程

NY 5099　无公害食品　食用菌栽培基质安全技术要求

GB 4806.7—2016　食品安全国家标准　食品接触用塑料材料及制品

3　产地环境条件

应符合 NY/T 2798.3—2015、NY/T 5010—2016 标准的规定。

4　栽培管理技术

4.1　品种和菌种的选择

品种选用优质高产、抗逆性强、适应市场需求的品种;菌种选用菌丝生长健壮,洁白浓密,无污染的适龄三级种。

4.2 栽培基质的要求

含纤维素、木质素的农副产品，其下脚料均可作为生产基质，如棉籽壳、玉米芯。辅料为麸皮、玉米面等。早秋不宜加入玉米面。还可加入磷酸二氢钾、生石灰、磷酸二铵等，所选用材料要求按 NY/T 5099 标准的规定执行。

4.3 培养料的配方

配方一：棉籽壳 92.4%、麸皮 3%、石膏 1%、石灰 3%、磷酸二铵 0.5%、克霉灵或多菌灵 0.1%。

配方二：棉籽壳 93.4%、麸皮 4%、玉米面 2%、磷酸二铵 0.5%、克霉灵或多菌灵 0.1%。

配方三：棉籽壳 54.5% ~ 74.5%、玉米芯 20% ~ 40%、麸皮 5%、尿素 0.3%、克霉灵或多菌灵 0.1%。

4.4 栽培季节

姬菇是一种中低温型的食用菌，菌丝生长适宜温度为 16 ~ 26 ℃，出菇适宜温度为 8 ~ 16 ℃。秋季温度稳定在 16 ~ 20 ℃时为姬菇的最佳制袋期。

早秋栽培：9 月中旬至 10 月上旬，一般培养料需发酵，料堆成宽 1 m、高 1 m、长不限的料堆，按 30 cm × 30 cm 的行穴距扎直径 5 ~ 8 cm 孔，料堆覆盖草苫等。建堆后 1 ~ 2 d，料温升至 60 ℃左右可翻堆，后每天翻堆一次，共翻三次。料温降至 30 ℃左右时即可装袋播种。

晚秋栽培：10 月中旬至 11 月底，可用生料栽培，含水量 60% ~ 65%，将料拌匀后堆闷 2 ~ 3 h 即可装袋播种。

4.5 装袋接种

4.5.1 塑料袋选用

按 GB 4806.7—2016 标准选用高密度聚乙烯材料，规格 48 cm × 22 cm × 0.015 cm。

4.5.2 消毒

堆料、装袋播种场地要提前打扫干净，并喷洒 1 000 倍克霉灵溶液进行消毒。装袋播种工具及盛放菌种容器均要清洗干净，使用前用 0.1% 克霉灵溶液或 75% 酒精擦拭消毒。

4.5.3 装袋接种

一般采用四层料五层菌种的层播法。要求装料高度 30 ~ 33 cm，每袋装干料 1 ~ 1.1 kg，湿重 2.3 ~ 2.6 kg。装料以手托菌袋有弹性，不松软、不坚挺为宜。播种量一般为干料重的 15% ~ 20%。

4.6 发菌

4.6.1 蕾袋排放

气温较高时,井字排垛,排高根据温度而定,1～3层为宜。垛间距20 cm,每2～3垛留一个50 cm宽的人行道,气温较低时,井字排垛,垛间距10～20 cm。

4.6.2 发蕾条件

发菌环境温度25 ℃左右,空气相对湿度70%以下,保持空气新鲜和较暗的光线,使菌丝健壮生长。

4.6.3 翻袋

发菌期翻袋一次。翻袋时,要将垛中的菌袋上下里外位置互换,以利于均衡发菌。还应观察菌袋温度,一旦发现垛中菌袋温度达到或超过30 ℃时,应立即翻袋,散热降温,防止高温"烧菌"。

4.6.4 通风

室内发菌时,每天定时通风。

4.7 菇棚地面处理

棚中心留东西走道宽60 cm,两边筑南北向垛底,垛底宽35 cm,垛间距65～70 cm,呈沟畦状。垛底应夯实清平。

4.8 入棚排垛

一般20～30 d菌丝发满菌袋。发满菌的菌袋应后熟5～7 d后,转入出菇。将发育好的菌袋移入棚内码垛,一般垛高7～10层。气温较高时,应采取间隙排袋法,袋间距2～3 cm。也可每排放两层菌袋,放2～3根竹竿或高粱秸,以便散热。气温低时,可不留间隙密排袋,以减少袋身出菇和充分利用菌袋自身的生长热来促进出菇。

4.9 出菇管理

4.9.1 开口催蕾

用一根小木棍绑缚的半片刮脸刀片,开口时,沿端面塑料袋边缘划两个半圆,形似正反"双C"。"双C"两头处不划开,仍保持相连。然后用手轻提袋口,使塑料膜与料面形成缝隙,进入新鲜空气。开口的次序依入棚顺序决定。一般每次开4～5垛,间隔至少3～5 d,形成顺次开袋格局。

4.9.2 灌棚增湿

菌袋开口后,应及时向垛间沟畦内灌水,以增大棚内的空气湿度,灌水量沟畦满为度。每隔5～7 d灌水一次,以保持棚内湿度。

4.9.3 出菇管理

4.9.3.1 桑葚期

最适温度 8 ~ 12 ℃,早晚无直射光或暗光时揭膜微通风。制造 5 ~ 10 ℃ 温差进行刺激,棚内湿度保持在 80% ~ 85% ,6 ~ 7 d,就有大量原基形成。

4.9.3.2 珊瑚期

菇蕾布满料面出现菌盖分化后可把"双 C"塑料膜片逐渐提起撕掉。这时湿度应恒定在 85% ~ 90% ,这一段内要尽力减少温差、湿差,所以早晚通风时风口要随菇体发育再渐渐增大,菌盖长至 0.6 cm 时即可转入伸长期。

4.9.3.3 伸长期

通过加大风口和延长通风时间,制造干湿交替环境 75% ~ 90% ,大温差 5 ~ 20 ℃ ,促子实体敦实肥厚,以提高单朵重量。

5 病虫害防治

坚持"以防为主,综合防治"的原则。采用农业防治、物理防治、生物防治为主,化学防治为辅的无公害控制原则。

6 采收及采后管理

6.1 采收标准

姬菇菌盖超过 2 ~ 3 cm,柄长至 4 ~ 5 cm 即可采收。

6.2 采收方法

采收时用手掐住一束菇,稍用力往下掰,方向是自一墩菇的下侧逐渐采起。

6.3 采后管理

第一茬菇采收后,只可择去枯死菇,不可搔菌耙掉老菌皮。温度合适,很快长出第二、三茬菇。

6.4 注水转潮

出第一、二茬菇后,需补水追肥,一般采用注水法补水补肥。注水时间:下茬菇已现蕾时,为最佳注水时间,湿度 80% ,停止喷水。保持温度 20 ~ 22 ℃ 。

7 生产档案

建立生产档案。对生产过程中重点生产技术、病虫害防治技术、采收等环节及措施进行详细记录。

无公害农产品 黄瓜(设施栽培) 生产技术规程

1 范围

本规程规定了无公害黄瓜(设施栽培)的产地环境要求和生产管理措施。

本规程适用于新郑市行政区域内无公害黄瓜的生产。

2 规范性引用文件

下列文件中的条款通过本规程的引用而成为本规程的条款。凡是注日期的引用文件,其随后所有的修改单(不包括勘误的内容)或修订版均不适用于本规程。凡是不注日期的引用文件,其最新版本适用于本规程。

NY/T 2798.1—2015 无公害农产品 生产质量安全控制技术规范 第1部分:通则

NY/T 2798.3—2015 无公害农产品 生产质量安全控制技术规范 第3部分:蔬菜

NY/T 5010—2016 无公害农产品 种植业产地环境条件

NY/T 5075 无公害食品 黄瓜技术生产规程

GB 16715.1 瓜菜作物种子 第1部分:瓜类

3 产地环境条件

生产基地要选择地势平坦、排灌方便、土壤肥沃、远离有"三废"污染的地区,其环境空气质量、灌溉用水、土壤质量等自然条件应符合 NY/T 2798.3—2015、NY/T 5010—2016 标准的规定。

4 生产技术管理

4.1 栽培方式

日光温室栽培,塑料大棚栽培。

4.2 品种选择

选择优质、抗病、高产、耐低温、耐弱光、商品性好、适合市场需求的品种。如津春 3 号、津优 30、津优 35、中农 201、新世纪、豫艺绿如意、戴多星、津美 1 号、津美 2 号、中农 5 号等。

4.3 种子质量要求

种子质量要求纯度≥95%,净度≥98%,发芽率≥95%,水分≤8%。

4.4 施肥原则

施肥以有机肥为主,控制氮肥施用,提倡施用商品有机肥和生物肥料。禁止施用城市垃圾、粪水和污泥,不得施用未经充分腐熟、未达到无害化指标的人畜禽粪尿等有机肥料。重施基肥,合理追肥。进行测土配方施肥,保持土壤肥力平衡。选用的肥料应达到国家有关产品质量标准,满足无公害黄瓜对肥料的要求。

4.5 育苗

4.5.1 育苗时期

4.5.1.1 日光温室越冬栽培:9 月 20 日至 10 月 5 日播种。

4.5.1.2 日光温室早春栽培:12 月上中旬播种。

4.5.1.3 塑料大棚早春栽培:1 月上中旬播种。

4.5.2 播种量

每亩栽培面积需黄瓜种子 100~150 g,黑籽南瓜种子 1 500~2 000 g。

4.5.3 营养土配制

用 60%肥沃田园土与 40%腐熟厩(圈)肥充分混合,在混合时每立方米营养土加入三元复合肥或过磷酸钙 1 kg 拌匀。营养土过筛后装入 10 cm×10 cm 的营养钵。

4.5.4 苗床整理

苗床设置在日光温室内,床畦以南北向为宜,床畦宽 100~120 cm,床畦深 12~15 cm。整平畦面,摆放营养钵。

4.5.5 种子处理

4.5.5.1 浸种(可采用下列方法之一)

1 用 55 ℃的温水浸种 15~20 min,并不停搅拌,待水温降至 30 ℃时,继续浸泡 5~6 h,捞出再用清水淘洗干净后催芽。

2 用 50%多菌灵可湿性粉剂 500 倍液浸种 1 h,捞出再用 30 ℃的温水继续浸泡 4~5 h,用清水淘洗干净后催芽。

3 用清水浸种 5~6 h,再放入 10%磷酸三钠溶液中浸 20 min,捞出后用清水淘洗干净后催芽。

4.5.5.2 催芽

将浸过的种子用湿润棉纱布包裹,在28～30 ℃温度条件下催芽。每天用清水淘洗1次。待种子露白时播种(黑籽南瓜浸种、催芽同黄瓜)。

4.5.6 接穗和砧木育苗

4.5.6.1 育苗设施:接穗和砧木的育苗设施可采用沙床或沙盘。将细沙摊铺于苗床或沙盘上,厚度8～10 cm,用开水浇透消毒。低温期育苗可采用地热线提高地温。

4.5.6.2 播种方法:将催过芽的黄瓜种子按3 cm×3 cm间距平摆在沙床或沙盘上,然后覆盖约1 cm厚的消毒细沙。黑籽南瓜播种期比黄瓜晚5～7 d,以4 cm×4 cm间距平摆于沙床或沙盘上,覆盖1.5 cm厚细沙。播种后覆盖地膜,增温保墒。出苗后及时揭除地膜。

4.5.6.3 播后温度管理:播种后白天保持28～32 ℃,夜间18～20 ℃。出苗后,白天保持25～30 ℃,夜间15～18 ℃。

4.5.7 嫁接

4.5.7.1 越冬栽培应采用嫁接育苗。

4.5.7.2 嫁接时期:黄瓜一叶一心、南瓜子叶刚展平时为嫁接适期,不可过晚。

4.5.7.3 嫁接方法:多采用靠接法。用刀片切去南瓜苗生长点,在子叶下1 cm处向下斜切,角度35°～40°,深度达下胚轴粗的2/3。将黄瓜苗在子叶下2 cm处向上斜切,深度达下胚轴粗的3/4;然后把两棵幼苗的切口相结合,使黄瓜子叶压在南瓜子叶上方呈"十"字形,用嫁接夹固定,栽于营养钵内。嫁接后采用小拱棚加草苫遮阳,营养钵下可铺设地热线,提温保湿,以利于伤口愈合。

4.5.7.4 嫁接后管理:嫁接后,白天温度保持28～32 ℃、夜间18～20 ℃,相对湿度90%以上,遮阳5～7 d。嫁接3 d后,逐渐降温见光,白天温度25～30 ℃、夜间15～18 ℃,相对湿度80%～90%,8 d左右撤去覆盖物。嫁接10～15 d后,于接口下0.5 cm处剪断黄瓜下胚轴。定植前一周进行大温差炼苗,白天温度28～32 ℃、夜间10～12 ℃。

4.5.8 壮苗标准

苗龄30～35 d,3～4片叶,茎粗0.5～0.6 cm,株高12～15 cm,子叶完好,茎壮,叶色浓绿,无病虫害。

4.6　整地施肥

每亩施腐熟厩(圈)肥 8 ~ 10 m³ 或禽肥 4 ~ 5 m³、三元复合肥 50 ~ 60 kg。其中 2/3 撒施土壤表面后,深翻 20 cm 以上,1/3 在种植带内集中沟施。按南北向作垄,垄宽 70 ~ 80 cm,沟宽 40 ~ 50 cm,垄高 15 ~ 20 cm。

4.7　棚室消毒

温棚在定植前进行消毒。每亩用 80% 敌敌畏乳油 250 mL 拌适量锯末,与 2 ~ 3 kg 硫黄粉混合,分 10 处点燃,密闭一昼夜后放风。或采用百菌清烟雾剂熏蒸消毒。

4.8　定植

4.8.1　定植时间

4.8.1.1　日光温室越冬栽培:10 月下旬至 11 月上旬定植。

4.8.1.2　日光温室早春栽培:1 月下旬至 2 月上旬定植。

4.8.1.3　塑料大棚早春栽培:2 月下旬至 3 月上旬定植。

4.8.2　定植密度与方法

根据品种特性,每亩定植 3 000 ~ 4 000 株。采用垄上双行定植,行宽 60 cm,株距 30 ~ 40 cm。定植后浇透水,水渗下后进行浅中耕,覆盖地膜。注意定植时土坨应与垄面平或略高于垄面。低温时期定植,提倡采用地膜加小拱棚多层覆盖。

4.8.3　定植后管理

4.8.3.1　温度:缓苗期白天保持 28 ~ 32 ℃,夜间 18 ~ 20 ℃。缓苗后采用变温管理,即每天 8:00 ~ 14:00 时保持在 25 ~ 32 ℃,14:00 ~ 17:00 时保持在 20 ~ 25 ℃,17:00 ~ 24:00 时保持在 20 ~ 15 ℃,24:00 时至日出保持在 13 ~ 15 ℃。要求设施内冬季最低温度不能低于 8 ℃,最高不超过 35 ℃。

4.8.3.2　光照:采用透光性能良好的功能膜,保持膜面清洁,确保光照充足。有条件时,在日光温室内加挂反光幕。

4.8.3.3　肥水管理:采用膜下暗灌。定植后浇透水,5 ~ 7 d 后膜下再浇一次缓苗水,至根瓜坐住前一般不浇水,适当蹲苗。待根瓜坐稳后,结束蹲苗,浇水追肥,每亩追三元复合肥 20 kg 或尿素 15 ~ 20 kg。进入盛瓜期后,根据长势,每隔 5 ~ 7 d 施肥浇水一次。同时,生长期间可进行叶面喷肥和施用 CO_2 气肥。

4.8.3.4　植株调整:及时吊蔓,适时落蔓,保持株高一致,并及时摘除雄花、卷须、老叶、病叶。

4.9　灾害性天气管理

遇低温连阴天气注意进行揭苫透光、放风排湿;温度低于 8 ℃时应人工增温,并减少浇水次数,降低室内湿度。阴天过后,注意回苫喷水,防止植株萎蔫。同时进行叶面施肥和施药保护并适当重采,防止坠秧。

4.10　病虫害防治

4.10.1　主要病害:猝倒病、立枯病、霜霉病、细菌性角斑病、炭疽病、白粉病、疫病、枯萎病、蔓枯病、灰霉病、病毒病、根结线虫病等。

4.10.2　主要虫害:蚜虫、白粉虱、潜叶蝇、蓟马等。

4.10.3　防治原则

按照"预防为主,综合防治"的植保方针,以农业防治为基础,优先采用物理防治、生物防治技术,按照病虫害的发生规律,科学使用化学防治技术。

4.10.4　农业防治

选用抗病品种;轮作;采用嫁接换根、高垄栽培技术;穴盘育苗;膜下暗灌或滴灌;加强温湿调控;培育适龄壮苗;科学施肥;及时清除病株、病果,清洁田园;覆盖流滴消雾型棚膜。

4.10.5　物理防治

4.10.5.1　采用防虫网防虫,或采用橙黄板诱蚜、银灰膜避蚜等。

4.10.5.2　利用夏季高温天气进行土壤消毒,防治枯萎病、根结线虫病。

4.10.5.3　进行高温闷棚,防治黄瓜霜霉病。

4.10.5.4　采用温烫浸种。

4.10.6　生物防治

积极保护利用天敌;优先采用生物农药防治。

4.10.7　化学防治

4.10.7.1　农药的使用

严格执行 NY/T 2798.3—2015 标准的规定,严格控制农药使用浓度、次数及安全间隔期,禁止使用剧毒、高毒、高残留农药。注意轮换用药,合理混配。优先采用粉尘和熏蒸的施药方法。

4.10.7.2　推荐农药

猝倒病、立枯病:可用霜霉威、噁霉灵等。

霜霉病、疫病:可用嘧菌酯、丙森锌·缬霉威、代森联、丙森锌、烯酰·锰锌、霜霉威、霜脲·锰锌、噁唑菌酮·锰锌、百菌清、克露等。

细菌性角斑病:可用农用链霉素、春雷霉素、氢氧化铜、春雷·王铜等。

炭疽病:可用嘧菌酯、苯醚甲环唑、咪鲜胺、克菌丹、百菌清、代森锰锌等。

白粉病：可用氟菌唑、烯唑醇、戊唑醇、丙环唑等。

病毒病：可用植病灵、宁南霉素、盐酸吗啉胍、香菇多糖、病毒 A 等。

枯萎病：可用多菌灵、农抗 120、噁霉灵等。

蔓枯病：可用异菌脲、多抗霉素等。

灰霉病：可用腐霉利、异菌脲、嘧霉胺、多抗霉素等。

根结线虫病：可用厚垣轮枝菌、噻唑膦等。

白粉虱、蚜虫：可用啶虫脒、吡虫啉、抗蚜威、粉虱灵等。

潜叶蝇：可用阿维菌素、灭蝇胺等。

蓟马：可用多杀霉素、菊·马乳油、辛氰乳油、鱼藤酮、辛硫磷等。

5 采收

根瓜应早采，以防坠秧。以后根据品种特性，适时采收。采收应在早晨或灌水前进行。连阴天或连续低温时，要适当早采，并及时摘除畸形瓜，以增强长势，防止坠秧，形成花打顶。采收期应符合农药安全间隔标准要求。

6 包装运输

包装运输要符合 NY/T 2798.1—2015 标准的规定。运输过程要保持适当的温度和湿度。包装运输器具应清洁卫生、无异味、无污染，严防暴晒、雨淋、高温、冷冻等发生。

7 生产档案

建立田间生产档案。对生产过程中重点生产技术、病虫害防治技术、采收等环节及措施进行详细记录。

无公害农产品　黄瓜生产技术规程

1　范围

本规程规定了无公害黄瓜(露地栽培)的产地环境要求和生产管理措施。本规程适用于新郑市行政区域内无公害黄瓜的生产。

2　规范性引用文件

下列文件中的条款通过本规程的引用而成为本规程的条款。凡是注日期的引用文件,其随后所有的修改单(不包括勘误的内容)或修订版均不适用于本规程。凡是不注日期的引用文件,其最新版本适用于本规程。

NY/T 2798.1—2015　无公害农产品　生产质量安全控制技术规范　第1部分:通则

NY/T 2798.3—2015　无公害农产品　生产质量安全控制技术规范　第3部分:蔬菜

NY/T 5010—2016　无公害农产品　种植业产地环境条件

NY/T 5075　无公害食品　黄瓜技术生产规程

GB 16715.1　瓜菜作物种子　第1部分:瓜类

3　产地环境条件

生产基地要选择地势平坦、排灌方便、土壤肥沃、远离有"三废"污染的地区,其环境空气质量、灌溉用水、土壤质量等自然条件应符合 NY/T 2798.3—2015、NY/T 5010—2016 标准的规定。

4　生产技术管理

4.1　栽培方式

露地栽培、地膜覆盖栽培、小拱棚栽培。

4.2 栽培时间

3～8 月均可定植(或直播)。早春栽培需保护地育苗、地膜覆盖栽培;晚秋栽培应采用保护设施。

4.3 品种选择

选择优质、抗病、早熟、高产、耐低温、抗高温、商品性好、适合市场需求的品种。如津优 1 号、豫黄瓜 1 号、津春系列等。

4.4 种子质量

种子质量要求纯度≥95%,净度≥98%,发芽率≥95%,水分≤8%。

4.5 用种量

育苗定植每亩用种量 200～250 g。直播每亩用种量 100～150 g。

4.6 施肥原则

施肥以有机肥为主,控制氮肥施用,提倡施用商品有机肥和生物肥料。禁止施用城市垃圾、粪水和污泥,不得施用未经充分腐熟、未达到无害化指标的人畜禽粪尿等有机肥料。重施基肥,合理追肥。进行测土配方施肥,保持土壤肥力平衡。选用的肥料应达到国家有关产品质量标准,满足无公害黄瓜对肥料的要求。

4.7 整地施肥

每亩施腐熟厩(圈)肥 8～10 m³ 或禽肥 4～5 m³、三元复合肥 50～60 kg。其中 2/3 撒施土壤表面后,深翻 20 cm 以上,1/3 在种植带内集中沟施。起垄,垄宽 70～80 cm,沟宽 50 cm,垄高 15～20 cm。

4.8 种子处理

4.8.1 浸种(可采用下列方法之一)

4.8.1.1 用 55 ℃的温水浸种 15～20 min,并不停搅拌,待水温降至 30 ℃时,继续浸泡 5～6 h,捞出,再用清水淘洗干净后催芽。

4.8.1.2 用 50% 多菌灵可湿性粉剂 500 倍液浸种 1 h,捞出,再用 30 ℃的温水继续浸泡 4～5 h,用清水淘洗干净后催芽。

4.8.1.3 用清水浸种 5～6 h,再放入 10% 磷酸三钠溶液中浸种 20 min,捞出,再用清水淘洗干净后催芽。

4.8.2 催芽

将浸过的种子用湿润棉纱布包裹,在 25～30 ℃温度条件下催芽。每天用清水淘洗 1 次。待种子露白时播种。

4.9 直播或育苗

4.9.1 直播

垄上两侧双行播种。行宽 50 ~ 55 cm,株距 35 ~ 40 cm,每穴 2 ~ 3 粒,覆土厚度约 1 cm。播后浇透水。根据季节栽培,可覆盖地膜,保持土壤湿润。夏秋季节栽培,幼苗 2 ~ 3 叶时,叶面可喷施 0.1% ~ 0.2% 乙烯利,促进雌花分化。

4.9.2 育苗

4.9.2.1 营养土配制

用 60% 肥沃田园土与 40% 腐熟厩(圈)肥充分混合,在混合时每立方米营养土加入三元复合肥或过磷酸钙 1 kg 拌匀。营养土过筛后装入 10 cm × 10 cm 的营养钵。

4.9.2.2 苗床整理

苗床以南北向为宜,夏季应有防雨设施。床宽 100 ~ 120 cm,苗床深 12 ~ 15 cm。整平床面,摆放营养钵。

4.9.2.3 播种

把催芽的种子平摆在营养钵内,然后覆盖约 1 cm 厚的细潮土。为预防苗期病害,可用适量 50% 多菌灵可湿性粉剂与细土混合制成药土,播种前将 50% 药土撒于营养土表面,剩余的药土盖在种子上。

4.9.2.4 苗期管理

出土前,白天温度保持 28 ~ 32 ℃、夜间 18 ~ 20 ℃;出土后炼苗,白天温度保持 28 ~ 30 ℃、夜间 15 ~ 18 ℃;定植前 5 ~ 7 d 炼苗,白天温度保持 28 ~ 30 ℃、夜间 10 ~ 12 ℃。

播种时浇足底水,以后视墒情适当浇水;苗期以控水控肥为主。在秧苗 3 ~ 4 叶时,可结合苗情喷 0.3% 的尿素或磷酸二氢钾溶液。

4.9.2.5 壮苗标准

苗龄 25 ~ 30 d,株高 15 cm,茎粗 0.5 ~ 0.6 cm,子叶完好,茎壮,叶色浓绿,无病虫害。

4.10 定植

4.10.1 定植时间

在 10 cm 地温稳定在 15 ℃ 以上时,适时定植。

4.10.2 定植密度

根据品种特性,每亩定植 3 000 ~ 3 500 株。

4.10.3　定植方法

采用垄上双行定植,行宽50～55 cm,株距35～40 cm。定植后浇透水,水渗下后进行浅中耕,覆盖地膜。注意定植时土坨应与垄面平或略高于垄面。

4.11　田间管理

4.11.1　水肥管理

育苗栽培的,定植后5～6 d浇一次缓苗水;直播栽培的,应保持土壤见干见湿,及时定苗。根瓜坐稳后,浇足瓜水,并每亩追施尿素5～10 kg。盛瓜期应加大水肥,每隔5～7 d浇水追肥一次。每次每亩随水冲施复合肥或尿素5～10 kg,交替使用。同时可用0.3%磷酸二氢钾或尿素溶液进行叶面喷肥。

4.11.2　植株调整

5～7片叶时及时插架绑蔓,并随时摘除雄花、卷须、老叶、病叶。

4.12　病虫害防治

4.12.1　主要病害:猝倒病、立枯病、霜霉病、细菌性角斑病、炭疽病、白粉病、疫病、枯萎病、蔓枯病、灰霉病、病毒病、根结线虫病等。

4.12.2　主要虫害:蚜虫、白粉虱、潜叶蝇、蓟马等。

4.12.3　防治原则

按照"预防为主,综合防治"的植保方针,以农业防治为基础,优先采用物理防治、生物防治技术,按照病虫害的发生规律,科学使用化学防治技术。

4.12.4　农业防治

选用抗病品种;轮作;采用高垄栽培;培育壮苗;提高抗逆性;科学施肥。

4.12.5　物理防治

4.12.5.1　采用防虫网防虫,或采用橙黄板诱蚜、银灰膜避蚜等措施。

4.12.5.2　利用夏季高温进行土壤消毒。

4.12.5.3　采用温烫浸种。

4.12.6　生物防治

积极保护利用天敌;优先采用生物农药防治。

4.12.7　化学防治

4.12.7.1　农药的使用

严格执行NY/T 2798.3—2015标准的规定,严格控制农药使用浓度、次数及安全间隔期,禁止使用剧毒、高毒、高残留农药。注意轮换用药,合理混配。

4.12.7.2　推荐农药

猝倒病、立枯病:可用霜霉威、噁霉灵等。

霜霉病、疫病:可用嘧菌酯、丙森锌·缬霉威、代森联、丙森锌、烯酰·锰锌、霜霉威、霜脲·锰锌、噁唑菌酮·锰锌、百菌清、克露等。

细菌性角斑病:可用农用链霉素、春雷霉素、氢氧化铜、春雷·王铜等。

炭疽病:可用嘧菌酯、苯醚甲环唑、咪鲜胺、克菌丹、百菌清、代森锰锌等。

白粉病:可用氟菌唑、烯唑醇、戊唑醇、丙环唑等。

病毒病:可用植病灵、宁南霉素、盐酸吗啉胍、香菇多糖、病毒 A 等。

枯萎病:可用多菌灵、农抗 120、噁霉灵等。

蔓枯病:可用异菌脲、多抗霉素等。

灰霉病:可用腐霉利、异菌脲、嘧霉胺、多抗霉素等。

根结线虫病:可用厚垣轮枝菌、噻唑膦等。

白粉虱、蚜虫、烟粉虱:可用啶虫脒、吡虫啉、抗蚜威、粉虱灵等。

潜叶蝇:可用阿维菌素、灭蝇胺等。

蓟马:可用多杀霉素、菊·马乳油、辛氰乳油、鱼藤酮、辛硫磷等。

5 采收

根瓜应早采,以后及时采收,同时摘除畸形瓜。采收期应符合农药安全间隔标准要求。

6 包装运输

包装运输要符合 NY/T 2798.1—2015 标准的规定。运输过程要保持适当的温度和湿度。包装运输器具应清洁卫生、无异味、无污染,严防暴晒、雨淋、高温、冷冻等发生。

7 生产档案

建立田间生产档案。对生产过程中重点生产技术、病虫害防治技术、采收等环节及措施进行详细记录。

无公害农产品　西葫芦(设施栽培)生产技术规程

1　范围

本规程规定了无公害西葫芦(设施栽培)的产地环境要求和生产管理措施。

本规程适用于新郑市行政区域内无公害西葫芦的设施生产。

2　规范性引用文件

下列文件中的条款通过本规程的引用而成为本规程的条款。凡是注日期的引用文件,其随后所有的修改单(不包括勘误的内容)或修订版均不适用于本规程。凡是不注日期的引用文件,其最新版本适用于本规程。

NY/T 2798.1—2015　无公害农产品　生产质量安全控制技术规范　第1部分:通则

NY/T 2798.3—2015　无公害农产品　生产质量安全控制技术规范　第3部分:蔬菜

NY/T 5010—2016　无公害农产品　种植业产地环境条件

GB 16715.1　瓜菜作物种子　第1部分:瓜类

3　产地环境条件

符合 NY/T 5010—2016 标准的规定,要求地势平坦、排灌方便、地下水位较低、土层深厚、肥沃疏松的地块。

4　生产技术管理

4.1　栽培方式

日光温室栽培、塑料大中小棚栽培、阳畦栽培。

4.2　栽培季节

4.2.1　早春栽培

采用春用型日光温室或塑料大棚栽培时,从 1 月中下旬至 2 月中下旬播种育苗,2 月中下旬至 3 月中下旬定植,3 月中旬至 4 月底开始采收,5 月下旬至 6 月上旬拉秧;采用塑料小拱棚栽培时,播种育苗应在 3 月上中旬,4 月中旬定植。

4.2.2　秋延迟栽培

8 月下旬播种育苗,9 月中下旬定植,10 月下旬开始采收,1 月上中旬拉秧。

4.2.3　越冬栽培

从 10 月下旬至 11 月初育苗,11 月下旬定植,翌年 1 月开始采收,4 月拉秧。

4.3　品种选择与种子质量

应选择早熟、耐病毒病、耐低温、耐弱光、抗逆性强、丰产性、商品性好的适宜日光温室及大棚种植的品种。当前选用品种有早青一代、达拉斯、双丰特早、美国白剑、法国冬玉、翡翠早生、长青王 4 号等。要求种子纯度≥95%,净度≥98%,发芽率≥95%,水分≤9%。

4.4　育苗

4.4.1　营养土配制

选用 3 年未种过瓜类作物的肥沃园田土与充分腐熟农家肥或草炭土,按 2∶1 比例混合后过筛,每立方米营养土加入三元复合肥 1～2 kg 和福美双可湿性粉剂 80～100 g,混合均匀,堆闷 5～7 d。然后将营养土铺在苗床上,厚度 10～12 cm,或直接装入 10 cm×10 cm 的营养钵,放在苗床内。

4.4.2　苗床消毒

采用多菌灵或福美双可湿性粉剂,喷雾处理。

4.4.3　种子处理

4.4.3.1　温烫浸种

一般栽培每亩育苗用种量 400～500 g,需准备播种床 20 m²。将种子倒入 55～60 ℃ 的热水中连续搅拌 20 min,然后用 30 ℃ 的温水浸泡 4～6 h,捞出沥干。

4.4.3.2　药剂消毒

先将种子用清水浸泡 4～5 h,捞出沥干。然后用 50% 多菌灵可湿性粉剂 500 倍液浸种 1 h,或用 40% 福尔马林 300 倍液浸种 1.5 h,或用 40% 磷酸三钠

10 倍水溶液浸种 15~20 min,最后用清水冲洗干净,沥干水分催芽。

4.4.3.3 催芽

将浸种后的种子置于 25~28 ℃温度条件下进行催芽,60% 种子露白即可播种。

4.4.4 育苗方法

4.4.4.1 营养土方育苗

选晴天,先向苗床浇足底水,湿润 10~15 cm 深,水渗完后划成 10 cm 见方的营养方,然后将催好芽的种子在每个方格中间播种一粒,覆盖营养土 2 cm 厚。在苗床上面依次覆盖地膜、塑料小拱棚,70% 幼苗顶土时,除去地膜。

4.4.4.2 营养钵育苗

选择规格 10 cm×10 cm 的营养钵,提前装好营养土。边摆放营养钵边浇透水,将种子芽端朝下,点播在营养钵当中,覆盖营养土 2 cm 厚,摆放在苗床内。在苗床上面覆盖地膜,管理方法同上。塑料薄膜盖严,四周糊泥压严,夜里加盖草苫。

4.5 苗床管理

4.5.1 温度

越冬茬和早春茬育苗要增温保温。幼苗期遇到连续阴天时,在保证幼苗不受冻害的前提下,要尽量降低苗床温度和湿度,以减少因呼吸作用而消耗的养分。如遇连续阴雪天气,要在雪后及时清除积雪,每天短时间通风透气。温度管理见表 4.5.1。

表 4.5.1　苗期温度调节表

不同生育时期	白天适宜温度(℃)	夜间适宜温度(℃)	最低夜温(℃)
播种至出土	25~30	18~20	15
出土至定植	20~25	13~14	12
定植前 5~7 d	15~25	6~8	6
定植至缓苗	28~30	16~18	13

4.5.2 光照

冬季要清洁棚面,提高透光率。及时揭盖保温覆盖物。越冬和早春育苗采用反光幕或补光设施等增加光照。

4.5.3 水肥

苗期以控水控肥为主。在秧苗 2~3 叶时,可结合苗情喷施 0.3% 磷酸二氢钾或 0.5% 尿素水溶液提苗。

4.5.4 炼苗

炼苗时间一周,保持白天温度在 15~25 ℃,夜间 6~8 ℃。

4.5.5 壮苗标准

茎粗壮,节间短,叶色浓绿,有光泽,叶柄较短,根系完整,株型紧凑,苗龄 30~35 d(3 叶 1 心)。

4.6 定植

4.6.1 整地施基肥

肥料的用量依据土壤肥力和目标产量确定,中等肥力的土壤基肥每亩施腐熟的农家肥4 000~5 000 kg或有机质含量大于 30% 的烘干鸡粪 1 000 kg,磷酸二铵 30 kg、硫酸钾 30 kg,精耕细耙。

4.6.2 棚室消毒

定植前每亩棚室用80% 敌敌畏乳油 250 g,拌锯末 3~4 kg,与 2~3 kg 硫黄粉混合,分 10 处点燃,密闭一昼夜,放风无味后定植。或采用百菌清烟雾剂熏蒸消毒。

4.6.3 定植时间

提前扣棚升温,日光温室选晴天定植,早春大棚要在 10 cm 深地温稳定在 10 ℃ 以上后定植。

4.6.4 定植方法及密度

按宽行距 70~80 cm,窄行距 45~50 cm,覆盖地膜栽培。密度根据品种特性确定,一般株距 45~50 cm,每亩定植 2 000~2 300 株。

4.7 定植后的管理

4.7.1 温度管理

缓苗前白天保持在 25~28 ℃,晚上不低于 15 ℃。缓苗后,晴天白天 20~25 ℃,夜间不低于 10 ℃,白天气温超过 30 ℃时要通风降温。晴天温度高时要早揭晚盖草苫,阴天则要晚揭早盖。盛瓜期保持白天 25~28 ℃,夜间 15~20 ℃,地温 18~22 ℃,在外界夜温超过 15 ℃时,实行昼夜放风。

4.7.2 光照管理

采用透光性好的长寿无滴膜,保持膜面清洁,白天揭开保温覆盖物,日光温室后墙挂反光幕,尽量增加光照强度和光照时间。

4.7.3 水肥管理

4.7.3.1 浇水

定植后及时浇水,3~5 d后浇缓苗水,然后蹲苗,根瓜坐住后,浇水施肥。结果期,15~20 d浇一次水,浇水量不宜过大,并采用膜下暗灌。要选择晴天上午浇水。

4.7.3.2 追肥

结瓜盛期每7~10 d追一次速效氮肥,每亩用硫酸铵15 kg或磷酸二铵20 kg,复合肥20 kg。

4.7.4 植株调整

4.7.4.1 吊蔓

株高10~15 cm时及时吊蔓。后期适时落蔓,摘除基部侧枝,打掉病叶、老叶,摘除畸形瓜。

4.7.4.2 保花保果

授粉应在7:00~10:00时进行,或用100 mg/kg的防落素(在溶液中再加入0.15%的速克灵或扑海因药液)蘸花心和瓜柄,促进坐瓜。

4.8 病虫害防治

4.8.1 主要病虫害

主要病害:猝倒病、立枯病、霜霉病、白粉病、疫病、枯萎病、蔓枯病、灰霉病、菌核病、病毒病等。

主要虫害:蚜虫、白粉虱、烟粉虱、红蜘蛛、黄守瓜、潜叶蝇等。

4.8.2 防治原则

按照"预防为主,综合防治"的植保方针,坚持"以农业防治、物理防治、生物防治为主,化学防治为辅"的无害化治理原则。

4.8.3 农业防治

选用高产、多抗的品种;合理轮作,避免与瓜类作物连作;培育壮苗;加强田间管理。

4.8.4 物理防治

4.8.4.1 采用防虫网防虫,或采用橙黄板诱蚜、银灰膜避蚜等。

4.8.4.2 利用夏季高温天气进行土壤消毒,防治枯萎病、根结线虫病。

4.8.4.3 进行高温闷棚,防治霜霉病。

4.8.4.4 采用温烫浸种。

4.8.4.5 利用频振式杀虫灯、黑光灯、高压汞灯、双波灯诱杀害虫。

4.8.5 生物防治

4.8.5.1 天敌利用

利用瓢虫和丽蚜小蜂防治蚜虫;用丽蚜小蜂防治白粉虱。

4.8.5.2 生物药剂

选用农抗武夷菌素防治灰霉病、白粉病;用宁南霉素(菌克毒克)在发病初期防治病毒病;用阿维菌素防治叶螨,兼治美洲斑潜蝇。

4.8.6 化学药剂防治

猝倒病、立枯病:可用噁霉灵、多菌灵、霜霉威等。

霜霉病、疫病:可用百菌清、霜霉威、嘧菌酯、丙森锌·缬霉威、代森联、丙森锌、烯酰·锰锌、克菌丹、氟吡菌胺·霜霉威、霜脲·锰锌、氟吗·锰锌、噁唑菌酮·锰锌等。

灰霉病:可用嘧霉胺、多抗霉素、腐霉利、异菌脲等。

白粉病:可用氟菌唑、烯唑醇、苯醚甲环唑、醚菌酯、多抗霉素、武夷菌素、丙环唑、戊唑醇等。

黑星病:可用百菌清、异菌脲等。

病毒病:可用植病灵、宁南霉素、盐酸吗啉胍等。

蔓枯病:可用异菌脲、多抗霉素、农抗120等。

蚜虫、白粉虱、烟粉虱:可用啶虫脒、吡虫啉、噻嗪酮、吡蚜酮、噻虫嗪、异丙威、鱼藤酮等。

潜叶蝇:可用阿维菌素、灭蝇胺等。

黄守瓜:可用辛硫磷、S-氰戊菊酯、苯丁锡、联苯菊酯等。

红蜘蛛:可用联苯菊酯等。

5 采收

开花后10~20 d,及时分批采收。根瓜达到250 g左右时采收。

6 包装运输

包装运输要符合NY/T 2798.1—2015标准的规定。运输过程要保持适当的温度和湿度。包装运输器具应清洁卫生、无异味、无污染,严防暴晒、雨淋、高温、冷冻等发生。

7 生产档案

建立田间生产档案。对生产过程中重点生产技术、病虫害防治技术、采收等环节及措施进行详细记录。

无公害农产品　西葫芦生产技术规程

1　范围

本规程规定了无公害西葫芦的产地环境要求和生产管理措施。

本规程适用于新郑市行政区内无公害西葫芦的设施生产。

2　规范性引用文件

下列文件中的条款通过本规程的引用而成为本规程的条款。凡是注日期的引用文件，其随后所有的修改（不包括勘误的内容）或修订版均不适用于本规程，凡是不注日期的引用文件，其最新版本适用于本规程。

NY/T 2798.1—2015　无公害农产品　生产质量安全控制技术规范　第1部分：通则

NY/T 2798.3—2015　无公害农产品　生产质量安全控制技术规范　第3部分：蔬菜

NY/T 5010—2016　无公害农产品　种植业产地环境条件

GB 16715.1　瓜菜作物种子　第1部分：瓜类

3　产地环境条件

生产基地要选择地势平坦、排灌方便、土壤肥沃、远离有"三废"污染的地区，其环境空气质量、灌溉用水、土壤质量等自然条件应符合 NY/T 2798.3—2015 标准的规定。

4　生产技术管理

4.1　栽培季节

早春栽培、秋延后栽培、越冬栽培。

4.2　品种选择

露地栽培选择优质、抗病、早熟、高产、抗逆性强、商品性好的品种。可选用早青一代、4094、冬玉、碧玉等品种。

4.3 种子质量

种子质量要求纯度≥90%,净度≥98%,发芽率≥85%,水分≤9%。

4.4 施肥原则

施肥以有机肥为主,控制氮肥施用,提倡使用商品有机肥和生物肥料。禁止施用城市垃圾、粪水和污泥,不得使用未经充分腐熟、未达到无害化指标的人畜禽粪尿等有机肥料。重施基肥,合理追肥。进行测土配方施肥,保持土壤肥力平衡。选用的肥料应达到国家有关产品质量标准,满足无公害西葫芦对肥料的要求。

4.5 播种时期

4.5.1 日光温室越冬栽培:10月下旬播种育苗。

4.5.2 日光温室早春栽培:12月下旬播种育苗。

4.5.3 塑料大棚、小拱棚春季提早栽培:1月下旬播种育苗。

4.5.4 秋延后栽培:8月下旬直播。

4.6 播种量

每亩栽培面积需种子500 g左右。

4.7 育苗

4.7.1 营养土配制

用60%肥沃田园土与40%腐熟厩(圈)肥充分混合,在混合时每立方米营养土加入三元复合肥或过磷酸钙1 kg拌匀。营养土过筛后铺入畦面,或装入穴盘或10 cm×10 cm的营养钵。

4.7.2 苗床整理

苗床设置在日光温室内,以南北向为宜,床宽100～120 cm,苗床深12～15 cm。整平床面,摆放穴盘或营养钵。冬季育苗可采用地热线提高地温。

4.7.3 种子处理

4.7.3.1 浸种(可采用下列方法之一)

1 用55 ℃的温水浸种15～20 min,并不停搅拌,待水温降至30 ℃时停止,继续用温水浸泡6 h,捞出,再用清水淘洗干净后催芽。

2 用50%多菌灵可湿性粉剂500倍液浸种1 h,再用30 ℃的温水继续浸泡5 h,捞出,用清水淘洗干净后催芽。

3 用清水浸种4～5 h,再放入10%磷酸三钠溶液中浸种20 min,捞出,用清水淘洗干净后催芽。

4.7.3.2 催芽

将浸过的种子用湿润棉纱布包裹,在25～28 ℃温度条件下进行催芽。每天用清水淘洗一次。待种子露白时播种。

4.7.4 播种

播种前将营养土或营养钵或穴盘浇透水,平摆种子,覆盖1～1.5 cm厚的营养土。播种后覆盖地膜,增温保墒,出苗后及时揭除。为预防苗期病害,可用适量50%多菌灵可湿性粉剂与细土混合制成药土,播种前将50%药土撒于营养土表面,剩余的药土盖在种子上。

4.7.5 苗床管理

播种后,白天温度应控制在25～28 ℃,夜间16～20 ℃。出苗后白天22～28 ℃,夜间12～15 ℃,适当浇水,保持土壤见干见湿。苗期应注意通风,及时防治病虫害。

4.7.6 炼苗

定植前7 d进行炼苗。保持白天温度在25～28 ℃,夜间10～12 ℃。

4.8 整地施肥

每亩施腐熟厩(圈)肥4～6 m³或禽肥2～3 m³、三元复合肥30～50 kg。其中2/3撒施土壤表面后,深翻20 cm以上;1/3在种植带内集中沟施。整地作垄,垄宽80～100 cm。

4.9 棚室消毒

温棚栽培在定植前进行棚室消毒。每亩棚室用80%敌敌畏乳油250 mL拌适量锯末,与2～3 kg硫黄粉混合,分10处点燃,密闭一昼夜后放风。或采用百菌清烟雾剂熏蒸消毒。

4.10 壮苗标准

株高10～12 cm,茎粗0.6～0.7 cm,3～4片叶,叶片小,色浓绿,苗龄20～25 d。

4.11 定植

4.11.1 定植时期

苗龄25～30 d,10 cm地温稳定在10 ℃左右时即可定植。日光温室越冬栽培:11月下旬定植;日光温室早春栽培:1月下旬定植;塑料大棚、小拱棚春季提早栽培:2月下旬至3月上旬定植。定植宜在晴天下午进行。

4.11.2 定植方式

垄上单行定植,株距50～60 cm。可根据情况采用铺地膜等保温措施。定植后浇透水。

4.12 田间管理

4.12.1 缓苗期

缓苗期不施水肥。保持白天在 25 ~ 28 ℃,夜间 15 ~ 20 ℃。需 3 ~ 5 d。

4.12.2 缓苗后至结瓜初期

促根控秧,可轻浇水。白天温度保持在 25 ~ 28 ℃,夜间 12 ~ 15 ℃。

4.12.3 结瓜期

应掌握好营养生长与生殖生长的平衡。白天 25 ~ 28 ℃,夜间 15 ~ 17 ℃。当根瓜 10 cm 长度时,可每 10 ~ 15 d 追一次肥,每亩每次追施复合肥 10 ~ 15 kg,也可进行叶面喷肥。采瓜期,不能施速效氮肥。温棚栽培时,棚内温度不应超过 28 ℃。

4.12.4 植株调整

保护地越冬栽培采用吊蔓方式。及时调整枝蔓,以利于通风透气。及时去除基部侧蔓、病叶、老叶。

4.12.5 保花保果

采用人工辅助授粉,或采用植物生长调节剂处理花穗。

4.13 病虫害防治

4.13.1 常见的病害:猝倒病、立枯病、白粉病、病毒病、灰霉病、霜霉病、疫病、蔓枯病等。

4.13.2 常见的虫害:白粉虱、烟粉虱、蚜虫、潜叶蝇等。

4.13.3 防治原则

按照"预防为主,综合防治"的植保方针,以农业防治为基础,优先采用物理防治、生物防治技术,按照病虫害的发生规律,科学应用化学防治技术。

4.13.4 农业防治

选择抗病品种;轮作;进行种子、床土消毒;穴盘育苗;膜下暗灌或滴灌;加强温湿调控;深耕土地,科学施肥;培育壮苗;定植前炼苗。

4.13.5 物理防治

温烫浸种;采用橙黄板诱杀蚜虫、白粉虱;利用夏季高温天气进行土壤消毒。

4.13.6 生物防治

积极保护利用天敌;优先采用生物农药防治。

4.13.7 化学防治

4.13.7.1 农药的使用

按照 NY/T 2798.3—2015 标准的规定,严格控制农药使用浓度、次数及安全间隔期,禁止使用剧毒、高毒、高残留农药。注意轮换用药,合理混配。棚室栽培优先采用粉尘和熏蒸的施药方法。

4.13.7.2 推荐农药

苗期猝倒病、立枯病:可用噁霉灵、多菌灵、霜霉威等。

灰霉病:可用嘧霉胺、多抗霉素、腐霉利、异菌脲等。

白粉病:可用氟菌唑、烯唑醇、苯醚甲环唑、醚菌酯、多抗霉素、武夷菌素、丙环唑、戊唑醇等。

病毒病:可用植病灵、宁南霉素、盐酸吗啉胍等。

霜霉病、疫病:可用嘧菌酯、丙森锌·缬霉威、代森联、丙森锌、烯酰·锰锌、克菌丹、霜霉威、氟吡菌胺·霜霉威、霜脲·锰锌、氟吗·锰锌、噁唑菌酮·锰锌、百菌清等。

蔓枯病:可用异菌脲、多抗霉素、农抗120等。

蚜虫、白粉虱、烟粉虱:可用啶虫脒、吡虫啉、噻嗪酮、吡蚜酮、噻虫嗪、异丙威、鱼藤酮等。

潜叶蝇:可用阿维菌素、灭蝇胺等。

5 采收

果实达到商品性状时及时采收,根瓜应早采。采收期应符合农药安全间隔标准要求。

6 包装运输

包装运输要符合 NY/T 2798.1—2015 标准的规定。运输过程要保持适当的温度和湿度。包装运输器具应清洁卫生、无异味、无污染,严防暴晒、雨淋、高温、冷冻等发生。

7 生产档案

建立田间生产档案。对生产过程中重点生产技术、病虫害防治技术、采收等环节及措施进行详细记录。

无公害农产品　丝瓜生产技术规程

1　范围

本规程规定了无公害丝瓜的产地环境要求和生产管理措施。

本规程适用于新郑市行政区域内无公害丝瓜的生产。

2　规范性引用文件

下列文件中的条款通过本规程的引用而成为本规程的条款。凡是注日期的引用文件，其随后所有的修改单（不包括勘误的内容）或修订版均不适用于本规程。凡是不注日期的引用文件，其最新版本适用于本规程。

NY/T 2798.1—2015　无公害农产品　生产质量安全控制技术规范　第1部分：通则

NY/T 2798.3—2015　无公害农产品　生产质量安全控制技术规范　第3部分：蔬菜

NY/T 5010—2016　无公害农产品　种植业产地环境条件

GB 16715.1　瓜菜作物种子　第1部分：瓜类

NY/T 1982　丝瓜等级规格

3　产地环境条件

生产基地要选择地势平坦、排灌方便、土壤肥沃、远离有"三废"污染的地区，其环境空气质量、灌溉用水、土壤质量等自然条件应符合 NY/T 2798.3—2015、NY/T 5010—2016 标准的规定。

4　生产技术管理

4.1　栽培方式

早春定植，初夏上市。

4.2 品种选择

选择早熟、抗病、优质、高产、结瓜性好、商品性好、适合市场需求的品种，如玉女、白玉霜、绿龙等。

4.3 种子质量

种子质量指标应达到：纯度≥90%，净度≥98%，发芽率≥85%，水分≤9%。

4.4 施肥原则

施肥以有机肥为主，控制氮肥施用，提倡使用商品有机肥和生物肥料。禁止施用城市垃圾、粪水和污泥，不得施用未经充分腐熟、未达到无害化指标的人畜禽粪尿等有机肥料。重施基肥，合理追肥。进行测土配方施肥，保持土壤肥力平衡。选用的肥料应达到国家有关产品质量标准，满足无公害丝瓜对肥料的要求。

4.5 育苗

4.5.1 育苗方式

早春温室育苗。

4.5.2 营养土配制

用60%肥沃田园土与40%腐熟厩（圈）肥充分混合，在混合时每立方米营养土加入三元复合肥或过磷酸钙1 kg拌匀。营养土过筛后装入营养钵或穴盘。

4.5.3 播种量

棚架栽培时，每亩用种量800～1 000 g。

4.5.4 播种期

1月上中旬播种。

4.5.5 种子处理

采用温烫浸种。将种子用55 ℃热水浸泡15～20 min，然后保持30 ℃水温继续浸泡10～12 h，捞出，用清水洗净黏液后催芽。

4.5.6 催芽

将浸泡后的种子用湿润棉纱布包裹，在30～32 ℃温度条件下保湿催芽，90%的种子露白时播种。

4.5.7 播种

播前浇透水，水渗下后将种子平摆于营养钵或穴盘中，覆土1.5 cm左右。用50%多菌灵可湿性粉剂500倍液在床面上喷雾，预防苗期病害。播种后覆盖地膜，增温保墒，出苗后及时揭除。

4.5.8　苗期管理

4.5.8.1　温度

出土前,白天温度 28 ~ 32 ℃,夜间 18 ~ 20 ℃。出苗后,白天温度 28 ~ 30 ℃,夜间温度不低于 16 ~ 18 ℃。

4.5.8.2　水肥

苗期以控水控肥为主,可适当浇水。

4.5.8.3　炼苗

定植前一周降温、通风,控制水分。白天温度 28 ~ 32 ℃,夜间 12 ~ 15 ℃。

4.6　壮苗标准

苗龄 30 ~ 35 d,株高 12 ~ 15 cm,3 叶 1 心,子叶肥厚完好,茎秆粗壮,叶片厚绿,无病虫害。

4.7　整地施肥

每亩施腐熟厩(圈)肥 4 ~ 6 m³ 或禽肥 2 ~ 3 m³、三元复合肥 50 kg。其中 2/3 撒施土壤表面后,深翻 20 cm 以上;1/3 在种植带内集中沟施。整地起垄。

4.8　定植

4.8.1　定植时间

2 月下旬至 3 月上旬,选晴暖天气定植。采用小拱棚覆盖。

4.8.2　定植密度

垄上单行栽植。行距 100 ~ 150 cm,株距 60 ~ 80 cm。每亩定植 600 ~ 1 100 株。

4.9　田间管理

4.9.1　温度管理

缓苗期保持白天 30 ~ 32 ℃,夜间 15 ~ 20 ℃,最低温度不能低于 12 ℃。结瓜期保持白天 25 ~ 30 ℃,夜间 16 ~ 20 ℃。

4.9.2　光照调节

设施栽培应采用防雾滴性能好、透光率高的功能膜,保持膜面清洁。

4.9.3　湿度管理

保持棚室空气相对湿度 75% ~ 85%。

4.9.4　肥水管理

定植时浇透水。缓苗后,选晴天上午浇一次缓苗水。根瓜坐住后,浇一次透水,每亩追施复合肥 10 ~ 15 kg。以后每 5 ~ 10 d 浇一水,并适当追肥,每亩每次追施三元复合肥 10 ~ 15 kg。

4.9.5 植株调整

采用棚架栽培。按照主蔓结瓜为主的原则整枝,适时摘除侧蔓、老叶、病叶。也可采用连续摘心法整枝。为防止落花落果,可用植物生长调节剂处理花穗。

4.10 病虫害防治

4.10.1 主要病害:霜霉病、病毒病、根结线虫病等。

4.10.2 主要虫害:蚜虫、潜叶蝇等。

4.10.3 防治原则

按照"预防为主,综合防治"的植保方针,以农业防治为基础,优先采用物理防治、生物防治技术,按照病虫害的发生规律,科学使用化学防治技术。

4.10.4 农业防治

选用抗病品种;轮作;科学施肥;深沟高畦栽培,严防积水;培育壮苗;清洁田园。

4.10.5 物理防治

采用橙黄板诱蚜、银灰膜避蚜等措施。

4.10.6 生物防治

积极保护利用天敌;优先采用生物农药防治。

4.10.7 化学防治

4.10.7.1 农药的使用

按照 NY/T 2798.3—2015 标准的规定,严格控制农药使用浓度、次数及安全间隔期,禁止使用剧毒、高毒、高残留农药。注意轮换用药,合理混配。

4.10.7.2 推荐农药

霜霉病:可用嘧菌酯、霜脲·锰锌、霜霉威、氟吡菌胺、霜霉威、氟吗·锰锌、烯酰·锰锌、克菌丹、丙森锌·缬霉威、代森联、丙森锌、百菌清等。

病毒病:可用植病灵、宁南霉素、盐酸吗啉胍等。

根结线虫病:可用厚垣轮枝菌、噻唑膦等。

蚜虫:可用啶虫脒、吡虫啉、乙酰甲胺磷、丁硫克百威、苦参碱等。

潜叶蝇:可用阿维菌素、灭蝇胺等。

5 采收

适时早采根瓜。盛瓜期根据最佳商品性状适时采收。采收应用剪刀剪取,避免折断主蔓。采收期应符合农药安全间隔标准要求。

6 包装运输

包装运输要符合 NY/T 2798.1—2015 标准的规定。运输过程要保持适当的温度和湿度。包装运输器具应清洁卫生、无异味、无污染，严防暴晒、雨淋、高温、冷冻等发生。

7 生产档案

建立田间生产档案。对生产过程中重点生产技术、病虫害防治技术、采收等环节及措施进行详细记录。

无公害农产品 苦瓜生产技术规程

1 范围

本规程规定了无公害苦瓜的产地环境要求和生产技术管理措施。

本规程适用于新郑市行政区域内无公害苦瓜的生产。

2 规范性引用文件

下列文件中的条款通过本规程的引用而成为本规程的条款。凡是注日期的引用文件,其随后所有的修改单(不包括勘误的内容)或修订版均不适用于本规程。凡是不注日期的引用文件,其最新版本适用于本规程。

NY/T 2798.1—2015 无公害农产品 生产质量安全控制技术规范 第1部分:通则

NY/T 2798.3—2015 无公害农产品 生产质量安全控制技术规范 第3部分:蔬菜

NY/T 5010—2016 无公害农产品 种植业产地环境条件

GB 16715.1 瓜菜作物种子 第1部分:瓜类

NY/T 1588 苦瓜等级规格

NY/T 5077 无公害食品 苦瓜生产技术规程

3 产地环境条件

生产基地要选择地势平坦、排灌方便、土壤肥沃、远离有"三废"污染的地区,其环境空气质量、灌溉用水、土壤质量等自然条件应符合 NY/T 2798.3—2015、NY/T 5010—2016 标准的规定。

4 生产技术管理

4.1 栽培方式

春提早栽培,初夏上市。

4.2 品种选择

选择早熟、抗病、优质、高产、耐储运、商品性好、适合市场需求的品种,如长白苦瓜、长青苦瓜等。

4.3 种子质量要求

种子质量要求纯度≥90%,净度≥98%,发芽率≥85%,水分≤9%。

4.4 施肥原则

施肥以有机肥为主,控制氮肥施用,提倡使用商品有机肥和生物肥料。禁止施用城市垃圾、粪水和污泥,不得施用未经充分腐熟、未达到无害化指标的人畜禽粪尿等有机肥料。重施基肥,合理追肥。进行测土配方施肥,保持土壤肥力平衡。选用的肥料应达到国家有关产品质量标准,满足无公害苦瓜对肥料的要求。

4.5 育苗

4.5.1 育苗方式

早春温室育苗。

4.5.2 营养土配制

用60%肥沃田园土与40%腐热厩(圈)肥充分混合,在混合时每立方米营养土加入三元复合肥或过磷酸钙1 kg拌匀。营养土过筛后装入营养钵或穴盘。

4.5.3 播种量

每亩栽培面积用种量500~750 g。

4.5.4 播种期

元月上中旬播种。

4.5.5 种子处理

采用温烫浸种。将种子用55 ℃热水浸泡15~20 min,然后保持30 ℃水温继续浸泡10~12 h,用清水洗净黏液后催芽。

4.5.6 催芽

将浸泡后的种子用湿润棉纱布包裹,在30~32 ℃温度条件下保湿催芽,90%的种子露白时播种。

4.5.7 播种

播前浇透水,水渗下后将催芽的种子平摆于营养钵或穴盘中,覆土1.5 cm左右。播种后覆盖地膜,增温保墒。出苗后及时揭除。

4.5.8 苗期管理

4.5.8.1 温度

苦瓜喜温,较耐热、不耐寒。育苗要保暖增温,出土前白天保持 30~32 ℃,夜间 20~25 ℃;出苗后,保持白天 25~30 ℃,夜间 15~20 ℃。

4.5.8.2 水分

视墒情可适当浇水,保持地表见干见湿。

4.5.8.3 炼苗

定植前 7 d 通风、降温,控制水分。白天温度 28~32 ℃,夜间 12~15 ℃.

4.6 壮苗标准

株高 20~25 cm,茎粗 0.3~0.4 cm,4~5 片真叶,子叶完好,叶色浓绿,无病虫害。

4.7 整地施肥

每亩施腐熟厩(圈)肥 4~6 m³ 或禽肥 2~3 m³、三元复合肥 50 kg。其中 2/3 撒施土壤表面后,深翻 20 cm 以上;1/3 在种植带内集中沟施。整地起垄。

4.8 定植

4.8.1 定植时间

2 月下旬至 3 月上旬,选晴暖天气定植。采用小拱棚覆盖。

4.8.2 定植密度

垄上单行栽植。行距 100~150 cm,株距 60~80 cm。每亩定植 600~1 100 株。

4.9 田间管理

4.9.1 温度管理

保持白天 25~32 ℃,夜间不低于 18 ℃。

4.9.2 光照调节

设施栽培应采用防雾滴性能好、透光率高的功能膜,保持膜面清洁。

4.9.3 湿度管理

保持棚室空气相对湿度 60%~80%。

4.9.4 肥水管理

定植时浇透水。缓苗后选晴天上午浇一次缓苗水。根瓜坐住后,浇一次透水,每亩追施复合肥 10~15 kg。以后每 5~10 d 浇一次水,并适当追肥,每亩每次追施三元复合肥 10~15 kg。多雨季节及时排除田间积水。

4.9.5 植株调整

采用棚架和吊蔓栽培。按照主蔓结瓜为主的原则整枝,适时摘除老叶、病叶。

4.10 病虫害防治

4.10.1 主要病害:猝倒病、枯萎病等。

4.10.2 主要虫害:蚜虫、潜叶蝇等。

4.10.3 防治原则

按照"预防为主,综合防治"的植保方针,以农业防治为基础,优先采用物理防治、生物防治技术,按照病虫害的发生规律,科学应用化学防治技术。

4.10.4 农业防治

选用抗病品种;轮作;科学施肥;进行种子消毒;培育适龄壮苗,提高抗逆性;深沟高畦栽培,严防积水;清洁田园。

4.10.5 物理防治

设施栽培可采用防虫网、银灰膜避虫及橙黄板、杀虫灯诱杀等措施。

4.10.6 生物防治

积极保护利用天敌;优先采用生物农药防治。

4.10.7 化学防治

4.10.7.1 农药的使用

按照 NY/T 2798.3—2015 标准的规定,严格控制农药使用浓度、次数及安全间隔期,禁止使用剧毒、高毒、高残留农药。注意轮换用药,合理混配。

4.10.7.2 推荐农药

猝倒病:可用噁霉灵、霜霉威、多菌灵等。

枯萎病:可用多菌灵、噁霉灵、农抗 120 等。

蚜虫:可用啶虫脒、吡虫啉、抗蚜威等。

潜叶蝇:可用阿维菌素、灭蝇胺等。

5 采收

及早采收根瓜,以后按商品瓜标准采收。及时摘除畸形瓜。采收期应符合农药安全间隔标准要求。

6 包装运输

包装运输要符合 NY/T 2798.1—2015 标准的规定。运输过程要保持适当的温度和湿度。包装运输器具应清洁卫生、无异味、无污染,严防暴晒、雨淋、高温、冷冻等发生。

7　生产档案

　　建立田间生产档案。对生产过程中重点生产技术、病虫害防治技术、采收等环节及措施进行详细记录。

无公害农产品　番茄（设施栽培）生产技术规程

1　范围

本规程规定了无公害番茄（冬春设施栽培）的产地环境要求和生产管理措施。

本规程适用于新郑市行政区域内无公害番茄的冬春设施生产。

2　规范性引用文件

下列文件中的条款通过本规程的引用而成为本规程的条款。凡是注日期的引用文件,其随后所有的修改(不包括勘误的内容)或修订版均不适用于本规程。凡是不注日期的引用文件,其最新版本适用于本规程。

NY/T 2798.1—2015　无公害农产品　生产质量安全控制技术规范　第1部分:通则

NY/T 2798.3—2015　无公害农产品　生产质量安全控制技术规范　第3部分:蔬菜

NY/T 5010—2016　无公害农产品　种植业产地环境条件

GB 16715.3　瓜菜作物种子　第3部分:茄果类

3　产地环境条件

生产基地要选择地势平坦、排灌方便、土壤肥沃、远离有"三废"污染的地区,其环境空气质量、灌溉用水、土壤质量等自然条件应符合 NY/T 2798.3—2015、NY/T 5010—2016 标准的规定。

4　生产技术管理

4.1　栽培方式

日光温室栽培、塑料大棚栽培。

4.2 品种选择

选择优质、抗病、早熟、高产、耐低温、耐弱光、耐储运、适合市场需求的品种。如金棚 10 号、金棚 1 号、金棚 11 号、中杂 9 号、合作 908、合作 906、粉都女皇、L402、红杂 14 等。

4.3 种子质量

种子质量应符合 GB 16715.3 标准二级以上要求。

4.4 施肥原则

施肥以有机肥为主,控制氮肥施用,提倡施用商品有机肥和生物肥料。禁止施用城市垃圾、粪水和污泥,不得施用未经充分腐熟、未达到无害化指标的人畜禽粪尿等有机肥料。重施基肥,合理追肥。进行测土配方施肥,保持土壤肥力平衡。选用的肥料应达到国家有关产品质量标准,满足无公害番茄对肥料的要求。

4.5 育苗

4.5.1 育苗时间

1 日光温室越冬栽培:9 月上中旬播种育苗。

2 日光温室早春栽培:11 月上中旬播种育苗。

3 塑料大棚春提早栽培:12 月上中旬播种育苗。

4.5.2 播种量

每亩栽培面积用种量 30 ~ 50 g。

4.5.3 苗床土配制

用 60% 肥沃田园土与 40% 腐熟厩(圈)肥充分混合,在混合时每立方米营养土加入三元复合肥或过磷酸钙 1 kg 拌匀,过筛后铺于苗床或装入营养钵(或穴盘)内。

4.5.4 苗床整理

苗床设置在日光温室内,以南北向为宜,床宽 100 ~ 120 cm,营养土厚度 10 cm。或摆放营养钵和穴盘。

4.5.5 种子处理

4.5.5.1 浸种(可采用下列方法之一)

1 用 55 ℃的温水浸种 15 ~ 20 min,并不停搅拌,待水温降至 30 ℃时停止,继续浸泡 4 ~ 5 h,捞出,用清水淘洗干净后催芽。

2 用 50% 多菌灵可湿性粉剂 500 倍液浸种 1 h,再用 30 ℃的温水浸泡 3 ~ 4 h,捞出,用清水淘洗干净后催芽。

3 用清水浸种 4 ~ 5 h,再放入 10% 磷酸三钠溶液中浸种 20 min,捞出,用清水淘洗干净后催芽。

4 用 0.1% 高锰酸钾溶液浸种 15 min 后,捞出用清水淘洗干净,再浸泡
4 ~ 5 h 后催芽。

4.5.5.2 催芽

将浸过的种子用湿润棉纱布包裹,在 25 ~ 28 ℃ 温度条件下进行催芽。每
天用清水淘洗 1 ~ 2 次,待 90% 种子露白时播种。

4.5.6 播种

将苗床浇足底水。待水渗下后,将催过芽的种子拌细沙均匀撒播,播后覆
盖 1 cm 厚营养土。为预防苗期病害,可用 50% 多菌灵可湿性粉剂(每平方米
苗床 5 ~ 8 g)与适量细土混合成药土,播种前先将 50% 药土撒于床面,剩余的
药土盖在种子上面。播后覆盖地膜,出苗后及时揭除。冬季育苗可采用地热
线提高地温。

4.5.7 分苗

幼苗 2 片真叶时,进行分苗。可按 10 cm × 10 cm 苗距栽于苗床内,或移
植于 10 cm × 10 cm 的营养钵内,然后浇水。

4.5.8 苗期管理

4.5.8.1 温度

温度管理应掌握"三高三低"。即:出苗前高、出苗后低;分苗前低、分苗
后高;定植前低、定植后高。出苗前,温度掌握在白天 25 ~ 28 ℃,夜间 15 ~ 20
℃;出苗后,温度掌握在白天 18 ~ 22 ℃,夜间 10 ~ 13 ℃;第一片真叶出现后至
炼苗,白天 25 ~ 28 ℃,夜间 10 ~ 13 ℃;定植前 7 d 炼苗,炼苗时,白天 25 ~ 28
℃,夜间 8 ~ 10 ℃。

4.5.8.2 水分

浇足分苗水。定植前以控为主,视墒情适当浇水。

4.5.9 壮苗标准

苗龄 50 ~ 60 d,株高 20 ~ 25 cm,6 ~ 7 片叶,茎粗 0.5 ~ 0.7 cm,植株节间
短,叶片厚,色深绿,子叶完整,开始现蕾,无病虫害。

4.6 棚室消毒

棚室在定植前进行消毒。每亩用 80% 敌敌畏乳油 250 mL 拌适量锯末,
与 2 ~ 3 kg 硫黄粉混合,分 10 处点燃,密闭一昼夜后放风。或采用百菌清烟
雾剂熏蒸消毒。

4.7 整地施肥

每亩施腐熟优质厩(圈)肥 8 ~ 10 m³ 或禽肥 4 ~ 5 m³、三元复合肥和过磷

酸钙各 50 kg。其中 2/3 撒施土壤表面后深翻 20～25 cm，1/3 在种植带内集中沟施。整地做垄，垄宽 70～80 cm，沟宽 40～50 cm，垄高 15～20 cm。

4.8 定植

4.8.1 定植时期

达到壮苗标准时及时定植。

4.8.2 定植方法及密度

根据品种特性不同，每亩定植 3 500～3 800 株。采用垄上双行定植，行宽 60 cm，温室栽培按前密后稀的原则，棚前株距 28～30 cm，棚后株距 30～32 cm。

4.9 田间管理

4.9.1 肥水管理

定植后浇透水，覆盖地膜。采用膜下暗灌。3～4 d 再浇一次缓苗水，进行中耕培垄、松土保墒；第一穗果直径 3 cm 时浇促果水，每亩追施三元复合肥或硫酸钾 20～25 kg；以后根据土壤湿度，每 10～15 d 浇水施肥一次；结果盛期重施追肥，施肥后浇水。生长期间可适时进行叶面喷肥或追施 CO_2 气肥。

4.9.2 温度管理

白天 25～28 ℃，夜间 12～17 ℃。

4.9.3 光照调节

保持膜面清洁，草苫要早揭晚盖，延长光照时间，提高光照强度。可采用张挂反光幕等措施增光。

4.9.4 植株调整

植株 30～35 cm 时吊蔓。采用单干整枝，及时打杈。第一穗果采收后，进行落蔓，保持株高一致，并及时摘除老叶、病叶。

4.9.5 疏花疏果

根据品种特性，一般大果型品种每穗留果 3～4 个，中果型品种每穗留果 4～6 个。

4.9.6 保花保果

使用保果宁、番茄灵、果霉清、丰产剂 2 号等植物生长调节剂处理花穗。

4.10 病虫害防治

4.10.1 主要病害：猝倒病、立枯病、早疫病、斑枯病、叶霉病、灰霉病、溃疡病、青枯病、晚疫病、病毒病、脐腐病、根结线虫病等。

4.10.2　主要虫害：蚜虫、白粉虱、潜叶蝇等。

4.10.3　防治原则

按照"预防为主，综合防治"的植保方针，以农业防治为基础，优先采用物理防治、生物防治技术，按照病虫害的发生规律，科学使用化学防治技术。

4.10.4　农业防治

选用抗病品种；轮作；采用地热线和穴盘育苗技术；培育适龄壮苗，提高抗逆性；膜下暗灌；加强温湿调控；及时清除病株、病果，清洁田园；整枝时接触到病株、病果时应及时洗手消毒。

4.10.5　物理防治

温烫浸种；覆盖防虫网；采用橙黄板诱蚜、银灰色膜避蚜等；夏季高温消毒土壤。

4.10.6　生物防治

积极保护利用天敌；优先采用生物农药防治。

4.10.7　化学防治

4.10.7.1　农药的使用

严格执行 NY/T 2798.3—2015 标准的规定，严格控制农药使用浓度、次数及安全间隔期，禁止使用剧毒、高毒、高残留农药。注意轮换用药，合理混配。棚室栽培优先采用粉尘法和熏蒸的施药方法。

4.10.7.2　推荐农药

猝倒病、立枯病：可用霜霉威、噁唑菌酮·锰锌等。

晚疫病：可用嘧菌酯、丙森锌、代森联、甲霜·锰锌、噁霜·锰锌、百菌清、噁唑菌酮·锰锌、霜霉威、氢氧化铜等。

灰霉病、叶霉病：可用腐霉利、异菌脲、嘧霉胺、多抗霉素等。

溃疡病、青枯病：可用氢氧化铜、农用链霉素、春雷霉素、春雷·王铜等。

病毒病：可用植病灵、宁南霉素、盐酸吗啉胍、香菇多糖等。

斑枯病：可用克菌丹、百菌清、噁霜·锰锌、多抗霉素等。

早疫病：可用异菌脲、百菌清、噁霜·锰锌、多抗霉素、代森锰锌等。

根结线虫病：可用厚垣轮枝菌、噻唑膦等。

脐腐病：追施或叶片喷施钙肥。

蚜虫、白粉虱：可用啶虫脒、吡虫啉、抗蚜威、苦参碱等。

潜叶蝇：可用阿维菌素、灭蝇胺等。

5 采收

及时分批采收,确保商品品质。采收期应符合农药安全间隔标准要求。

6 包装运输

包装运输要符合 NY/T 2798.1—2015 标准的规定。运输过程要保持适当的温度和湿度。包装运输器具应清洁卫生、无异味、无污染,严防暴晒、雨淋、高温、冷冻等发生。

7 生产档案

建立田间生产档案。对生产过程中重点生产技术、病虫害防治技术、采收等环节及措施进行详细记录。

无公害农产品 番茄生产技术规程

1 范围

本规程规定了无公害番茄的产地环境要求和生产管理措施。

本规程适用于新郑市行政区域内无公害番茄的生产。

2 规范性引用文件

下列文件中的条款通过本规程的引用而成为本规程的条款。凡是注日期的引用文件,其随后所有的修改(不包括勘误的内容)或修订版均不适用于本规程。凡是不注日期的引用文件,其最新版本适用于本规程。

NY/T 2798.1—2015 无公害农产品 生产质量安全控制技术规范 第1部分:通则

NY/T 2798.3—2015 无公害农产品 生产质量安全控制技术规范 第3部分:蔬菜

NY/T 5010—2016 无公害农产品 种植业产地环境条件

GB 16715.3 瓜菜作物种子 第3部分:茄果类

3 产地环境条件

生产基地要选择地势平坦、排灌方便、土壤肥沃、远离有"三废"污染的地区,其环境空气质量、灌溉用水、土壤质量等自然条件应符合 NY/T 2798.3—2015、NY/T 5010—2016 标准的规定。

4 生产技术管理

4.1 栽培方式

4.1.1 早春栽培

温室(或大棚)育苗,晚霜结束后定植,夏季上市。

4.1.2　夏季栽培

夏季育苗定植,秋季上市。

4.2　品种选择

选用优质、抗病、丰产、耐热、耐储运、不易裂果、商品性好、适应市场需求的品种。如中杂 9 号、合作 908、合作 906、佳粉 15、豫番茄 6 号、金粉 2 号等。

4.3　种子质量

种子质量应符合 GB 16715.3 标准二级以上要求。

4.4　施肥原则

施肥以有机肥为主,控制氮肥施用,提倡施用商品有机肥和生物肥料。禁止施用城市垃圾、粪水和污泥,不得施用未经充分腐熟、未达到无害化指标的人畜禽粪尿等有机肥料。重施基肥,合理追肥。进行测土配方施肥,保持土壤肥力平衡。选用的肥料应达到国家有关产品质量标准,满足无公害番茄对肥料的要求。

4.5　育苗

4.5.1　播种期

根据栽培季节、育苗手段选择适宜的播种期。1~6 月均可播种育苗。秋延后 7 月 15~20 日播种育苗。

4.5.2　播种量

每亩栽培面积用种量 30~50 g。

4.5.3　育苗设施

根据季节、气候条件的不同,可选在日光温室、塑料大棚、阳畦或露地,利用苗床或穴盘育苗。夏秋季育苗应配备防虫、遮阳设施。冬季苗床育苗可采用地热线提高地温。

4.5.4　苗床土配制

用 60% 肥沃田园土与 40% 腐熟厩(圈)肥充分混合,在混合时每立方米营养土加入三元复合肥或过磷酸钙 1 kg 拌匀,过筛后铺于苗床或装入营养钵(或穴盘)内。

4.5.5　苗床整理

苗床设置在日光温室内,以南北向为宜,床宽 100~120 cm,营养土厚度 10 cm。或摆放营养钵和穴盘。

4.5.6　种子处理

4.5.6.1　浸种(可采用下列方法之一)

1　用 55 ℃的温水浸种 15~20 min,并不停搅拌,待水温降至 30 ℃时停止,继续浸泡 4 ~ 5 h,捞出,用清水淘洗干净后催芽。

　　2　用 50%多菌灵可湿性粉剂 500 倍液浸种 1 h,再用 30 ℃的温水浸泡 3 ~ 4 h,捞出,用清水淘洗干净后催芽。

　　3　用清水浸种 4 ~ 5 h,再放入 10%磷酸三钠溶液中浸种 20 min,捞出,用清水淘洗干净后催芽。

　　4　用 0.1%高锰酸钾溶液浸种 15 min 后,捞出用清水淘洗干净,再浸泡 4 ~ 5 h 后催芽。

4.5.6.2　催芽

　　将浸过的种子用湿润棉纱布包裹,在 25 ~ 28 ℃温度条件下进行催芽。每天用清水淘洗 1 ~ 2 次,待 90%种子露白时播种。

4.5.7　播种

　　播种前浇足底水。待水渗下后,将催过芽的种子点播于穴盘内或拌细沙后撒播于苗床,覆盖 1 cm 厚营养土。

4.5.8　苗期管理

4.5.8.1　温度

　　温度管理应掌握"三高三低"。即:出苗前高、出苗后低;分苗后高、分苗前低;定植后高、定植前低。冬季育苗出苗前:温度掌握在白天 25 ~ 28 ℃,夜间 15 ~ 20 ℃;出苗后,白天 18 ~ 22 ℃,夜间 10 ~ 13 ℃;第一片真叶出现后至炼苗,白天 25 ~ 28 ℃,夜间 10 ~ 13 ℃;定植前 7 d 炼苗,炼苗时,白天 25 ~ 28 ℃,夜间 8 ~ 10 ℃。夏秋育苗应遮阳降温。

4.5.8.2　光照

　　冬春育苗采用增光措施。夏秋育苗适当遮阳降温。

4.5.8.3　水分

　　浇足分苗水。定植前以控为主,视墒情适当浇小水。夏季育苗应防雨。

4.5.9　分苗

　　在幼苗 2 片真叶时,及时分苗。株行距 10 cm × 10 cm 以上,或分栽于营养钵内。

4.5.10　壮苗指标

　　春季栽培用苗:苗龄 50 ~ 60 d,株高 20 ~ 25 cm,茎粗 0.5 ~ 0.7 cm,现大蕾;夏秋栽培用苗:苗龄 25 d,四叶一心,株高 15 cm,茎粗 0.4 cm 左右。

4.6　整地施肥

　　每亩施腐熟优质厩(圈)肥 8 ~ 10 m³ 或禽肥 4 ~ 5 m³、三元复合肥和过磷酸钙各 50 kg。其中 2/3 撒施土壤表面后深翻 20 ~ 25 cm,1/3 在种植带内集中沟施。整地做垄,垄宽 70 ~ 80 cm,沟宽 40 ~ 50 cm,垄高 15 ~ 20 cm。

4.7 定植

4.7.1 定植时期

早春栽培,晚霜后地温稳定在 10 ℃以上时定植。夏秋季栽培,当幼苗达到壮苗标准时适时定植。

4.7.2 定植方法及密度

采用宽窄行定植,覆盖地膜。每亩定植 3 000 ~ 4 000 株。

4.8 田间管理

4.8.1 肥水管理

定植后浇一次透水,3 ~ 4 d 浇缓苗水,然后进行中耕蹲苗;待第一穗果坐稳后结束蹲苗,开始浇水追肥;结果期应经常保持土壤湿润,每 10 ~ 15 d 浇水施肥一次,一般每亩每次施尿素或复合肥 15 ~ 20 kg,交替使用。

4.8.2 植株调整

4.8.2.1 插架绑蔓:及时插架绑蔓。

4.8.2.2 整枝:一般采用单干整枝。及时去除侧枝。

4.8.2.3 摘心、打叶:当最上面的预留果穗开花时,留果穗以上 2 片叶摘心。及时摘除下部黄叶和病叶。

4.8.3 保花疏果

4.8.3.1 保果:在环境条件不适宜番茄坐果时,可适量使用保果宁、番茄灵、果霉清、丰产剂 2 号等植物调节剂处理花穗。

4.8.3.2 疏果:根据品种不同,每穗合理留果。

4.9 病虫害防治

4.9.1 主要病害:猝倒病、立枯病、早疫病、斑枯病、叶霉病、灰霉病、溃疡病、青枯病、晚疫病、病毒病、脐腐病、根结线虫病等。

4.9.2 主要虫害:蚜虫、白粉虱、潜叶蝇等。

4.9.3 防治原则

按照"预防为主,综合防治"的植保方针,以农业防治为基础,优先采用物理防治、生物防治技术,按照病虫害的发生规律,科学应用化学防治技术。

4.9.4 农业防治

选用抗病品种;轮作;采用地热线和穴盘育苗技术;培育适龄壮苗,提高抗逆性;科学施肥;整枝时接触到病株、病果时应及时洗手消毒;及时清除病株、病果,清洁田园。

4.9.5 物理防治

温烫浸种;采用橙黄板诱蚜或者覆盖银灰膜驱避蚜虫。

4.9.6 生物防治

积极保护利用天敌;优先采用生物农药防治。

4.9.7 化学防治

4.9.7.1 农药的使用

严格执行 NY/T 2798.3—2015 标准的规定,严格控制农药使用浓度、次数及安全间隔期,禁止使用剧毒、高毒、高残留农药。注意轮换用药,合理混配。棚室栽培优先采用粉尘法和熏蒸的施药方法。

4.9.7.2 推荐农药

猝倒病、立枯病:可用霜霉威、噁唑菌酮·锰锌等。

晚疫病:可用嘧菌酯、丙森锌、代森联、甲霜·锰锌、噁霜·锰锌、百菌清、噁唑菌酮·锰锌、霜霉威、氢氧化铜等。

灰霉病、叶霉病:可用腐霉利、异菌脲、嘧霉胺、多抗霉素等。

溃疡病、青枯病:可用氢氧化铜、农用链霉素、春雷霉素、春雷·王铜等。

病毒病:可用植病灵、宁南霉素、盐酸吗啉胍、香菇多糖等。

斑枯病:可用克菌丹、百菌清、噁霜·锰锌、多抗霉素等。

早疫病:可用异菌脲、百菌清、噁霜·锰锌、多抗霉素、代森锰锌等。

根结线虫病:可用厚垣轮枝菌、噻唑膦等。

脐腐病:追施或叶片喷施钙肥。

蚜虫、白粉虱:可用啶虫脒、吡虫啉、抗蚜威、苦参碱等。

潜叶蝇:可用阿维菌素、灭蝇胺等。

5 采收

及时分批采收,确保商品品质。采收期应符合农药安全间隔标准要求。

6 包装运输

包装运输要符合 NY/T 2798.1—2015 标准的规定。运输过程要保持适当的温度和湿度。包装运输器具应清洁卫生、无异味、无污染,严防暴晒、雨淋、高温、冷冻等发生。

7 生产档案

建立田间生产档案。对生产过程中重点生产技术、病虫害防治技术、采收等环节及措施进行详细记录。

无公害农产品　茄子（设施栽培）
生产技术规程

1　范围

本规程规定了无公害茄子（设施栽培）的产地环境要求和生产管理措施。本规程适用于新郑市行政区域内无公害茄子（设施栽培）的生产。

2　规范性引用文件

下列文件中的条款通过本规程的引用而成为本规程的条款。凡是注日期的引用文件，其随后所有的修改（不包括勘误的内容）或修订版均不适用于本规程，凡是不注日期的引用文件，其最新版本适用于本规程。

NY/T 2798.1—2015　无公害农产品　生产质量安全控制技术规范　第1部分：通则

NY/T 2798.3—2015　无公害农产品　生产质量安全控制技术规范　第3部分：蔬菜

NY/T 5010—2016　无公害农产品　种植业产地环境条件

GB 16715.3　瓜菜作物种子　第3部分：茄果类

3　产地环境条件

生产基地要选择地势平坦、排灌方便、土壤肥沃、远离有"三废"污染的地区，其环境空气质量、灌溉用水、土壤质量等自然条件应符合 NY/T 2798.3—2015、NY/T 5010—2016 标准的规定。

4　生产技术管理

4.1　栽培方式

日光温室栽培、塑料大棚栽培、小拱棚栽培。

4.2　品种选择

选用优质、抗病、早熟、丰产、耐弱光、商品性好的品种。如：安德烈、早紫茄、糙青茄、茄杂 1 号等。

4.3　种子质量

种子质量应符合 GB 16715.3 标准的要求。

4.4　施肥原则

施肥以有机肥为主,控制氮肥施用,提倡使用商品有机肥和生物肥料。禁止施用城市垃圾、粪水和污泥,不得施用未经充分腐熟、未达到无害化指标的人畜禽粪尿等有机肥料。重施基肥,合理追肥。进行测土配方施肥,保持土壤肥力平衡。选用的肥料应达到国家有关产品质量标准,满足无公害茄子对肥料的要求。

4.5　育苗

4.5.1　营养土配制

用 60% 肥沃田园土与 40% 腐熟厩(圈)肥充分混合,在混合时每立方米营养土加入三元复合肥或过磷酸钙 1 kg 拌匀。营养土过筛后装入营养钵或穴盘内。

4.5.2　用种量

每亩栽培面积用种量 50 g 左右。

4.5.3　种子处理

4.5.3.1　浸种(可采用下列方法之一)

1　用 55 ~ 60 ℃的温水浸种 15 ~ 20 min,并不停搅拌,待水温降至 30 ℃时停止,继续用温水浸泡 12 ~ 14 h,捞出,用清水淘洗干净后催芽。

2　用 50% 多菌灵可湿性粉剂 500 倍液浸种 1 h,再用 30 ℃的温水继续浸泡 12 h,捞出,用清水淘洗干净后催芽。

3　用清水浸种 12 ~ 14 h,再放入 10% 磷酸三钠溶液中浸种 20 min,用清水淘洗干净后催芽。

4　用 0.1% 高锰酸钾溶液浸泡 15 ~ 20 min,捞出后淘洗干净,再用清水浸泡 12 ~ 14 h 后催芽。

4.5.3.2　催芽

将浸过的种子用湿润棉纱布包裹,进行变温催芽。即保持 25 ~ 30 ℃温度催芽 18 h,再保持 10 ~ 15 ℃温度催芽 6 h,交替进行。待种子露白时播种。催芽过程中应保持种子表面湿润无明水。

4.5.4 播种

4.5.4.1 播期

日光温室越冬栽培:8~9月播种。

日光温室早春栽培:10月播种。

塑料大棚、小拱棚春提早栽培:12月播种。

4.5.4.2 播种方法

播种前浇足底水,待水渗下后,将催过芽的种子播入苗床或营养钵或穴盘,覆盖1 cm厚营养土。为预防苗期病害,可用适量50%多菌灵可湿性粉剂与细土混合制成药土,播种前先将50%药土撒于营养土表面,剩余的药土盖在种子上面。播后覆盖地膜,出苗后及时揭除。12月播种时,苗床上需搭小拱棚保温。

4.5.5 苗期管理

出苗前,保持白天28~32 ℃,夜间18~20 ℃。出苗后,保持白天25~28 ℃,夜间15~12 ℃。幼苗2片真叶时分苗。缓苗后应加大通风,适当降低夜温,以防徒长。定植前7~10 d进行低温炼苗。保持白天28~32 ℃,夜间10~12 ℃。

4.5.6 壮苗标准

苗龄:越冬栽培的60~70 d,早春栽培、春提早栽培的100~110 d。株高20~25 cm,6~7叶,带花蕾,茎秆粗壮,根系发达,无病虫害。

4.6 整地施肥

每亩施腐熟厩(圈)肥6~8 m³或禽肥3~4 m³、三元复合肥40~50 kg。其中2/3撒施土壤表面后深翻20 cm以上,1/3在种植带内集中沟施。按南北向作垄,垄宽70 cm,沟宽50 cm,沟深15~20 cm。

4.7 棚室消毒

定植前10~15 d扣膜升温,同时进行熏蒸消毒。每亩用80%敌敌畏乳油250 mL拌适量锯末,与2~3 kg硫黄粉混合,分10处点燃,密闭一昼夜后放风。或采用百菌清烟雾剂熏蒸。

4.8 定植

4.8.1 定植时间

4.8.1.1 日光温室越冬栽培:10月中下旬至11月上中旬定植。

4.8.1.2 日光温室早春栽培:1月下旬至2月上旬定植。

4.8.1.3 塑料大棚、小拱棚春提早栽培:2月下旬至3月上中旬定植。

4.8.2 定植方法及密度

选择晴暖天定植,每亩定植 3 000 ~ 4 000 株,采用垄上双行定植,行距 60 cm,温室栽培按前密后稀的原则,株距 25 ~ 30 cm。起苗时,应注意避免伤根。定植深度以茄苗土坨的上表面略低于垄面为宜。定植后浇透水,及时覆盖地膜。

4.9 田间管理

4.9.1 温度

定植后缓苗期间温度保持白天 28 ~ 32 ℃,夜间 18 ~ 20 ℃,松土增温,促进缓苗。缓苗后白天 28 ~ 30 ℃,夜间 15 ~ 18 ℃,达到 32 ℃时放风。开花结果期保持白天 25 ~ 32 ℃,上半夜 15 ~ 18 ℃,下半夜 13 ~ 15 ℃,地温 15 ℃以上。3 月以后天气转暖,要加大放风量。

4.9.2 光照

保持棚膜清洁,增加透光率。在保温的前提下,尽量早揭晚盖草苫。

4.9.3 水肥

采用膜下暗灌或滴灌。适当蹲苗,至门茄瞪眼期时开始浇水追肥,结合浇水每亩追施尿素或三元复合肥 10 ~ 15 kg。盛果期要加强肥水量,一般 7 ~ 10 d 浇水追肥一次。每亩追施尿素或复合肥 10 ~ 15 kg。

4.9.4 植株调整

摘除门茄以下的侧枝。对茄坐住后,及时整枝吊蔓,摘除下部老叶、病叶及上部多余侧枝。

4.9.5 保花保果

冬春季节可适当使用植物生长调节剂处理花萼和花柄,注意避免碰到枝叶引起药害。

4.10 病虫害防治

4.10.1 主要病害:猝倒病、立枯病、早疫病、褐斑病、绵疫病、灰霉病、炭疽病、褐纹病、黄萎病、枯萎病、根结线虫病等。

4.10.2 主要虫害:红蜘蛛、白粉虱、烟粉虱、蚜虫、茶黄螨等。

4.10.3 防治原则

按照"预防为主,综合防治"的植保方针,以农业防治为基础,优先采用物理防治、生物防治技术,按照病虫害的发生规律,科学使用化学防治技术。

4.10.4 农业防治

选用抗病品种;轮作;增施磷钾肥;膜下暗灌或滴管;加强温湿调控;及时整枝,摘除病果、病叶,清洁田园;及时采收;可采用嫁接育苗技术,覆盖流滴消雾型棚膜。

4.10.5 生物防治

积极保护利用天敌;优先采用生物农药防治。

4.10.6 物理防治

温烫浸种;放风口覆盖防虫网,采用橙黄板诱蚜、银灰色膜避蚜等;夏季高温消毒土壤。

4.10.7 化学防治

4.10.7.1 农药的使用

按照 NY/T 2798.3—2015 标准的规定,严格控制农药使用浓度、次数及安全间隔期,禁止使用剧毒、高毒、高残留农药。注意轮换用药,合理混配。棚室栽培优先采用粉尘法和熏蒸法防治。

4.10.7.2 推荐农药

猝倒病、立枯病:可用霜霉威、噁霉灵等。

绵疫病:可用嘧菌酯、丙森锌、霜脲·锰锌、代森联、丙森锌·缬霉威、代森锰锌、霜霉威、百菌清、噁唑菌酮·锰锌、三乙膦酸铝等。

褐纹病:可用克菌丹、噁唑菌酮·锰锌、代森锰锌、百菌清等。

灰霉病:可用腐霉利、异菌脲、嘧霉胺、多抗霉素、啶菌噁唑等。

炭疽病:可用嘧菌酯、咪鲜胺、克菌丹、百菌清、苯醚甲环唑、代森锰锌等。

枯萎病、黄萎病:可用多菌灵、农抗120、噁霉灵、氯化苦等。

早疫病:可用百菌清、克菌丹、代森锰锌、噁霜·锰锌、丙森锌、苯醚甲环唑等。

根结线虫病:可用厚垣轮枝菌、噻唑磷、氰氨化钙、阿维菌素等。

蚜虫:可用溴氰菊酯、啶虫脒、阿维菌素、吡虫啉、抗蚜威等。

白粉虱、烟粉虱:可用啶虫脒、吡虫啉、联苯菊酯、噻虫嗪、异丙威等。

红蜘蛛、茶黄螨:可用阿维菌素、双甲脒、浏阳霉素等。

5 采收

开花后 20~25 d,茄果达到该品种最佳商品性状时及时采收。门茄适时早采。采收期应符合农药安全间隔标准要求。

6 包装运输

包装运输要符合 NY/T 2798.1—2015 标准的规定。运输过程要保持适当的温度和湿度。包装运输器具应清洁卫生、无异味、无污染,严防暴晒、雨淋、高温、冷冻等发生。

7　生产档案

建立田间生产档案。对生产过程中重点生产技术、病虫害防治技术、采收等环节及措施进行详细记录。

无公害农产品　茄子生产技术规程

1　范围

本规程规定了无公害茄子(露地栽培)的产地环境要求和生产管理措施。本规程适用于新郑市行政区域内无公害茄子(露地栽培)的生产。

2　规范性引用文件

下列文件中的条款通过本规程的引用而成为本规程的条款。凡是注日期的引用文件,其随后所有的修改(不包括勘误的内容)或修订版均不适用于本规程,凡是不注日期的引用文件,其最新版本适用于本规程。

NY/T 2798.1—2015　无公害农产品　生产质量安全控制技术规范　第1部分:通则

NY/T 2798.3—2015　无公害农产品　生产质量安全控制技术规范　第3部分:蔬菜

NY/T 5010—2016　无公害农产品　种植业产地环境条件

GB 16715.3　瓜菜作物种子　第3部分:茄果类

3　产地环境条件

生产基地要选择地势平坦、排灌方便、土壤肥沃、远离有"三废"污染的地区,其环境空气质量、灌溉用水、土壤质量等自然条件应符合 NY/T 2798.3—2015、NY/T 5010—2016 标准的规定。

4　生产技术管理

4.1　品种选择

选择适应性强、优质、丰产、耐热、抗病、商品性好、适合市场需求的品种。如:糙青茄、早紫茄、大红袍、西安绿茄等。

4.2 种子质量

种子质量应符合 GB 16715.3 标准的要求。

4.3 育苗设施

根据气候条件可选在日光温室、阳畦内,可利用营养钵或穴盘育苗。

4.4 施肥原则

施肥以有机肥为主,控制氮肥施用,提倡使用商品有机肥和生物肥料。禁止施用城市垃圾、粪水和污泥,不得施用未经充分腐熟、未达到无害化指标的人畜禽粪尿等有机肥料。重施基肥,合理追肥。进行测土配方施肥,保持土壤肥力平衡。选用的肥料应达到国家有关产品质量标准,满足无公害茄子对肥料的要求。

4.5 育苗

4.5.1 用种量

每亩栽培面积用种量 50 g 左右。

4.5.2 营养土配制

用 60% 肥沃田园土与 40% 腐熟厩(圈)肥充分混合,在混合时每立方米营养土加入三元复合肥或过磷酸钙 1 kg 拌匀。营养土过筛后铺入床面,或装入营养钵或穴盘内。

4.5.3 种子处理

4.5.3.1 浸种(可采用下列方法之一)

1 用 55~60 ℃ 的温水浸种 15~20 min,并不停搅拌,待水温降至 30 ℃ 时停止,继续用温水浸泡 12~14 h,捞出,用清水淘洗干净后催芽。

2 用 50% 多菌灵可湿性粉剂 500 倍液浸种 1 h,再用 30 ℃ 的温水继续浸泡 12 h,捞出,用清水淘洗干净后催芽。

3 用清水浸种 14 h,再放入 10% 磷酸三钠溶液中浸种 20 min,捞出,用清水淘洗干净后催芽。

4 用 0.1% 高锰酸钾溶液浸泡 15~20 min,捞出后淘洗干净,再用清水浸泡 12~14 h 后催芽。

4.5.3.2 催芽

将浸过的种子用湿润棉纱布包裹,进行变温催芽。即保持 25~30 ℃ 温度催芽 18 h,再保持 10~15 ℃ 温度催芽 6 h,交替进行。待种子露白时播种。催芽过程中应保持种子表面湿润无明水。

4.5.4 播种

4.5.4.1 播期

春季栽培:2月中下旬播种;夏季栽培:4月播种。

4.5.4.2 播种方法

播种前浇足底水,待水渗下后,将催过芽的种子播入苗床或营养钵或穴盘,覆盖1 cm厚营养土。为预防苗期病害,可用适量50%多菌灵可湿性粉剂与细土混合制成药土,播种前先将50%药土撒于营养土表面,剩余的药土盖在种子上面。播后覆盖地膜,出苗后及时揭除。冬季育苗应采取设施保温增温措施。

4.5.5 苗期管理

4.5.5.1 温度管理

温棚育苗:出苗前,保持白天28~32 ℃,夜间18~20 ℃。出苗后,保持白天28~30 ℃,夜间15~18 ℃。幼苗2片真叶时分苗。缓苗期,保持白天28~30 ℃,夜间18~20 ℃。缓苗后注意通风,适当降低夜温,以防徒长,保持白天25~30 ℃,夜间15~18 ℃。

4.5.5.2 水肥管理

苗期以控水控肥为主。幼苗3~4片真叶时可进行叶面追肥。

4.5.5.3 炼苗

温棚育苗时,在定植前7~10 d进行低温炼苗。保持白天28~32 ℃,夜间10~12 ℃。

4.6 整地施肥

每亩施腐熟厩(圈)肥6~8 m³或禽肥3~4 m³、三元复合肥40~50 kg。其中2/3撒施土壤表面后深翻20 cm,1/3在种植带内集中沟施。整地做垄,垄宽70~80 cm,沟宽50 cm,沟深15~20 cm。

4.7 定植

4.7.1 定植时间

春季栽培:4月中下旬定植;夏季栽培:6月上旬定植。

4.7.2 定植方法及密度

采用垄上双行定植,行距60 cm,株距40~50 cm,每亩定植2 000~2 500株。春季定植时,定植后可覆盖地膜。

4.8 田间管理

4.8.1 水肥管理

定植后浇透水,3~5 d后浇缓苗水。缓苗后至门茄瞪眼期一般不浇水,进行中耕蹲苗。门茄瞪眼期后,结合浇水每亩追施尿素或三元复合肥 10 ~ 15 kg。盛果期要加强肥水管理,保持土壤见干见湿。追肥一般进行 3 次,即门茄、对茄、四门斗坐果后各一次,每次每亩施三元复合肥 15 ~ 20 kg。如需延长采摘期,可根据实际情况再适当追肥。

4.8.2 中耕除草

及时进行中耕除草,松土透气。

4.8.3 植株调整

每株保留 4 个分枝,其余侧枝全部抹除。封垄后,及时去除老叶、黄叶及病叶。

4.9 病虫害防治

4.9.1 主要病害:猝倒病、立枯病、黄萎病、绵疫病、褐纹病、炭疽病、枯萎病、根结线虫病等。

4.9.2 主要虫害:蚜虫、红蜘蛛、白粉虱、烟粉虱、二十八星瓢虫、茶黄螨等。

4.9.3 防治原则

按照"预防为主,综合防治"的植保方针,以农业防治为基础,优先采用物理防治、生物防治技术,按照病虫害的发生规律,科学应用化学防治技术。

4.9.4 农业防治

选用抗病品种;轮作;增施磷钾肥;采用穴盘育苗;高垄或半高垄栽培,地膜覆盖;避免积水;及时采收;及时整枝,摘除病果、病叶,清洁田园;可采用嫁接育苗。

4.9.5 生物防治

积极保护利用天敌;优先采用生物农药防治。

4.9.6 化学防治

4.9.6.1 农药的使用

按照 NY/T 2798.3—2015 标准的规定,严格控制农药使用浓度、次数及安全间隔期,禁止使用剧毒、高毒、高残留农药。注意轮换用药,合理混配。

4.9.6.2 推荐农药

猝倒病、立枯病:可用霜霉威、噁霉灵等。

绵疫病:可用嘧菌酯、丙森锌、霜脲·锰锌、代森联、丙森锌·缬霉威、代森锰锌、霜霉威、百菌清、噁唑菌酮·锰锌、三乙膦酸铝等。

褐纹病:可用克菌丹、噁唑菌酮·锰锌、代森锰锌、百菌清等。

黄萎病、枯萎病:可用多菌灵、噁霉灵、农抗120、氯化苦等。

炭疽病:可用嘧菌酯、咪鲜胺、克菌丹、百菌清、苯醚甲环唑、代森锰锌等。

根结线虫病:可用厚垣轮枝菌、噻唑磷、氰氨化钙、阿维菌素等。

蚜虫、粉虱:可用溴氰菊酯、啶虫脒、阿维菌素、吡虫啉等。

红蜘蛛、茶黄螨:可用阿维菌素、双甲脒、浏阳霉素等。

二十八星瓢虫:可用敌百虫、溴氰菊酯、高效氯氰菊酯等。

5 采收

开花后20～25 d,茄果达到该品种最佳商品性状时及时采收。门茄适时早采。采收期应符合农药安全间隔标准要求。

6 包装运输

包装运输要符合 NY/T 2798.1—2015 标准的规定。运输过程要保持适当的温度和湿度。包装运输器具应清洁卫生、无异味、无污染,严防暴晒、雨淋、高温、冷冻等发生。

7 生产档案

建立田间生产档案。对生产过程中重点生产技术、病虫害防治技术、采收等环节及措施进行详细记录。

无公害农产品　辣椒(设施栽培)
生产技术规程

1　范围

本规程规定了无公害辣椒(设施栽培)的产地环境要求和生产管理措施。本规程适用于新郑市行政区域内无公害农产品辣椒的设施生产。

2　规范性引用文件

下列文件中的条款通过本规程的引用而成为本规程的条款。凡是注日期的引用文件,其随后所有的修改单(不包括勘误的内容)或修订版均不适用于本规程,凡是不注日期的引用文件,其最新版本适用于本规程。

NY/T 2798.1—2015　无公害农产品　生产质量安全控制技术规范　第1部分:通则

NY/T 2798.3—2015　无公害农产品　生产质量安全控制技术规范　第3部分:蔬菜

NY/T 5010—2016　无公害农产品　种植业产地环境条件

GB 16715.3　瓜菜作物种子　第3部分:茄果类

3　产地环境条件

符合 NY/T 5010—2016 标准的规定,要求地势平坦、排灌方便、地下水位较低、土层深厚、肥沃疏松的地块。

4　生产技术措施

4.1　栽培方式

塑料棚、日光温室栽培。

4.2　品种选择与种子质量

根据不同的栽培方式,选择早熟、耐寒、耐弱光、优质、高产、抗病性强、适合市场需求的优良品种。如郑椒 11 号、康大 401、康大 601 等。种子质量应符合 GB 16715.3 标准的要求。

4.3　育苗

4.3.1　播种期

塑料棚春提早栽培 10 月中下旬至 12 月上中旬播种育苗,秋延后栽培 7 月上中旬播种育苗,日光温室冬春茬栽培 10 月下旬至 11 月上旬播种育苗,秋冬茬栽培 7 月中旬至 8 月上旬播种育苗,越冬茬栽培 9 月上旬播种育苗。

4.3.2　营养土配制

营养土可用未种过茄科作物的肥沃园田土或未种过蔬菜的大田土壤,及充分腐熟的优良农家肥,如堆肥、厩肥、马粪等。园田土与农家肥的比例一般为 6:4。每立方米营养土加氮磷钾复合肥 2 kg。混配均匀过筛后,铺在育苗床上,或装入营养钵或穴盘内。

4.3.3　营养土的消毒

用甲醛、代森锰锌或多菌灵等。

4.3.4　种子处理

将种子浸入 50 ~ 60 ℃的温水中,不断搅拌,待水温下降至 30 ℃时停止搅拌,再浸泡 8 ~ 12 h。捞出沥干,用湿布包起来,放在 25 ~ 30 ℃条件下催芽。

4.3.5　播种

每平方米苗床播种 15 ~ 20 g。将苗床浇足底水,渗下之后,在床面上均匀地撒上一层过筛的干细育苗土,待这层土变湿后即可播种,播种后覆土 1 cm 左右。冬春季播种后覆盖地膜,并扣上小拱棚,加盖塑料薄膜及草苫保温,夏季播种后覆盖遮阳网。

4.3.6　分苗

在 3 片真叶前完成,最适宜的时期是"2 叶 1 心"时。苗距为 10 cm × 10 cm。分苗前一天要向苗床喷水,分苗选晴天上午。

4.3.7　苗期管理

4.3.7.1　温度

播种至种子发芽出土,适宜气温白天 28 ~ 30 ℃,夜间 18 ~ 22 ℃,适宜土温 20 ℃,一般 5 ~ 7 d 即可出苗。出苗后,白天 23 ~ 25 ℃,夜间 15 ~ 18 ℃。分苗前 7 ~ 10 d,白天加强通风,气温控制在 20 ~ 25 ℃,夜温控制在 10 ~ 15 ℃。分苗后一周内,平均地温为 18 ~ 20 ℃,白天气温 25 ~ 30 ℃,夜间 18 ~ 20 ℃。缓苗后,白天气温 20 ~ 25 ℃,地温为 16 ~ 18 ℃,夜间气温 15 ℃,地温为 13 ~ 14 ℃。定植前 10 ~ 15 d,白天气温 15 ~ 20 ℃,夜间 5 ~ 10 ℃。

4.3.7.2 光照

冬季要及时揭盖保温覆盖物,清洁棚面,提高透光率。

4.3.7.3 水分

苗期以控水为主,不旱不浇水。穴盘育苗基质保持湿润。

4.3.7.4 施肥

2~3片叶后隔7 d喷一次叶面肥,连喷4~5次。3~4叶时幼苗弱可追施肥料。

4.3.8 壮苗的标准

生长健壮,无病虫害。茎秆粗壮,节间短,叶片肥厚,叶色深绿有光泽,根系发达,呈乳白色,须根多。株高20 cm,9~13片真叶,80%以上植株现蕾。

4.4 定植

4.4.1 整地施肥

肥料的用量依据土壤肥力和目标产量确定,一般每亩施优质农家肥5~7.5 m³,饼肥100~200 kg,磷酸二铵50~100 kg,硫酸钾20~30 kg。2/3普施并深翻,1/3施于定植带内,将肥料与田土充分混合均匀后做垄,覆地膜。

4.4.2 棚室消毒

定植前10 d进行棚室消毒,每亩用硫黄粉300 g、敌百虫500 g、锯木屑500 g混合后分6处点燃,密闭一昼夜,放风无味后定植。

4.4.3 定植期

设施内10 cm土层温度稳定在12~15 ℃,夜间最低气温不低于8 ℃即可定植。塑料棚春提前栽培2月下旬至3月上、中旬定植,秋延后栽培8月中旬至9月上旬定植,日光温室冬春茬栽培1月中下旬至2月上中旬定植,秋冬茬栽培8月下旬至9月上旬定植,越冬茬栽培11月上旬定植。

4.4.4 定植方法及密度

采用宽窄行栽培,宽行距60~70 cm,窄行距40~50 cm,密度根据品种特性确定,一般穴距25~45 cm,每亩定植3 000~4 500穴,一穴单株或双株定植,双株定植密度可稍稀。选晴天上午定植,栽后浇足定植水,并立即扣严棚膜,夜间加盖草苫。

4.5 田间管理

4.5.1 温度管理

早春栽培时,定植后5~7 d内不放风或少放风,白天棚内气温维持在30 ℃以上,缓苗以后,白天最高温度25~30 ℃,夜间不低于15 ℃。当外界夜间最低气温达到11 ℃以上,白天气温28 ℃左右时,开始逐渐通夜风。开花坐果期棚温保持 25~28 ℃,要加大通风。5 月中旬前后要逐渐加大通风量,进入 6 月后,及时拆去裙膜,大棚四周日夜大通风。炎夏时节,在顶棚膜上加盖遮阳网,气温可降低 4~6 ℃。

秋、冬栽培时,缓苗后白天温度控制在 25 ℃左右,夜间温度控制在 15~18 ℃。生长前期要昼夜通风,白天温度控制在 25~28 ℃,夜间为 15~18 ℃。白天可适当进行遮阴处理。当夜间温度低于 15 ℃时,需将棚室四周的塑料薄膜放下,关闭通风口。10 月下旬以后,当外界夜间最低温度达不到 10 ℃时,棚室要加盖草苫或大棚内扣小拱棚。随着室外温度进一步下降,夜间要加强保温覆盖。12 月至翌年 1 月为最寒冷季节,要做好防低温寒流工作。

4.5.2　光照管理

采用透光性好的长寿无滴膜,保持膜面清洁。在日光温室后墙张挂反光膜,也可以通过人工照明补光。保温覆盖物白天尽量早揭晚盖,即使阴天也要揭开利用散射光。夏秋季节生产应适应遮阳降温。

4.5.3　中耕和水肥管理

定植时浇水不要过大,过 3~4 d 浇一次缓苗水,连续中耕两次蹲苗。缓苗水和定植水最好用稀粪水。缓苗后到门椒采收前控水蹲苗,而后逐渐增加浇水量。门椒坐住后,结合浇水,开始追肥,催果。每亩施硫酸铵 15~25 kg,每采收 1~2 次追肥一次。收获前 20 d 应停止使用化肥,最好追施生物有机肥。

4.5.4　植株调整

适时摘除门椒以下的所有侧枝、弱枝及老、黄、病叶,植株长势过旺时,适当进行吊秧。

4.5.5　病虫害防治
4.5.5.1　主要病虫害

主要病害:猝倒病、立枯病、病毒病、炭疽病、疫病、根腐病、枯萎病、灰霉病、菌核病、白粉病、软腐病、疮痂病等。

主要虫害:蚜虫、白粉虱、棉铃虫、烟青虫、茶黄螨、红蜘蛛、小地老虎等。

4.5.5.2　防治原则

按照"预防为主,综合防治"的植保方针,坚持"以农业防治、物理防治、生物防治为主,化学防治为辅"的无害化控制原则。

4.5.5.3　农业防治

避免连作,与非茄科作物轮作 3 年以上;选用抗病品种;培育适龄壮苗;严格进行种子消毒,减少种子带菌传病;测土平衡施肥,增施充分腐熟的有机肥。

4.5.5.4　物理防治

用温烫浸种防治疮痂病和炭疽病;用防虫网隔离,防治棉铃虫、斜纹夜蛾、白粉虱、蚜虫等;用橙黄板诱杀白粉虱、蚜虫、美洲斑潜蝇等;利用银灰色薄膜避蚜虫;利用紫外线黑光灯诱杀烟青虫、小地老虎成虫等;安装振式杀虫灯。

4.5.5.5　生物防治

积极保护利用天敌,防治病虫害,用蜘蛛捕食蚜虫、烟青虫与棉铃虫的卵和1~3龄幼虫等;用瓢虫捕食蚜虫;释放丽蚜小蜂或草蛉等捕杀白粉虱。

利用生物农药链霉素、新植霉素、浏阳霉素、农抗120、印棟素、苦参碱、苏云金杆菌等防治病虫害。

4.5.5.6　化学防治

猝倒病:可用霜霉威、代森锰锌、噁霉灵等。

立枯病:可用甲基硫菌灵、多菌灵、百菌清等。

病毒病:可用宁南霉素、病毒A、植病灵等。

疫病:可用丙森锌·缬霉威、烯酰吗啉·锰锌、霜霉威等。

炭疽病:可用咪鲜胺、甲基硫菌灵、丙森锌等。

灰霉病:可用异菌脲、腐霉利、嘧霉胺等。

枯萎病:可选用甲基硫菌灵、多菌灵、噁霉灵等。

根腐病:可用多菌灵、甲基硫菌灵、福美双等。

菌核病:可用腐霉利、咪鲜胺、异菌脲等。

白粉病:可选用三唑酮、氟硅唑、农抗120等。

软腐病:可用氢氧化铜、链霉素、新植霉素等。

疮痂病:可用氧化亚铜、新植霉素、春雷霉素等。

蚜虫:可用抗蚜威、苦参碱、吡虫啉等。

白粉虱:可用噻嗪酮、吡虫啉、灭蝇胺等。

烟青虫:可用灭幼脲、氟虫脲、氯氰菊酯等。

茶黄螨:可用三唑锡、联苯菊酯、甲氰菊酯等。

红蜘蛛:可用三唑锡、双甲脒等。

小地老虎:可用氰戊菊酯、敌百虫等。

5　采收

门茄和对茄达到商品成熟时,及早采收上市。中后期在果实充分膨大,果肉变硬,果皮发亮时再摘。

6 包装运输

包装运输要符合 NY/T 2798.1—2015 标准的规定。运输过程要保持适当的温度和湿度。包装运输器具应清洁卫生、无异味、无污染,严防暴晒、雨淋、高温、冷冻等发生。

7 生产档案

建立田间生产档案。对生产过程中重点生产技术、病虫害防治技术、采收等环节及措施进行详细记录。

无公害农产品 辣椒生产技术规程

1 范围

本规程规定了无公害辣椒的产地环境要求和生产管理措施。

本规程适用于新郑市行政区域内无公害农产品辣椒的生产。

2 规范性引用文件

下列文件中的条款通过本规程的引用而成为本规程的条款。凡是注日期的引用文件,其随后所有的修改单(不包括勘误的内容)或修订版均不适用于本规程。凡是不注日期的引用文件,其最新版本适用于本规程。

NY/T 2798.1—2015 无公害农产品 生产质量安全控制技术规范 第1部分:通则

NY/T 2798.3—2015 无公害农产品 生产质量安全控制技术规范 第3部分:蔬菜

NY/T 5010—2016 无公害农产品 种植业产地环境条件

GB 16715.3 瓜菜作物种子 第3部分:茄果类

3 产地环境条件

生产基地要选择地势平坦、排灌方便、土壤肥沃、远离有"三废"污染的地区,其环境空气质量、灌溉用水、土壤质量等自然条件应符合 NY/T 2798.3—2015、NY/T 5010—2016 标准的规定。

4 生产技术管理

4.1 栽培方式

栽培方式包括日光温室栽培、塑料棚栽培、阳畦栽培、露地栽培等。

4.2 栽培季节

4.2.1 日光温室越冬栽培:8 月下旬至 9 月播种。

4.2.2 日光温室早春栽培:10 月下旬至 11 月播种。

4.2.3 塑料大棚、小拱棚春提早栽培:11 月播种。

4.2.4 春露地栽培:2 月播种。

4.2.5 夏季栽培:4 月播种。

4.2.6 秋季双覆盖栽培:7 月上旬播种。

4.3 品种选择

根据不同的栽培季节和栽培方式,选择抗病、优质、高产、商品性好、适合市场需求的品种。如:汴椒 1 号、洛椒 8 号、农研 13、农研 16、农研 19、湘研 16、中椒 5 号、中椒 13 号等。

4.4 种子质量

种子质量应符合 GB 16715.3 标准要求。

4.5 施肥原则

施肥以有机肥为主,控制氮肥施用,提倡使用商品有机肥和生物肥料。禁止施用城市垃圾、粪水和污泥,不得施用未经充分腐熟、未达到无害化指标的人畜禽粪尿等有机肥料。重施基肥,合理追肥。进行测土配方施肥,保持土壤肥力平衡。选用的肥料应达到国家有关产品质量标准,满足无公害辣椒对肥料的要求。

4.6 育苗

4.6.1 播种期

根据不同栽培方式选择适宜的播种期。

4.6.2 营养土配制

用 60% 肥沃田园土与 40% 腐熟厩(圈)肥充分混合,在混合时每立方米营养土加入三元复合肥或过磷酸钙 1 kg 拌匀。营养土过筛后铺于苗床,或装入营养钵或穴盘内。

4.6.3 苗床整理

苗床宽 100 ~ 120 cm,营养土厚度 10 cm。为预防苗期病害,可用 50% 多菌灵可湿性粉剂(每平方米苗床 5 ~ 8 g)与适量细土混合成药土,播种前先将 50% 药土撒于床面,剩余的药土盖在种子上面。冬春苗床育苗可采用地热线增温。

4.6.4 种子处理

4.6.4.1 浸种(可采用下列方法之一)

1 用 55 ℃的温水浸种 15 ~ 20 min,并不停搅拌,待水温降至 30 ℃时停止,继续用温水浸泡 4 ~ 5 h,用清水淘洗干净后催芽。

2　用50%多菌灵可湿性粉剂500倍液浸种1 h,再用30 ℃的温水继续浸泡3~4 h,用清水淘洗干净后催芽。

3　用清水浸种4~5 h,再放入10%磷酸三钠溶液中浸20 min,用清水淘洗干净后催芽。

4　用0.1%高锰酸钾溶液浸15 min后,捞出用清水淘洗干净,再浸泡4~5 h后催芽。

4.6.4.2　催芽

将浸过的种子用湿润棉纱布包裹,在25~30 ℃温度条件下进行催芽。每天用清水淘洗1~2次。待90%种子露白时播种。

4.6.5　播种

4.6.5.1　播种量

每亩栽培面积需种子80~100 g。

4.6.5.2　播种方法

选晴天上午播种。先将苗床浇足底水,待水渗下后,将催过芽的种子均匀撒播苗床或点播于营养钵(或穴盘)内,覆盖1 cm厚营养土。为预防苗期病害,可用50%多菌灵可湿性粉剂(每平方米苗床5~8 g)与适量细土混合成药土,播种前先将50%药土撒于床面,剩余的药土盖在种子上面。播后覆盖地膜,出苗后及时揭除。冬季育苗可采用地热线提高地温,夏秋育苗应遮阳防雨。

4.6.6　分苗

幼苗2片真叶时分苗。可按10 cm×10 cm的苗距分栽于苗床或10 cm×10 cm的营养钵内。

4.6.7　苗期管理

4.6.7.1　温度

温度管理应掌握"三高三低",即:出苗前高、出苗后低;分苗后高、分苗前低;定植后高、定植前低。出苗前,保持白天28~30 ℃,夜间18~20 ℃;出苗后,白天25~28 ℃,夜间18~20 ℃;缓苗后至炼苗,白天25~30 ℃,夜间15~18 ℃;炼苗:白天28~30 ℃,夜间12~15 ℃。

4.6.7.2　水肥管理

分苗后要浇足分苗水。缓苗后根据植株长势,进行浇水施肥,保持土壤湿润。定植前以控为主。

4.6.7.3　光照

冬春育苗可采用反光幕或补光设施增加光照;夏季育苗应适当遮光降温。

4.6.8 壮苗标准

茎粗 0.3 ~ 0.5 cm,株高 15 ~ 18 cm,叶片肥厚,色深绿,子叶完整,开始现蕾,无病叶。

4.7 棚室消毒

温棚栽培在定植前进行消毒。每亩用 80% 敌敌畏乳油 250 mL 拌适量锯末,与 2 ~ 3 kg 硫黄粉混合,分 10 处点燃,密闭一昼夜后放风。或采用百菌清烟雾剂熏蒸消毒。

4.8 整地施肥

每亩施腐熟优质厩(圈)肥 8 ~ 10 m³ 或禽肥 4 ~ 5 m³、三元复合肥或过磷酸钙 40 ~ 50 kg。其中 2/3 撒施土壤表面后深翻 20 ~ 25 cm,1/3 在种植带内集中沟施。整地做垄,垄宽 70 ~ 80 cm,沟宽 40 ~ 50 cm,垄高 15 ~ 20 cm。

4.9 定植

4.9.1 定植时间

4.9.1.1 日光温室越冬栽培:10 月下旬至 11 月上旬定植。

4.9.1.2 日光温室早春栽培:1 月下旬至 2 月上旬定植。

4.9.1.3 塑料大棚、小拱棚春提早栽培:2 月下旬至 3 月上旬定植。

4.9.1.4 春露地栽培:4 月中下旬定植。

4.9.1.5 夏季栽培:6 月上旬定植。

4.9.1.6 秋季双覆盖栽培:8 月上旬定植。

4.9.2 定植方法及密度

根据品种特性不同,每亩定植 3 500 ~ 4 000 株。采用垄上双行定植,行宽 50 ~ 60 cm,株距 25 ~ 30 cm。

4.10 田间管理

4.10.1 温度

保护地栽培白天温度保持 25 ~ 30 ℃,夜间温度 15 ~ 17 ℃。

4.10.2 光照

保护地生产应采用透光性好的覆盖材料和张挂反光幕等,增加光照强度和时间。夏秋季节生产应适当遮阳降温。

4.10.3 水肥管理

定植后适当蹲苗。门椒坐住前,中耕松土,一般不浇水,确需浇水时可进行穴浇水。门椒膨大时,结合浇水每亩追施尿素 10 ~ 15 kg,或腐熟饼肥 40 kg。果实始收期结合浇水每亩追施复合肥 15 ~ 20 kg。进入盛果期后根据长势,每 7 ~ 10 d 浇一小水,隔一水追一次肥,每亩追施尿素或复合肥 20 ~ 25

kg。为防止落花落果,可叶面喷施辣椒灵(亚硫酸氢钠)、硼砂、硫酸锌等微肥。

4.11　病虫害防治

4.11.1　主要病害:炭疽病、病毒病、疫病、灰霉病、疮痂病等。

4.11.2　主要虫害:棉铃虫、烟青虫、蚜虫、茶黄螨等。

4.11.3　防治原则

按照"预防为主,综合防治"的植保方针,以农业防治为基础,优先采用物理防治、生物防治技术,按照病虫害的发生规律,科学使用化学防治技术。

4.11.4　农业防治

选用抗病品种;轮作;科学施肥;采用深沟高畦育苗和栽培,严防积水;穴盘育苗;膜下暗灌或滴灌;加强温湿调控;培育适龄壮苗,提高抗逆性;定植前炼苗;及时清除病株、病果,清洁田园;整枝时接触到病株、病果时及时洗手消毒。

4.11.5　物理防治

温烫浸种;放风口覆盖防虫网,采用橙黄板诱蚜、银灰色膜避蚜等;夏季高温消毒土壤;棚室采用硫黄粉熏蒸消毒。

4.11.6　生物防治

积极保护利用天敌;优先采用生物农药防治。

4.11.7　化学防治

4.11.7.1　农药的使用

按照 NY/T 2798.3—2015 标准的规定,严格控制农药使用浓度、次数及安全间隔期,禁止使用剧毒、高毒、高残留农药。注意轮换用药,合理混用;棚室优先采用粉尘法、烟熏法施药技术。

4.11.7.2　推荐农药

疫病:可用百菌清、噁唑菌酮·锰锌、甲霜·锰锌、氢氧化铜、壬菌铜、嘧菌酯、霜霉威、代森联、丙森锌·缬霉威、加瑞农等。

炭疽病:可用苯醚甲环唑、福美双、克菌丹、咪鲜胺、嘧菌酯、百菌清等。

病毒病:可用植病灵、宁南霉素、盐酸吗啉胍·乙酮等。

疮痂病:可用春雷·王铜、农用链霉素、春雷霉素、氢氧化铜等。

灰霉病:可用腐霉利、异菌脲、嘧霉胺、多抗霉素等。

烟青虫、棉铃虫:可用茚虫威、虫螨腈、苏云金杆菌、阿维菌素、氟虫脲、杀螟丹、甲维盐、苦参碱等。

蚜虫:可用啶虫脒、吡虫啉、抗蚜威、敌敌畏、氰戊菊酯、乙酰甲胺磷、苦参

碱、噻虫嗪等。

茶黄螨:可用双甲脒、浏阳霉素、阿维菌素等。

5 采收

果实在达到其商品性状时及时采收。门椒适时早采。采收期应符合农药安全间隔标准要求。

6 包装运输

包装运输要符合 NY/T 2798.1—2015 标准的规定。运输过程要保持适当的温度和湿度。包装运输器具应清洁卫生、无异味、无污染,严防暴晒、雨淋、高温、冷冻等发生。

7 生产档案

建立田间生产档案。对生产过程中重点生产技术、病虫害防治技术、采收等环节及措施进行详细记录。

无公害农产品 大白菜生产技术规程

1 范围

本规程规定了无公害大白菜(秋季栽培)的产地环境要求和生产管理措施。

本规程适用于新郑市行政区域内无公害大白菜秋季的生产。

2 规范性引用文件

下列文件中的条款通过本规程的引用而成为本规程的条款。凡是注日期的引用文件,其随后所有的修改单(不包括勘误的内容)或修订版均不适用于本规程。凡是不注日期的引用文件,其最新版本适用于本规程。

NY/T 2798.1—2015 无公害农产品 生产质量安全控制技术规范 第1部分:通则

NY/T 2798.3—2015 无公害农产品 生产质量安全控制技术规范 第3部分:蔬菜

NY/T 5010—2016 无公害农产品 种植业产地环境条件

GB 16715.2 瓜菜作物种子 第2部分:白菜类

3 产地环境条件

生产基地要选择地势平坦、排灌方便、土壤肥沃、远离有"三废"污染的地区,其环境空气质量、灌溉用水、土壤质量等自然条件应符合 NY/T 2798.3—2015、NY/T 5010—2016 标准的规定。

4 生产技术管理

4.1 品种选择

选用抗病、优质、高产、抗逆性强、耐储藏、商品性好、适应市场需求的大白菜品种。如:小包23、豫白菜6号(郑白4号)、中包75、东京5号、东京7号、豫艺冬白菜等。

4.2 种子质量

种子质量应符合 GB 16715.2 标准的良种指标。

4.3 施肥原则

施肥以有机肥为主,控制氮肥施用,提倡施用商品有机肥和生物肥料。禁止施用城市垃圾、粪水和污泥,不得施用未经充分腐熟、未达到无害化指标的人畜禽粪尿等有机肥料。重施基肥,合理追肥。进行测土配方施肥,保持土壤肥力平衡。选用的肥料应达到国家有关产品质量标准,满足无公害大白菜对肥料的要求。

4.4 整地施肥

每亩施腐熟厩(圈)肥 5~6 m^3 或禽肥 3 m^3、三元复合肥 50 kg。其中,2/3 撒施土壤表面后深翻 20 cm,1/3 在种植带内集中沟施。整地起垄,垄高 15~20 cm,垄间距 70~80 cm,垄宽 30~35 cm;做到垄背土平整、细碎,以利播种。深翻时每亩用 50% 的辛硫磷 0.5 kg,拌细土 3 kg,撒入土中,防治蝼蛄、蛴螬等地下害虫;或播种后用 90% 敌百虫拌麦麸诱杀。

4.5 播种

4.5.1 播种时间

8 月中旬播种。

4.5.2 用种量

每亩用种量 150~200 g。

4.5.3 播种方法

采用穴播。播后覆盖细土 0.5~1 cm,浇透水,保持土壤充分湿润。

4.6 田间管理

4.6.1 间苗定苗

出苗后及时间苗 2~3 次。团棵时进行定苗,一般早熟品种每亩留苗 2 500~3 000 株;中熟品种每亩留苗 2 000~2 500 株;晚熟品种每亩留苗 1 500~2 000 株。

4.6.2 中耕

在间苗期、定苗期和封垄前分别进行中耕。中耕的原则是"头锄浅,二锄深,三锄不伤根";"深锄垄沟,浅锄垄背";"干锄浅,湿锄深";尽量早锄和浅锄,避免伤根损叶。

4.6.3 追肥

莲座后期追施"发棵肥",每亩追施尿素 10~12 kg,或三元复合肥 15~20

kg。结球期追"包心肥",在大白菜刚包心时每亩追施三元复合肥 20~25 kg。间隔一水后,再追第二次肥,此期追肥量应适当减少。莲座期开始每 7~10 d 可喷一次 0.3% 的尿素和磷酸二氢钾混合液、爱多收、活力素等进行根外追肥。

4.6.4 浇水

浇水应掌握"三水齐苗,五水定棵"的原则。每次间苗后,及时浇水。莲座期应适当控水蹲苗。结球期需水量大,除在追肥后要及时浇水外,一般无雨时隔 5~7 d 浇一水,经常保持土壤湿润。收获前 7~10 d 停止浇水。

4.7 病虫害防治

4.7.1 主要病害:霜霉病、软腐病、病毒病、黑斑病等。

4.7.2 主要虫害:蚜虫、菜青虫、小菜蛾、蜗牛、黄曲跳甲等。

4.7.3 防治原则

按照"预防为主,综合防治"的植保方针,以农业防治为基础,优先采用物理防治、生物防治技术,按照病虫害的发生规律,科学应用化学防治技术。

4.7.4 农业防治

选用抗(耐)病品种;进行种子消毒;适时播种;轮作;中耕除草,清洁田园。

4.7.5 物理防治

采用防虫网、橙黄板、杀虫灯和银灰色膜等诱杀避虫措施。

4.7.6 生物防治

积极保护利用天敌;优先采用生物农药防治。

4.7.7 化学防治

4.7.7.1 农药的使用

按照 NY/T 2798.3—2015 标准的规定,严格控制农药使用浓度、次数及安全间隔期,禁止使用剧毒、高毒、高残留农药。注意轮换用药,合理混配。

4.7.7.2 推荐农药

霜霉病:可用嘧菌酯、霜脲·锰锌、噁唑菌酮·锰锌、烯酰·锰锌、丙森锌·缬霉威、代森联、百菌清、霜霉威、甲霜·锰锌等。

黑斑病:可用丙森锌、异菌脲、克菌丹、噁唑菌酮·锰锌、多抗霉素、戊唑醇等。

软腐病:可用农用链霉素、春雷霉素、氢氧化铜、春雷·王铜、琥胶肥酸铜等。

蚜虫:可用啶虫脒、吡虫啉、抗蚜威、敌敌畏、氰戊菊酯、乙酰甲胺磷、苦参

碱、噻虫嗪等。

小菜蛾、菜青虫:可用灭幼脲、氟啶脲、氟虫脲、苏云金杆菌、多杀霉素、茚虫威、虫螨腈、阿维菌素、高效氯氰菊酯、杀螟丹、高效氯氟氰菊酯、联苯菊酯等。

蜗牛:可用四聚乙醛、多聚乙醛等。

黄曲跳甲:可用敌百虫、辛硫磷等。

5 采收

当植株达到其最佳商品形状时,即可进行采收。采收不可过晚,避免冻害。采收期应符合农药安全间隔标准要求。

6 包装运输

包装运输要符合 NY/T 2798.1—2015 标准的规定。运输过程要保持适当的温度和湿度。包装运输器具应清洁卫生、无异味、无污染,严防暴晒、雨淋、高温、冷冻等发生。

7 生产档案

建立田间生产档案。对生产过程中重点生产技术、病虫害防治技术、采收等环节及措施进行详细记录。

无公害农产品 结球甘蓝生产技术规程

1 范围

本规程规定了无公害结球甘蓝(越冬栽培)的产地环境要求和生产管理措施。

本规程适用于新郑市行政区域内无公害结球甘蓝的越冬生产。

2 规范性引用文件

下列文件中的条款通过本规程的引用而成为本规程的条款。凡是注日期的引用文件,其随后所有的修改单(不包括勘误的内容)或修订版均不适用于本规程。凡是不注日期的引用文件,其最新版本适用于本规程。

NY/T 2798.1—2015 无公害农产品 生产质量安全控制技术规范 第1部分:通则

NY/T 2798.3—2015 无公害农产品 生产质量安全控制技术规范 第3部分:蔬菜

NY/T 5010—2016 无公害农产品 种植业产地环境条件

GB 16715.4 瓜菜作物种子 第4部分:甘蓝类

NY/T 746—2012 绿色食品 甘蓝类蔬菜

3 产地环境条件

生产基地要选择地势平坦、排灌方便、土壤肥沃、远离有"三废"污染的地区,其环境空气质量、灌溉用水、土壤质量等自然条件应符合 NY/T 2798.3—2015、NY/T 5010—2016 标准的规定。

4 生产技术管理

4.1 品种选择

选择抗病、丰产、结球紧实、抗寒、耐抽薹、耐储运、品质好、适应市场需求的品种。如:新丰、京丰一号、争春、荷兰必久等。

4.2 种子质量

种子质量应符合 GB 16715.4 标准的要求。

4.3 施肥原则

施肥以有机肥为主,控制氮肥施用,提倡施用商品有机肥和生物肥料。禁止施用城市垃圾、粪水和污泥,不得施用未经充分腐熟、未达到无害化指标的人畜禽粪尿等有机肥料。重施基肥,合理追肥。进行测土配方施肥,保持土壤肥力平衡。选用的肥料应达到国家有关产品质量标准,满足无公害结球甘蓝对肥料的要求。

4.4 育苗

4.4.1 播种期

7 月 20 日至 8 月 5 日播种。

4.4.2 播种量

每亩栽培面积需种量 100 g。

4.4.3 苗床准备

采用高畦育苗,床宽 100 ~ 120 cm,用 60% 肥沃田园土与 40% 腐热厩(圈)肥充分混合,在混合时每立方米营养土加入三元复合肥 1 kg 拌匀。过筛后铺于苗床,床土厚度 10 cm。

4.4.4 播种

播种前先浇足底水,待水渗下后均匀撒播或划格播种,覆盖 0.3 ~ 0.5 cm 的过筛细土。然后搭小拱棚,覆盖遮阳网或旧薄膜遮阳防雨。为预防苗期病害,可用 50% 多菌灵可湿性粉剂(每平方米苗床 5 ~ 8 g)与适量细土混合成药土,播种前先将 50% 药土撒于床面,剩余的药土盖在种子上面。出苗后可再覆一层药土。

4.4.5 苗期管理

苗期注意遮阳降温、防雨、除草。2 片真叶时,及时间苗,保持苗距 5 ~ 7 cm。苗床土壤应保持湿润,雨天及时排水。

4.5 整地施肥

每亩施腐热厩(圈)肥 4 ~ 6 m³ 或禽肥 3 m³、三元复合肥 50 ~ 60 kg,硫酸锌 2 kg。深翻后整平做畦,宽 100 cm 或 200 cm。

4.6 定植

4.6.1 定植时间

8 月下旬至 9 月上旬定植。

4.6.2 定植方法

选阴天或晴天下午定植。每畦定植 3 行或 6 行,株距 30～35 cm;根据品种不同,每亩定植 3 800～6 000 株。采用浇穴水定植,4～5 d 后浇缓苗水。

4.7 田间管理

缓苗后,及时中耕培土 1～2 次,然后蹲苗 10～15 d。蹲苗结束后,结合浇水每亩追施尿素 15～20 kg,同时叶面喷施 0.2% 硼砂溶液 1～2 次,及时中耕。结球期,要保持土壤湿润,结合浇水每亩追施尿素 25～30 kg、硫酸钾 10 kg。及时浇封冻水和返青水,冬季一般浇水 2～3 次。

4.8 病虫害防治

4.8.1 主要病害:软腐病、黑腐病、霜霉病等。

4.8.2 主要虫害:蚜虫、菜青虫。

4.8.3 防治原则

按照"预防为主,综合防治"的植保方针,以农业防治为基础,优先采用物理防治、生物防治技术,按照病虫害的发生规律,科学应用化学防治技术。

4.8.4 农业防治

选用抗病品种;轮作;采用深沟高畦育苗和栽培,严防积水,加强温湿调控;培育适龄壮苗;清洁田园。

4.8.5 物理防治

育苗时采用防虫网、橙黄板、银灰色膜等诱杀避虫措施。

4.8.6 生物防治

积极保护利用天敌;优先采用生物农药防治。

4.8.7 化学防治

4.8.7.1 农药的使用

按照 NY/T 2798.3—2015 标准的规定,严格控制农药使用浓度、次数及安全间隔期,禁止使用剧毒、高毒,高残留农药。注意轮换用药,合理混配。

4.8.7.2 推荐农药

霜霉病:可用嘧菌酯、烯酰·锰锌、噁唑菌酮·锰锌、甲霜·锰锌、丙森锌·缬霉威、春雷·王铜、霜脲·锰锌、代森联、百菌清、霜霉威等。

黑腐病、软腐病:可用农用链霉素、春雷霉素、春雷·王铜、氢氧化铜、琥胶肥酸铜等。

菜青虫、小菜蛾:可用灭幼脲、氟啶脲、氟虫脲、苦参碱、阿维菌素、多杀霉素、茚虫威、虫螨腈、苏云金杆菌、氟虫腈、杀螟丹等。

蚜虫:可用啶虫脒、吡虫啉、抗蚜威、敌敌畏、氰戊菊酯、乙酰甲胺磷、苦参

碱、噻虫嗪等。

5　适时采收

在叶球大小定型、紧实时即可采收,也可根据市场需求,陆续上市,采收期应符合农药安全间隔标准要求。

6　包装运输

包装运输要符合 NY/T 2798.1—2015 标准的规定。运输过程要保持适当的温度和湿度。包装运输器具应清洁卫生、无异味、无污染,严防暴晒、雨淋、高温、冷冻等发生。

7　生产档案

建立田间生产档案。对生产过程中重点生产技术、病虫害防治技术、采收等环节及措施进行详细记录。

无公害农产品　花椰菜生产技术规程

1　范围

本规程规定了无公害花椰菜(越冬栽培)的产地环境要求和生产管理措施。

本规程适用于新郑市行政区域内无公害花椰菜的越冬生产。

2　规范性引用文件

下列文件中的条款通过本规程的引用而成为本规程的条款。凡是注日期的引用文件,其随后所有的修改单(不包括勘误的内容)或修订版均不适用于本规程。凡是不注日期的引用文件,其最新版本适用于本规程。

NY/T 2798.1—2015　无公害农产品　生产质量安全控制技术规范　第1部分:通则

NY/T 2798.3—2015　无公害农产品　生产质量安全控制技术规范　第3部分:蔬菜

NY/T 5010—2016　无公害农产品　种植业产地环境条件

GB 16715.4　瓜菜作物种子　第4部分:甘蓝类

3　产地环境条件

生产基地要选择地势平坦、排灌方便、土壤肥沃、远离有"三废"污染的地区,其环境空气质量、灌溉用水、土壤质量等自然条件应符合 NY/T 2798.3—2015、NY/T 5010—2016 标准的规定。

4　生产技术管理

4.1　品种选择

选用优质、高产、抗病、花球洁白紧实、冬性强的中晚熟品种。如:邙山白雪、郑研冬花系列等。

4.2 种子质量

种子质量应符合 GB 16715.4 标准的要求。

4.3 施肥原则

施肥以有机肥为主,控制氮肥施用,提倡使用商品有机肥和生物肥料。禁止施用城市垃圾、粪水和污泥,不得施用未经充分腐熟、未达到无害化指标的人畜禽粪尿等有机肥料。重施基肥,合理追肥。进行测土配方施肥,保持土壤肥力平衡。选用的肥料应达到国家有关产品质量标准,满足无公害花椰菜对肥料的要求。

4.4 育苗

4.4.1 播种期

7 月 15~20 日播种。

4.4.2 苗床准备

采用高畦育苗,床宽 100~120 cm。用 60% 肥沃田园土与 40% 腐熟厩(圈)肥充分混合,在混合时每立方米营养土加入三元复合肥 1 kg 拌匀。过筛后铺于苗床,床土厚度 10 cm。

4.4.3 播种

播种前先浇足底水,待水渗下后按 8 cm × 8 cm 规格在苗床上划方格,每格播种 2~3 粒。播种后覆盖 0.3~0.5 cm 的过筛细土。然后搭小拱棚,覆盖遮阳网或旧薄膜遮阳防雨。为预防苗期病害,可用 50% 多菌灵可湿性粉剂(每平方米苗床 5~8 g)与适量细土混合成药土,播种前先将 50% 药土撒于床面,剩余的药土盖在种子上面。出苗后可再覆一层药土。

4.4.4 苗床管理

子叶展平、真叶露心时,及时间苗,每格定苗一株。保持苗床湿润,防止积水。

4.5 整地施肥

每亩施腐熟厩(圈)肥 5~6 m³ 或禽肥 3 m³、三元复合肥 50~60 kg。深翻后起小高垄,垄距 60 cm。

4.6 定植

4.6.1 定植时间

8 月中下旬定植。

4.6.2 定植方法

垄上单行定植,株距 55 cm,每亩定植 1 800~2 000 株。采用浇穴水定植,4~5 d 后浇缓苗水。

4.7 定植后管理

缓苗后中耕 2～3 次,进行蹲苗,促进根系下扎,时间 20 d 左右。蹲苗结束后,追肥 2 次。每亩每次追施尿素 10～15 kg、硫酸钾 5 kg。封冻前,植株叶片应达到 18 片以上。封冻时浇一次封冻水,冬季一般浇水 2～3 次。土壤解冻后,及时浇返青水。重施花球膨大肥,当 2/3 植株花球显露时,每亩追施复合肥 30 kg 和硼肥 1～1.5 kg。采摘前 7～10 d,折叶遮阴(将花球外老叶主脉折断,搭于花球上),保证花球洁白,提高花球质量。

4.8 病虫害防治

4.8.1 主要病害:病毒病、霜霉病等。

4.8.2 主要虫害:菜青虫、小菜蛾、蚜虫等。

4.8.3 防治原则

按照"预防为主,综合防治"的植保方针,以农业防治为基础,优先采用物理防治、生物防治技术,按照病虫害的发生规律,科学使用化学防治技术。

4.8.4 农业防治

选用抗病品种;轮作;采用深沟高畦育苗和栽培,严防积水;加强温湿调控;培育适龄壮苗;清洁田园。

4.8.5 物理防治

育苗时采用防虫网、橙黄板、银灰色膜等诱杀避虫措施。

4.8.6 生物防治

积极保护利用天敌;优先采用生物农药防治。

4.8.7 化学防治

4.8.7.1 农药的使用

按照 NY/T 2798.3—2015 标准的规定,严格控制农药使用浓度、次数及安全间隔期,禁止使用剧毒、高毒、高残留农药。注意轮换用药,合理混配。

4.8.7.2 推荐农药

病毒病:可用植病灵、宁南霉素、盐酸吗啉胍·乙酮等。

霜霉病:可用嘧菌酯、丙森锌、噁唑菌酮·锰锌、丙森锌·缬霉威、霜脲·锰锌、甲霜·锰锌、霜霉威、百菌清、代森联等。

菜青虫、小菜蛾:可用灭幼脲、氟啶脲、氟虫脲、苦参碱、阿维菌素、虫螨腈、苏云金杆菌、多杀霉素、茚虫威、氟虫腈、杀螟丹、辛硫磷、溴氰菊酯、氰戊菊酯等。

蚜虫:可用吡虫啉、啶虫脒、抗蚜威、氟氯氰菊酯、氰戊菊酯、甲氨基阿维菌素苯甲酸盐等。

5 采收

冬菜花花球生长快,适采期短,应及时分批采收,采收期应符合农药安全间隔标准要求。

6 包装运输

包装运输要符合 NY/T 2798.1—2015 标准的规定。运输过程要保持适当的温度和湿度。包装运输器具应清洁卫生、无异味、无污染,严防暴晒、雨淋、高温、冷冻等发生。

7 生产档案

建立田间生产档案。对生产过程中重点生产技术、病虫害防治技术、采收等环节及措施进行详细记录。

无公害农产品　青花菜生产技术规程

1　范围

本规程规定了无公害青花菜(西兰花)的产地环境要求和生产管理措施。本规程适用于新郑市行政区域内无公害青花菜的生产。

2　规范性引用文件

下列文件中的条款通过本规程的引用而成为本规程的条款。凡是注日期的引用文件,其随后所有的修改单(不包括勘误的内容)或修订版均不适用于本规程。凡是不注日期的引用文件,其最新版本适用于本规程。

NY/T 2798.1—2015　无公害农产品　生产质量安全控制技术规范　第1部分:通则

NY/T 2798.3—2015　无公害农产品　生产质量安全控制技术规范　第3部分:蔬菜

NY/T 5010—2016　无公害农产品　种植业产地环境条件

GB 16715.4　瓜菜作物种子　第4部分:甘蓝类

3　产地环境条件

生产基地要选择地势平坦、排灌方便、土壤肥沃、远离有"三废"污染的地区,其环境空气质量、灌溉用水、土壤质量等自然条件应符合 NY/T 2798.3—2015、NY/T 5010—2016 标准的规定。

4　生产技术管理

4.1　栽培方式

栽培方式包括设施栽培、露地栽培。

4.2　栽培季节

一年四季均可栽培。4～10月为露地生产;夏秋生产可使用遮阳网覆盖栽培;11 月至翌年 3 月应采用设施栽培。

4.3　品种选择

根据栽培季节选用耐热或耐寒品种。要求所选品种具有花球大、紧实、球色深绿、花蕾小、球形美观,优质、高产、抗病、耐运输的特性。如:绿岭、里绿、曼陀绿、少校等。

4.4　种子质量

种子质量应符合 GB 16715.4 标准的要求。

4.5　施肥原则

施肥以有机肥为主,控制氮肥施用,提倡使用商品有机肥和生物肥料。禁止施用城市垃圾、粪水和污泥,不得施用未经充分腐熟、未达到无害化指标的人畜禽粪尿等有机肥料。重施基肥,合理追肥。进行测土配方施肥,保持土壤肥力平衡。选用的肥料应达到国家有关产品质量标准,满足无公害青花菜对肥料的要求。

4.6　育苗

4.6.1　育苗设施

冬春选用温室、塑料棚、阳畦等设施育苗,可采用地热线、穴盘等育苗技术。夏秋季育苗应配备防虫、遮阳、防雨设施。

4.6.2　育苗床准备

用 60% 肥沃田园土与 40% 腐熟厩(圈)肥充分混合,在混合时每立方米营养土加入三元复合肥或过磷酸钙 1 kg 拌匀,混合过筛后铺入苗床,厚度约10 cm,或装入育苗容器(如营养钵或穴盘等)。

4.6.3　播种量

每亩栽培面积用种量 30 ~ 50 g。

4.6.4　播种方法

苗床育苗采用撒播法,容器育苗采用点播法。播前先浇透底水,播后覆盖0.3 ~ 0.5 cm 厚的营养土。为预防苗期病害,可用 50% 多菌灵可湿性粉剂(每平方米苗床 5 ~ 8 g)与适量细土混合成药土,播种前先将 50% 药土撒于营养土面,剩余的药土盖在种子上面。

4.6.5　苗期管理

苗期应适当控制水分,及时间苗,预防病虫害。

4.7　整地施肥

每亩施腐熟优质厩(圈)肥 4 ~ 6 m³ 或禽肥 3 m³、三元复合肥 50 ~ 60 kg。其中,2/3 撒施土壤表面后深翻 20 ~ 25 cm,1/3 在种植带内集中沟施。整地起垄,垄宽 50~60 cm,沟宽 30~40 cm,垄高 15~20 cm。

4.8 棚室消毒

温棚栽培应在定植前进行棚室消毒。每亩用 80% 敌敌畏乳油 250 mL 拌适量锯末,与 2~3 kg 硫黄粉混合,分 10 处点燃,密闭一昼夜后放风。或采用百菌清烟雾剂熏蒸消毒。

4.9 定植

苗龄 40~45 d,植株 5~6 片叶时定植。定植时,采用三角定植法,株距为 40~50 cm,行距为 50 cm。定植前 2 d,苗床应浇透水,采用切块起苗,减少根系损伤。定植后,应浇足定植水。4~6 d 后浇缓苗水,夏秋栽培应采用浇穴水定植。

4.10 田间管理

4.10.1 追肥

定植缓苗后 10~15 d 追第一次肥。每亩追施尿素 10~15 kg,或复合肥 15~20 kg;花蕾出现时追第 2 次肥,每亩施复合肥 15~20 kg,追肥后应及时浇水。花球膨大期可叶面喷施 0.1%~0.2% 的硼砂溶液或 0.05%~0.1% 的钼酸铵溶液,以提高花球质量。

4.10.2 浇水

莲座期后适当控制浇水。花球直径 2~3 cm 后及时浇水追肥,保持地表见干见湿,使土壤相对湿度达到 65%~80%。

4.10.3 去侧芽

及时去除侧芽,确保顶蕾生长。

4.11 病虫害防治

4.11.1 主要病害:猝倒病、立枯病、霜霉病、病毒病、黑腐病等。

4.11.2 主要虫害:蚜虫、菜青虫、小菜蛾、甘蓝夜蛾等。

4.11.3 防治原则

按照"预防为主,综合防治"的植保方针,以农业防治为基础,优先采用物理防治、生物防治技术,按照病虫害的发生规律,科学应用化学防治技术。

4.11.4 农业防治

选用抗病品种;轮作;高畦栽培;科学施肥;培育壮苗;及时拔除病株、摘除病叶,清洁田园。

4.11.5 物理防治

采用防虫网、银灰膜、橙黄板、杀虫灯等诱杀避虫措施。

4.11.6　生物防治

积极保护利用天敌;优先采用生物农药防治。

4.11.7　化学防治

4.11.7.1　农药的使用

按照 NY/T 2798.3—2015 标准的规定,严格控制农药使用浓度、次数及安全间隔期,禁止使用剧毒、高毒、高残留农药,注意轮换用药,合理混配。保护地优先采用粉尘法和熏蒸法防治。

4.11.7.2　推荐农药

病毒病:可用植病灵、宁南霉素、盐酸吗啉胍等。

霜霉病:可用嘧菌酯、霜脲·锰锌、丙森锌、丙森锌·缬霉威、代森联、噁唑菌酮·锰锌、甲霜·锰锌、霜霉威、百菌清、霜霉威盐酸盐、春雷·王铜等。

猝倒病、立枯病:可用霜霉威、噁霉灵等。

黑腐病:可用氢氧化铜、农用链霉素、春雷霉素、春雷·王铜等。

蚜虫:可用吡虫啉、啶虫脒、抗蚜威、甲氨基阿维菌素苯甲酸盐等。

菜青虫、小菜蛾、甘蓝夜蛾:可用灭幼脲、氟啶脲、氟虫脲、苦参碱、阿维菌素、多杀霉素、虫螨腈、苏云金杆菌、茚虫威、氟虫腈、杀螟丹、氰戊菊酯、印楝素等。

5　采收

当花球达到其商品性状时及时收获,避免散球。采收期应符合农药安全间隔标准要求。

6　包装运输

包装运输要符合 NY/T 2798.1—2015 标准的规定。运输过程要保持适当的温度和湿度。包装运输器具应清洁卫生、无异味、无污染,严防暴晒、雨淋、高温、冷冻等发生。

7　生产档案

建立田间生产档案。对生产过程中重点生产技术、病虫害防治技术、采收等环节及措施进行详细记录。

无公害农产品　芥蓝生产技术规程

1　范围

本规程规定了无公害芥蓝的产地环境要求和生产管理措施。

本规程适用于新郑市行政区域内无公害芥蓝早春塑料大棚、日光温室、露地的生产。

2　规范性引用文件

下列文件中的条款通过本规程的引用而成为本规程的条款。凡是注日期的引用文件，其随后所有的修改单（不包括勘误的内容）或修订版均不适用于本规程。凡是不注日期的引用文件，其最新版本适用于本规程。

NY/T 2798.1—2015　无公害农产品　生产质量安全控制技术规范　第1部分：通则

NY/T 2798.3—2015　无公害农产品　生产质量安全控制技术规范　第3部分：蔬菜

NY/T 5010—2016　无公害农产品　种植业产地环境条件

GB 16715.4　瓜菜作物种子　第4部分：甘蓝类

3　产地环境条件

符合 NY/T 2798.3—2015、NY/T 5010—2016 标准的规定，要求地势平坦，排灌方便，疏松、肥沃、保水、保肥的壤土或沙壤土栽培。

4　生产技术措施

4.1　栽培方式

栽培方式包括日光温室栽培、塑料大棚栽培和露地栽培。

4.2　栽培季节

周年生产供应。

4.3 品种选择与种子质量

选用抗病、优质、丰产、抗逆性强、商品性好的品种。要根据种植季节不同选择适宜的种植品种。春夏秋种植宜选用早熟品种，主要有细叶早芥蓝、皱叶早芥蓝、柳叶早芥蓝等。秋冬及保护地种植宜选择中晚熟品种。中熟品种主要有登峰芥蓝、荷塘芥蓝、中花芥蓝等。晚熟品种主要有迟花芥蓝、铜壳叶芥蓝等。要求种子纯度≥95.0%，净度≥98.0%，发芽率≥85%，水分≤7%。

4.4 育苗

4.4.1 营养土配制

选用近3年未种过十字花科类作物的肥沃园田土与充分腐熟农家肥或草炭土，按2:1比例混合后过筛，每立方米营养土再加三元复合肥2 kg和50%福美双可湿性粉剂80～100 g，混合均匀，堆闷5～7 d。然后将营养土铺在苗床上，厚度10～12 cm。

4.4.2 种子处理

防治霜霉病、黑斑病用福美双可湿性粉剂或百菌清可湿性粉剂拌种；防治软腐病用菜丰宁拌种。

4.4.3 播种苗床及管理

将苗床浇足底水，水渗下后撒播，每100 m² 苗床用种量为75～125 g，播后覆盖1 cm厚的营养土。春季育苗在苗床上面覆盖地膜，70%幼苗顶土时，除去床面覆盖物，要经常保持育苗畦湿润，苗期施用速效肥2～3次。苗龄25～35 d可达到5片真叶。夏季育苗用遮阳网，勤浇水。

4.4.4 壮苗的标准

幼苗株高15 cm左右，5～6片叶，子叶完好，叶色浓绿，无病虫害。

4.5 定植

4.5.1 整地施肥

早耕多翻，打碎耙平，施足基肥。耕层深度15～20 cm。多采用平畦栽培。7～8月可采用高畦栽培。结合整地，施入基肥，基肥量为每亩施腐熟的有机肥3 000 kg以上。氮磷钾复合肥施50 kg，60%结合耕地基施，40%作为追肥施用。生长期需氮、磷、钾的比例为5.2:1:5.4。

4.5.2 移栽

待幼苗长至5～6片叶，苗龄25～35 d即可定植。温室从2月初开始至10月上旬，均可定植；大棚3月上中旬，露地5月上旬定植。

4.5.3 定植密度

早熟品种行株距为20 cm×16 cm、中熟品种行株距为24 cm×20 cm、晚熟品种行株距为 30 cm×24 cm。

4.6 田间管理

4.6.1 温度

保护地种植温度管理见表 4.6.1。

表 4.6.1 保护地种植温度调节表

不同生育时期	白天适宜温度（℃）	夜间适宜温度（℃）	最低夜温（℃）
播种至出土	25～30	18～20	18
幼苗生长	18～22	12～18	12
缓苗期（移栽）	20～25	15～20	15
叶丛生长	15～25	16～18	16
菜薹形成	15～20	10～15	10

4.6.2 光照

冬季要清洁棚面,提高透光率。不仅晴天揭盖保温覆盖物,增加光照时间,阴雨天也要及时揭盖保温覆盖物。

4.6.3 肥水管理

4.6.3.1 灌水

定植后 7 d 左右浇缓苗水,生育期间浇水 6～7 次。

4.6.3.2 追肥

植株现蕾至菜薹发育期,每亩追施复合肥 10～15 kg。主薹采收后,应连续追肥 2～3 次,每亩追施复合肥 15 kg。

4.6.4 中耕除草

缓苗后至植株现蕾前连续中耕 2～3 次,结合中耕进行培土、追肥。

4.7 病虫害防治

4.7.1 主要病虫害

主要病害:软腐病、菌核病、病毒病、霜霉病、黑斑病、黑腐病。

主要虫害:蚜虫、菜粉蝶、小菜蛾、菜螟、地老虎、蝼蛄。

4.7.2 防治原则

按照"预防为主,综合防治"的植保方针,坚持"以农业防治、物理防治、生物防治为主,化学防治为辅"的无害化治理原则。

4.7.3 农业防治

选用抗病品种,培育壮苗,合理密植,实行轮作倒茬,加强田间管理,及时清洁田园。

4.7.4 物理防治

设施栽培采用橙黄板诱杀、银灰膜避蚜和防虫网隔离;露地栽培采用杀虫灯诱杀。

4.7.5 生物防治

利用天敌防治,如用瓢虫和丽蚜小蜂防治蚜虫。

4.7.6 化学防治

软腐病:可用链霉素、春雷氧氯铜等。

黑腐病:可用链霉素、春雷氧氯铜等。

病毒病:可用盐酸吗啉胍·铜等。

霜霉病、黑斑病:可用霜脲氰、代森锰锌、噁霜·锰锌、百菌清、甲霜·锰锌等。

蚜虫:可用乐果、三氟氯氰菊酯、甲氰菊酯、敌敌畏烟剂等。

小菜蛾、菜粉蝶:可用辛硫磷、菊杀乳油、菊马、氯氰菊酯、氰戊菊酯、苏云金杆菌乳剂、杀螟杆菌等。

地老虎、蝼蛄:可用辛硫磷等。

5 采收

5.1 采收时间

菜薹顶部与基叶长平,即"齐口花"时采收。

5.2 采收标准

薹茎较粗嫩,节间较疏,薹叶细嫩而少。晚熟品种薹茎外皮粗硬,可适当低割。

6 包装运输

包装运输应符合 NY/T 2798.1—2015 标准的规定。运输过程中要保持适当的温度和湿度。包装运输器具应清洁卫生、无异味、无污染,严防暴晒、雨淋、高温、冷冻等发生。

7 生产档案

建立田间生产档案。对生产过程中重点生产技术、病虫害防治技术、采收等环节及措施进行详细记录。

无公害农产品　萝卜生产技术规程

1　范围

本规程规定了萝卜的产地环境要求和生产技术管理措施。

本规程适用于新郑市行政区域内无公害农产品萝卜的生产。

2　规范性引用文件

下列文件中的条款通过本规程的引用而成为本规程的条款。凡是注日期的引用文件,其随后所有的修改单(不包括勘误的内容)或修订版均不适用于本规程。凡是不注日期的引用文件,其最新版本适用于本规程。

NY/T 2798.1—2015　无公害农产品　生产质量安全控制技术规范　第1部分:通则

NY/T 2798.3—2015　无公害农产品　生产质量安全控制技术规范　第3部分:蔬菜

NY/T 5010—2016　无公害农产品　种植业产地环境条件

NY/T 5083　无公害食品　萝卜生产技术规程

GB 16715.4　瓜菜作物种子　第4部分:甘蓝类

3　产地环境条件

生产基地要选择地势平坦、排灌方便、土壤肥沃、远离有"三废"污染的地区,其环境空气质量、灌溉用水、土壤质量等自然条件应符合 NY/T 2798.3—2015、NY/T 5010—2016 标准的规定。

4　生产技术管理

4.1　土壤条件

选择地势平坦、排灌方便、土层深厚、土质疏松、富含有机质、保水、保肥性好的土壤。避免与十字花科蔬菜连作。

4.2 品种选择

选用抗病、优质、丰产、抗逆性强、商品性好、适应市场需求的品种。如：791、四季青、丰光一代、德日二号、郑州大青萝卜、大红袍萝卜、心里美、满堂红等。

4.3 种子质量

种子质量指标应达到：纯度≥90%，净度≥97%，发芽率≥96%，水分≤8%。

4.4 施肥原则

施肥以有机肥为主，控制氮肥施用，提倡使用商品有机肥和生物肥料。禁止施用城市垃圾、粪水和污泥，不得施用未经充分腐熟、未达到无害化指标的人畜禽粪尿等有机肥料。重施基肥，合理追肥。进行测土配方施肥，保持土壤肥力平衡。选用的肥料应达到国家有关产品质量标准，满足无公害萝卜对肥料的要求。

4.5 整地施肥

每亩施腐熟优质厩（圈）肥 3～4 m³ 或禽肥 2 m³、磷酸二铵 15～20 kg，硫酸钾 10～15 kg。其中 2/3 撒施于土壤表面后深翻 20 cm 以上，1/3 在种植带内集中沟施。深耕细耙，起垄。

4.6 播种

4.6.1 播种期

7 月上中旬播种。

4.6.2 播种量

每亩用种 500～700 g。

4.6.3 播种方法

采用穴播或条播，播后踏实，浇透水。

4.6.4 种植密度

行（垄）距 40～45 cm，株距 16～20 cm。

4.7 田间管理

4.7.1 间苗定苗

早间苗、晚定苗。第一次间苗在子叶充分展开时进行；2～3 片真叶时，进行第二次间苗；5～6 片真叶、肉质根破肚时，按规定的株距定苗。

4.7.2 中耕培土

结合间苗进行中耕培土。中耕时先浅后深，避免伤根。第一、二次间苗要浅中耕，锄松表土即可；最后一次中耕稍深，进行培土，防止倒苗。

4.7.3 浇水

4.7.3.1 发芽期:播后要充分灌水,洇透垄面。一般应掌握"三水齐苗"的原则,即播后一水,顶土一水,齐苗一水。

4.7.3.2 幼苗期:幼苗期需水量小,应遵循"少浇勤浇"的原则。

4.7.3.3 叶生长盛期:此时肉质根开始膨大,需水量增加,应适当浇水,保持土壤水分充足。

4.7.3.4 肉质根膨大盛期:此期需水量最大,应充分均匀浇水,保持土壤湿润。采收前补浇一水。

4.7.4 施肥

在叶生长盛期和肉质根生长盛期分二次进行施肥。叶生长盛期以追施氮肥为主,每亩可追施复合肥 15~20 kg;肉质根生长盛期每亩追施三元复合肥 30 kg。收获前 20 d 内不使用速效氮肥。

4.8 病虫害防治

4.8.1 主要病害:霜霉病、黑腐病、病毒病等。

4.8.2 主要虫害:菜青虫、小菜蛾、蚜虫等。

4.8.3 防治原则

按照"预防为主,综合防治"的植保方针,以农业防治为基础,优先采用物理防治、生物防治技术,按照病虫害的发生规律,科学应用化学防治技术。

4.8.4 农业防治

选用抗(耐)病品种;轮作;培育壮苗;加强中耕除草,清洁田园。

4.8.5 生物防治

积极保护利用天敌;优先采用生物农药防治。

4.8.6 化学防治

4.8.6.1 农药的使用

按照 NY/T 2798.3—2015 标准的规定,严格控制农药使用浓度、次数及安全间隔期,禁止使用剧毒、高毒、高残留农药。注意轮换用药,合理混配。

4.8.6.2 推荐农药

霜霉病:可用嘧菌酯、噁唑菌酮·锰锌、丙森锌·缬霉威、代森联、春雷·王铜、烯酰·锰锌、霜霉威、甲霜·锰锌、百菌清、丙森锌、杜邦克露等。

黑腐病:可用农用链霉素、春雷霉素、春雷·王铜、氢氧化铜等。

病毒病:可用植病灵、宁南霉素、盐酸吗啉胍·乙铜、菇类蛋白多糖、病毒A、香菇多糖等。

菜青虫、小菜蛾:可用灭幼脲、氟啶脲、氟虫脲、茚虫威、虫螨腈、苏云金杆菌、阿维菌素、溴氰菊酯、杀螟丹、联苯菊酯、甲氨基阿维菌素苯甲酸盐等。

蚜虫:可用啶虫脒、吡虫啉、噻虫嗪、甲氨基阿维菌素苯甲酸盐、苦参碱等。

5 采收

根据市场需要和生育期及时收获。采收期应符合农药安全间隔标准要求。

6 包装运输

包装运输要符合 NY/T 2798.1—2015 标准的规定。运输过程要保持适当的温度和湿度。包装运输器具应清洁卫生、无异味、无污染,严防暴晒、雨淋、高温、冷冻等发生。

7 生产档案

建立田间生产档案。对生产过程中重点生产技术、病虫害防治技术、采收等环节及措施进行详细记录。

无公害农产品 胡萝卜生产技术规程

1 范围

本规程规定了无公害农产品胡萝卜的产地环境要求和生产管理措施。

本规程适用于新郑市行政区域内无公害农产品胡萝卜的生产。

2 规范性引用文件

下列文件中的条款通过本规程的引用而成为本规程的条款。凡是注日期的引用文件,其随后所有的修改单(不包括勘误的内容)或修订版均不适用于本规程。凡是不注日期的引用文件,其最新版本适用于本规程。

NY/T 2798.1—2015 无公害农产品 生产质量安全控制技术规范 第1部分:通则

NY/T 2798.3—2015 无公害农产品 生产质量安全控制技术规范 第3部分:蔬菜

NY/T 5010—2016 无公害农产品 种植业产地环境条件

NY/T 493 胡萝卜

3 产地环境条件

生产基地要选择地势平坦、排灌方便、土壤肥沃、远离有"三废"污染的地区,其环境空气质量、灌溉用水、土壤质量等自然条件应符合 NY/T 2798.3—2015、NY/T 5010—2016 标准的规定。

4 生产技术管理

4.1 栽培季节

4.1.1 早春栽培:早春播种,初夏上市。

4.1.2 秋季栽培:夏末播种,冬春上市。

4.2 品种选择

选择优质、抗病、高产、商品性好、适合市场需求的品种。早春栽培应选择耐高温、长日照和耐春化、抽薹晚、生长期短的品种。如日本黑田五寸、春早红2 号、红玉五寸等。秋季栽培应选择抗逆性好、抗高温、耐低温的品种。如日本黑田五寸、郑参 1 号、郑参丰收红等。

4.3 种子质量

种子质量指标应达到:纯度≥92%,净度≥85%,发芽率≥80%,水分≤10%。

4.4 施肥原则

施肥以有机肥为主,控制氮肥施用,提倡使用商品有机肥和生物肥料。禁止施用城市垃圾、粪水和污泥,不使用未经充分腐熟、未达到无害化指标的人畜禽粪尿等有机肥料。重施基肥,合理追肥。进行测土配方施肥,保持土壤肥力平衡。选用的肥料应达到国家有关产品质量标准,满足无公害胡萝卜对肥料的要求。

4.5 整地施肥

每亩施腐熟优质厩(圈)肥 3 ~ 4 m^3 或禽肥 2 m^3、磷酸二铵 10 ~ 15 kg,硫酸钾 10 ~ 20 kg。整地时应深耕细耙、打碎整平,不留坷垃,做畦,畦宽 100 ~ 120 cm。

4.6 播种

4.6.1 播种期

早春栽培 2 月下旬至 3 月下旬播种,前期扣小拱棚、地膜;秋季栽培 7 月中旬播种。

4.6.2 播种量

一般情况下,每亩栽培面积用种量 500 ~ 750 g;采用精细播种方法时,每亩栽培面积用种量 200 g 左右。

4.6.3 播种方法

采用撒播或条播。播后覆土镇压,覆土不宜过厚,以盖严种子为宜,播种和浇透水。

4.6.4 除草

在播种前或播后苗前施药。可选用 33% 二甲戊灵乳油每亩 150 ~ 200 g、或 48% 氟乐灵乳油每亩 100 ~ 150 g,或 48% 地乐胺乳油每亩 200 g 进行地表喷雾。

4.7 田间管理

4.7.1 间苗

幼苗期应进行 2～3 次间苗。第一次间苗在 2～3 片真叶时进行;在幼苗 4～5 片叶时进行定苗。定苗间距为 15 cm × 15 cm。

4.7.2 水肥管理

出苗前一般浇水 2～3 次,使土壤保持湿润,以利苗齐苗壮。定苗后每亩追施复合肥 10～15 kg;肉质根膨大期应及时浇水追肥,每亩追施磷钾复合肥 30 kg。

4.8 病虫害防治

4.8.1 主要病害:病毒病、黑斑病、黑腐病、软腐病等。

4.8.2 主要虫害:蚜虫、茴香凤蝶、银锭夜蛾、赤条蝽等。

4.8.3 防治原则

按照"预防为主,综合防治"的植保方针,以农业防治为基础,优先采用物理防治、生物防治技术,按照病虫害的发生规律,科学应用化学防治技术。

4.8.4 农业防治

选用抗病品种;轮作;科学施肥;加强田间管理,及时除草,清洁田园。

4.8.5 化学防治

4.8.5.1 农药的使用

按照 NY/T 2798.3—2015 标准的规定,严格控制农药使用浓度、次数及安全间隔期,禁止使用剧毒、高毒、高残留农药。注意轮换用药,合理混配。

4.8.5.2 推荐农药

病毒病:可用植病灵、宁南霉素、盐酸吗啉胍·乙铜等。

黑斑病:可用噁唑菌酮·锰锌、甲基托布津、克菌丹、百菌清、丙森锌、多抗霉素、异菌脲、戊唑醇等。

黑腐病、软腐病:可用春雷霉素、春雷·王铜、氢氧化铜、农用链霉素等。

蚜虫:可用啶虫脒、抗蚜威、吡虫啉、氰戊菊酯等。

茴香凤蝶、银锭夜蛾:可用灭幼脲、氟啶脲、氟虫脲、多杀霉素、虫螨腈、苏云金杆菌、茚虫威、阿维菌素、杀螟丹等。

赤条蝽:可用乐果、马拉硫磷、溴氰菊酯等。

地下害虫:可用辛硫磷、二嗪磷等。

5 采收

播种后 90～100 d 即可收获上市。可根据市场需求适时采收;也可在封冻前就地储存,来年 2～3 月上旬上市。

6　包装运输

禁止用污染水源洗菜。包装运输要符合 NY/T 2798.1—2015 标准的规定。运输过程要保持适当的温度和湿度。包装运输器具应清洁卫生、无异味、无污染,严防暴晒、雨淋、高温、冷冻等发生。

7　生产档案

建立田间生产档案。对生产过程中重点生产技术、病虫害防治技术、采收等环节及措施进行详细记录。

无公害农产品 马铃薯生产技术规程

1 范围

本规程规定了无公害农产品马铃薯的产地环境要求和生产管理措施。

本规程适用于新郑市行政区域内无公害农产品马铃薯的生产。

2 规范性引用文件

下列文件中的条款通过本规程的引用而成为本规程的条款。凡是注日期的引用文件,其随后所有的修改单(不包括勘误的内容)或修订版均不适用于本规程。凡是不注日期的引用文件,其最新版本适用于本规程。

NY/T 2798.1—2015 无公害农产品 生产质量安全控制技术规范 第1部分:通则

NY/T 2798.3—2015 无公害农产品 生产质量安全控制技术规范 第3部分:蔬菜

NY/T 5010—2016 无公害农产品 种植业产地环境条件

GB 18133 马铃薯脱毒 种薯

3 产地环境条件

生产基地要选择地势平坦、排灌方便、土壤肥沃、远离有"三废"污染的地区,其环境空气质量、灌溉用水、土壤质量等自然条件应符合 NY/T 2798.3—2015、NY/T 5010—2016 标准的规定。

4 生产技术管理

4.1 栽培方式

露地栽培、地膜或拱棚栽培。

4.2 栽培季节

春季栽培、秋季栽培。

4.3 品种选择

根据不同栽培季节和模式,选择抗病性强、丰产、优质、商品性好的品种。如:郑薯 5 号、郑薯 6 号、弗乌瑞它等。最好采用脱毒薯种。

4.4 种子质量

种子质量应符合 GB 18133 标准中块茎质量指标要求。

4.5 施肥原则

施肥以有机肥为主,控制氮肥施用,提倡使用商品有机肥和生物肥料。禁止施用城市垃圾、粪水和污泥,不得施用未经充分腐熟、未达到无害化指标的人畜禽粪尿等有机肥料。重施基肥,合理追肥。进行测土配方施肥,保持土壤肥力平衡。选用的肥料应达到国家有关产品质量标准,满足无公害马铃薯对肥料的要求。

4.6 整地施肥

每亩施腐熟优质厩(圈)肥 3 ~ 4 m^3 或禽肥 2 m^3,深耕、细耙,按拟定行距开沟,施过磷酸钙 25 kg 和钾肥 25 kg,沟上起垄,垄高 15 ~ 20 cm。可采用宽垄双行栽培或窄垄单行栽培。

4.7 播种

4.7.1 播种期

春季栽培 3 月上旬播种。若采用地膜覆盖措施,可于 2 月下旬播种。采用小拱棚覆盖可于 2 月上旬播种。秋季栽培 8 月中旬播种。

4.7.2 种薯处理

种薯应进行催芽后播种。春薯一般进行切块种植,切块后用沙土在 12 ℃以上的温度条件下催芽播种。秋薯因气温高不宜切块,播种前用 0.005‰的赤霉素(弗乌瑞它采用 0.01‰)浸种 5 min,沙埋催芽后播种。

4.7.3 播种方法

按行株距(50 ~ 60)cm × (20 ~ 30)cm 进行播种。一般密度 5 000 ~ 6 000株。春薯每亩约需种 120 kg;秋薯一般整薯播种,需 250 ~ 300 kg。

4.8 田间管理

4.8.1 施肥

前期以氮肥为主,后期以磷钾肥为主。催苗肥:应重施,出苗 70% 时每亩施入碳酸氢铵 50 ~ 75 kg。催薯肥:在部分现蕾时每亩施磷钾复合肥 25 kg。在开花时可用 0.2% 磷酸二氢钾和 0.2% ~ 0.3% 硼砂作根外追肥。

4.8.2 水分管理

幼苗期需水量不大,可结合追肥浇水;发棵至结薯期不能缺墒,应保持土壤湿润;结薯后期至收获前控制土壤湿度,避免块茎含水量太高。见花后禁止施速效氮肥。

4.8.3 中耕和培土

4.8.3.1 中耕:一般中耕3次,幼苗期、发棵期结合追肥进行,封行前结合培土进行。前期中耕提高地温,中后期中耕促进块茎膨大。

4.8.3.2 培土:一般培土2次。团棵期和封行前进行,封行前应进行大培土。

4.9 病虫害防治

4.9.1 主要病害:早疫病、晚疫病、病毒病、青枯病、环腐病、软腐病、疮痂病等。

4.9.2 主要虫害:蚜虫、马铃薯瓢虫、蛴螬、地老虎等。

4.9.3 防治原则

按照"预防为主,综合防治"的植保方针,以农业防治为基础,优先采用物理防治、生物防治技术,按照病虫害的发生规律,科学使用化学防治技术。

4.9.4 农业防治

选择抗病品种;深耕土地,配方施肥;轮作;采用深沟高垄栽培,严防积水;加强田间管理,提高植株抗性;加强中耕除草,清洁田园。

4.9.5 物理防治

采用银灰色膜避蚜或橙黄板诱杀蚜虫。

4.9.6 生物防治

积极保护利用天敌;优先采用生物农药防治。

4.9.7 化学防治

4.9.7.1 农药的使用

按照NY/T 2798.3—2015标准的规定,严格控制农药使用浓度、次数及安全间隔期,禁止使用剧毒、高毒、高残留农药。注意轮换用药,合理混配。

4.9.7.2 推荐农药

晚疫病:可用丙森锌·缬霉威、霜霉威、代森联、霜脲·锰锌、烯酰·锰锌、丙森锌、甲霜·锰锌、噁唑菌酮·锰锌、三乙膦酸铝、多抗霉素等。

病毒病:可用植病灵、宁南霉素、盐酸吗啉胍等。

软腐病、疮痂病、青枯病等细菌性病害:可用春雷霉素、春雷·王铜、氢氧化铜、农用链霉素等。

早疫病:可用丙森锌、百菌清、噁唑菌酮·锰锌、克菌丹、波尔多液、氢氧化铜、霜脲·锰锌、异菌脲等。

蚜虫:可用吡虫啉、啶虫脒、抗蚜威、甲氰菊酯等。

马铃薯七星瓢虫:可用马拉硫磷、氯氰菊酯、溴氰菊酯等。

地老虎、蛴螬:可在种植前用辛硫磷处理土壤,或采用辛硫磷灌根。

5 收获

大部分茎叶由绿转黄、枯萎时,表明薯块已生理成熟,可开始采收。收获应在晴天进行,避免阳光暴晒,采收期应符合农药安全间隔标准要求。

6 包装运输

包装运输要符合 NY/T 2798.1—2015 标准的规定。运输过程要保持适当的温度和湿度。包装运输器具应清洁卫生、无异味、无污染,严防暴晒、雨淋、高温、冷冻等发生。

7 生产档案

建立田间生产档案。对生产过程中重点生产技术、病虫害防治技术、采收等环节及措施进行详细记录。

无公害农产品　豇豆生产技术规程

1　范围

本规程规定了无公害农产品豇豆(豆角)的产地环境要求和生产管理措施。

本规程适用于新郑市行政区域内无公害农产品豇豆的生产。

2　规范性引用文件

下列文件中的条款通过本规程的引用而成为本规程的条款。凡是注日期的引用文件,其随后所有的修改单(不包括勘误的内容)或修订版均不适用于本规程。凡是不注日期的引用文件,其最新版本适用于本规程。

NY/T 2798.1—2015　无公害农产品　生产质量安全控制技术规范　第1部分:通则

NY/T 2798.3—2015　无公害农产品　生产质量安全控制技术规范　第3部分:蔬菜

NY/T 5010—2016　无公害农产品　种植业产地环境条件

NY/T 965　豇豆

3　产地环境条件

生产基地要选择地势平坦、排灌方便、土壤肥沃、远离有"三废"污染的地区,其环境空气质量、灌溉用水、土壤质量等自然条件应符合 NY/T 2798.3—2015、NY/T 5010—2016 标准的规定。

4　生产技术管理

4.1　栽培方式

春季地膜覆盖栽培,夏季露地栽培。

4.2 播种时期

春季栽培:3 月下旬至 4 月上中旬播种。夏季栽培:6 月中旬播种。

4.3 品种选择

选择优质、抗病、高产、商品性好、符合市场需求的品种。如:郑豇 2 号、郑豇 3 号、901、宁豇 3 号等。

4.4 种子质量

种子质量指标应达到:纯度 ≥97%,净度 ≥98%,发芽率 ≥90%,水分 ≤12%。

4.5 施肥原则

施肥以有机肥为主,控制氮肥施用,提倡使用商品有机肥和生物肥料。禁止施用城市垃圾、粪水和污泥,不得施用未经充分腐熟、未达到无害化指标的人畜禽粪尿等有机肥料。重施基肥,合理追肥。进行测土配方施肥,保持土壤肥力平衡。选用的肥料应达到国家有关产品质量标准,满足无公害豇豆对肥料的要求。

4.6 整地施肥

每亩施腐熟厩(圈)肥 3 ~ 4 m³ 或禽肥 2 m³、三元复合肥 30 ~ 50 kg。其中,2/3 撒施土壤表面后深翻 20 cm,1/3 在种植带内集中沟施。整地起垄,垄宽 70 cm、沟宽 50 cm、沟深 15 ~ 18 cm。

4.7 播种

4.7.1 播种量

每亩播种量 2.5 ~ 3 kg。

4.7.2 播种方法和密度

采用干籽穴播,足墒播种,垄上两侧穴播,每穴 2 ~ 3 粒,株距 25 cm。春播可覆盖地膜,一般每亩播 4 000 ~ 4 500 穴。

4.8 水肥管理

4.8.1 出苗后至结荚初期

控水控肥,促根控秧。若缺水,可轻浇。一般不追肥。

4.8.2 结荚期

当第一花序开花坐荚,其上花序显现后,要浇一次透水。待植株中下部豆荚伸长,中上部花序出现时浇第二次水。进入结荚盛期,应见干浇水。结合第二次浇水,可随水追肥一次,每亩追施尿素或复合肥 15 ~ 20 kg。

4.9 植株调整

植株甩蔓后及时插架。将第一穗花序以下的侧枝全部抹除,主蔓爬到架顶时摘心。生长后期,侧枝坐荚后也应进行摘心。

4.10　病虫害防治

4.10.1　主要病害:猝倒病、立枯病、根腐病、煤霉病、病毒病、炭疽病、锈病、细菌性疫病、叶斑病、白粉病等。

4.10.2　主要虫害:红蜘蛛、茶黄螨、蚜虫、潜叶蝇、豆荚螟、豆野螟等。

4.10.3　防治原则

按照"预防为主,综合防治"的植保方针,以农业防治为基础,优先采用物理防治、生物防治技术,按照病虫害的发生规律,科学使用化学防治技术。

4.10.4　农业防治

轮作;选择排灌方便、质地疏松肥沃的地块;采用高畦深沟、地膜覆盖栽培;科学施肥;清洁田园。

4.10.5　物理防治

采用防虫网、橙黄板、银灰色膜等避虫诱杀措施。

4.10.6　生物防治

积极保护利用天敌;优先采用生物农药防治。

4.10.7　化学防治

4.10.7.1　农药的使用

按照 NY/T 2798.3—2015 标准的规定,严格控制农药使用浓度、次数及安全间隔期,禁止使用剧毒、高毒、高残留农药。注意轮换用药,合理混配。

4.10.7.2　推荐农药

猝倒病、立枯病:可用噁霉灵、霜霉威等。

细菌性疫病:可用氢氧化铜、农用链霉素、春雷霉素、春雷·王铜等。

叶斑病:可用春雷·王铜、氢氧化铜、多抗霉素、克菌丹、百菌清等。

白粉病、锈病:可用烯唑醇、三唑酮、萎锈灵、氟菌唑等。

炭疽病:可用嘧菌酯、代森联、多菌灵、咪鲜胺、代森锰锌、克菌丹等。

根腐病:可用多菌灵、防霉宝、甲基硫菌灵、抗枯宁等。

煤霉病:可用百菌清、多菌灵等。

病毒病:可用植病灵、宁南霉素、盐酸吗啉胍·乙铜等。

红蜘蛛、茶黄螨:可用炔螨特、氟虫脲、双甲脒、噻螨酮、克螨特、浏阳霉素等。

蚜虫:可用啶虫脒、抗蚜威、吡虫啉、双甲脒等。

潜叶蝇:可用阿维菌素、灭蝇胺等。

豆荚螟、夜蛾类:可用苏云金杆菌、多杀霉素、虫螨腈、茚虫威、乐果、敌敌畏、杀螟丹、溴氰菊酯、氰戊菊醇等。

5 采收

适时采收。采收时避免折断主蔓。采收期应符合农药安全间隔标准要求。

6 包装运输

包装运输要符合 NY/T 2798.1—2015 标准的规定。运输过程要保持适当的温度和湿度。包装运输器具应清洁卫生、无异味、无污染,严防暴晒、雨淋、高温、冷冻等发生。

7 生产档案

建立田间生产档案。对生产过程中重点生产技术、病虫害防治技术、采收等环节及措施进行详细记录。

无公害农产品　菜豆生产技术规程

1　范围

本规程规定了无公害农产品菜豆(四季豆、爬豆)的产地环境要求和生产管理措施。

本规程适用于新郑市行政区域内无公害农产品菜豆的生产。

2　规范性引用文件

下列文件中的条款通过本规程的引用而成为本规程的条款。凡是注日期的引用文件,其随后所有的修改单(不包括勘误的内容)或修订版均不适用于本规程。凡是不注日期的引用文件,其最新版本适用于本规程。

NY/T 2798.1—2015　无公害农产品　生产质量安全控制技术规范　第1部分:通则

NY/T 2798.3—2015　无公害农产品　生产质量安全控制技术规范　第3部分:蔬菜

NY/T 5010—2016　无公害农产品　种植业产地环境条件

NY/T 5081　无公害食品　菜豆生产技术规程

3　产地环境条件

生产基地要选择地势平坦、排灌方便、土壤肥沃、远离有"三废"污染的地区,其环境空气质量、灌溉用水、土壤质量等自然条件应符合 NY/T 2798.3—2015、NY/T 5010—2016 标准的规定。

4　生产技术管理

4.1　栽培方式

小拱棚半覆盖栽培、露地栽培。

4.2 品种选择

选择早熟、抗病、优质、高产、商品性好、符合市场需求的品种。

4.3 种子质量

种子质量指标应达到:纯度≥97%,净度≥98%,发芽率≥95%,水分≤12%。

4.4 施肥原则

施肥以有机肥为主,控制氮肥施用,提倡使用商品有机肥和生物肥料。禁止施用城市垃圾、粪水和污泥,不得施用未经充分腐熟、未达到无害化指标的人畜禽粪尿等有机肥料。重施基肥,合理追肥。进行测土配方施肥,保持土壤肥力平衡。选用的肥料应达到国家有关产品质量标准,满足无公害菜豆对肥料的要求。

4.5 整地施肥

足墒整地。每亩施腐熟厩(圈)肥 5~6 m³ 或禽肥 3 m³、三元复合肥和过磷酸钙各 25 kg。其中,2/3 撒施土壤表面后深翻 20 cm,1/3 在种植带内集中沟施。整地起垄,垄面与垄沟宽各 45~50 cm,垄沟深 20 cm。

4.6 播种

4.6.1 播种期

春季小拱棚覆盖栽培,在 2 月中下旬播种;秋季栽培,在 7 月上中旬播种。

4.6.2 播种量

蔓生品种每亩栽培面积用种量 5~6 kg。

4.6.3 播种方法

干籽穴播。每垄播种两行,行距 30~40 cm,穴距 30~35 cm,每穴播 3~4 粒。春提早栽培,播后及时覆盖地膜、扣小拱棚。

4.7 田间管理

4.7.1 发芽期

春提早栽培,播种后覆盖草苫的,应适时揭苫,增加光照。种子发芽出土后要及时破膜放苗,注意保护子叶和第一对真叶。

4.7.2 幼苗期

自第 1 对真叶展开至团棵(第 4 个复叶展开时),应注意控制浇水,加强中耕,促根炼苗。春提早栽培要调节好适于花芽分化的温度,棚内温度保持白天 20~25 ℃、夜间 15~18 ℃。

4.7.3 结荚期

小拱棚栽培,4 月中下旬及时撤棚、搭架。当第一穗嫩荚长 10 cm 左右时,结合浇第一次结荚水每亩冲施尿素 10~15 kg,以后每 7~10 d 追肥浇水一次,每次每亩追施复合肥 10~15 kg。

4.8 病虫害防治

4.8.1 主要病害:根腐病、炭疽病、锈病、白粉病、灰霉病、细菌性疫病等。

4.8.2 主要害虫:蚜虫、豆野螟、红蜘蛛、茶黄螨、潜叶蝇等。

4.8.3 防治原则

按照"预防为主,综合防治"的植保方针,以农业防治为基础,优先采用物理防治、生物防治技术,按照病虫害的发生规律,科学应用化学防治技术。

4.8.4 农业防治

选用抗病品种;高畦栽培;增施有机肥;地膜覆盖;加强田间管理,培育壮苗;及时拔除病株、摘除病叶和病荚,清洁田园。

4.8.5 物理防治

设施栽培可采用防虫网、银灰膜避虫及橙黄板、杀虫灯诱杀等措施。

4.8.6 生物防治

积极保护利用天敌;优先采用生物农药防治。

4.8.7 化学防治

4.8.7.1 农药的使用

按照 NY/T 2798.3—2015 标准的规定,严格控制农药使用浓度、次数及安全间隔期,禁止使用剧毒、高毒、高残留农药。注意轮换用药,合理混配。

4.8.7.2 推荐农药

锈病:可用氟菌唑、烯唑醇、粉锈宁等。

灰霉病:可用多抗霉素、异菌脲、嘧霉胺、腐霉利、武夷菌素等。

根腐病:可用氢氧化铜、多菌灵、甲基托布津等。

细菌性疫病:可用嘧菌酯、农用链霉素、克菌丹、代森锰锌、春雷霉素、春雷·王铜、氢氧化铜、多菌灵等。

炭疽病:可用嘧菌酯、百菌清、咪鲜胺锰盐、咪鲜胺、多菌灵、杀毒矾等。

白粉病:可用苯醚甲环唑、百菌清等。

蚜虫:可用苦参碱、阿维菌素、灭蝇胺、吡虫啉、啶虫脒、杀螟丹等。

豆野螟:可用多杀霉素、虫螨腈、苏云金杆菌、敌敌畏、乐果、茚虫威、阿维菌素、杀螟丹、溴氰菊酯等。

红蜘蛛、茶黄螨:可用氟虫脲、双甲脒、噻螨酮、浏阳霉素、虫螨克、浏阳霉素等。

潜叶蝇:可用阿维菌素、灭蝇胺等。

5 采收

花落后 10 ~ 15 d 为采收适期。盛荚期一般每 2 d 采收一次。采收期应符合农药安全间隔标准要求。

6 包装运输

包装运输要符合 NY/T 2798.1—2015 标准的规定。运输过程要保持适当的温度和湿度。包装运输器具应清洁卫生、无异味、无污染，严防暴晒、雨淋、高温、冷冻等发生。

7 生产档案

建立田间生产档案。对生产过程中重点生产技术、病虫害防治技术、采收等环节及措施进行详细记录。

无公害农产品 豌豆生产技术规程

1 范围

本规程规定了无公害农产品豌豆(荷兰豆)的产地环境要求和生产管理措施。

本规程适用于新郑市行政区域内无公害农产品豌豆的生产。

2 规范性引用文件

下列文件中的条款通过本规程的引用而成为本规程的条款。凡是注日期的引用文件,其随后所有的修改单(不包括勘误的内容)或修订版均不适用于本规程。凡是不注日期的引用文件,其最新版本适用于本规程。

NY/T 2798.1—2015 无公害农产品 生产质量安全控制技术规范 第1部分:通则

NY/T 2798.3—2015 无公害农产品 生产质量安全控制技术规范 第3部分:蔬菜

NY/T 5010—2016 无公害农产品 种植业产地环境条件

NY/T 5208 无公害食品 豌豆生产技术规程

3 产地环境条件

生产基地要选择地势平坦、排灌方便、土壤肥沃、远离有"三废"污染的地区,其环境空气质量、灌溉用水、土壤质量等自然条件应符合 NY/T 2798.3—2015、NY/T 5010—2016 标准的规定。

4 生产技术管理

4.1 品种选择

选用抗病、优质、丰产、早熟、商品性好的矮生品种。

4.2 种子质量

种子质量指标应达到：纯度≥97%，净度≥98%，发芽率≥93%，水分≤12%。

4.3 施肥原则

施肥以有机肥为主，控制氮肥施用，提倡使用商品有机肥和生物肥料。禁止施用城市垃圾、粪水和污泥，不得施用未经充分腐熟、未达到无害化指标的人畜禽粪尿等有机肥料。重施基肥，合理追肥。进行测土配方施肥，保持土壤肥力平衡。选用的肥料应达到国家有关产品质量标准，满足无公害豌豆对肥料的要求。

4.4 整地施肥

播种前浇足底水。每亩施腐熟厩(圈)肥4~5 m³或禽肥3 m³、三元复合肥30~50 kg。其中，2/3撒施土壤表面后深翻20 cm，1/3在种植带内集中沟施。整地起垄，垄宽80~90 cm，沟宽40 cm，沟深15~20 cm。

4.5 播种

4.5.1 播种量

每亩用种8~10 kg。

4.5.2 播种时期

10月下旬至11月上旬播种。

4.5.3 播种方法

采用穴播。每垄播种两行，穴距15~20 cm，每穴播2~3粒，覆土3~4 cm厚，播后覆盖地膜。

4.6 田间管理

地膜四周压实，注意防寒保温，年前不破膜，2月下旬至3月初及时破膜。立春后及时浇返青水，可随水每亩追尿素10~15 kg提苗。浇水后及时中耕松土，增温保墒。提苗后到开花前一般不追肥浇水，蹲苗促花，防止徒长，现蕾结荚后浇一次水，并随水追肥，每亩追施复合肥15~20 kg，然后适当控水，开花结荚盛期要求水肥齐攻，每10~15 d浇水追肥一次，每亩用复合肥15~20 kg。结荚期可叶面喷施磷酸二氢钾等叶面肥，提高坐果率，防止植株早衰。植株高20~30 cm时，及时插架。

4.7 病虫害防治

4.7.1 主要病害：白粉病、锈病、根腐病等。

4.7.2 主要虫害：潜叶蝇、蚜虫、豆秆黑潜蝇等。

4.7.3 防治原则

按照"预防为主,综合防治"的植保方针,以农业防治为基础,优先采用物理防治、生物防治技术,按照病虫害的发生规律,科学使用化学防治技术。

4.7.4 农业防治

轮作;科学施肥;采用深沟高畦、地膜覆盖栽培;及时清除杂草、病残株,清洁田园。

4.7.5 化学防治

4.7.5.1 农药的使用

按照 NY/T 2798.3—2015 标准的规定,严格控制农药使用浓度、次数及安全间隔期,禁止使用剧毒、高毒、高残留农药。注意轮换用药,合理混配。

4.7.5.2 推荐农药

白粉病、锈病:可用氟菌唑、烯唑醇、苯醚甲环唑等。

根腐病:可用噻菌酮、噁霉灵等。

蚜虫:可用苦参碱、阿维菌素、吡虫啉、啶虫脒等。

潜叶蝇:可用阿维菌素、灭蝇胺等。

豆秆黑潜蝇:可用阿维菌素、辛硫磷等。

5 采收

一般开花后 11~15 d 采收。采收期应符合农药安全间隔标准要求。

6 包装运输

包装运输要符合 NY/T 2798.1—2015 标准的规定。运输过程要保持适当的温度和湿度。包装运输器具应清洁卫生、无异味、无污染,严防暴晒、雨淋、高温、冷冻等发生。

7 生产档案

建立田间生产档案。对生产过程中重点生产技术、病虫害防治技术、采收等环节及措施进行详细记录。

无公害农产品　韭菜(设施栽培)生产技术规程

1　范围

本规程规定了无公害韭菜(设施栽培)的产地环境、设施条件、肥料农药使用原则和要求、生产管理等系列措施。

本规程适用于新郑市行政区域内无公害韭菜的设施生产。

2　规范性引用文件

下列文件中的条款通过本规程的引用而成为本规程的条款。凡是注日期的引用文件,其随后所有的修改单(不包括勘误的内容)或修订版均不适用于本规程。凡是不注日期的引用文件,其最新版本适用于本规程。

NY/T 2798.1—2015　无公害农产品　生产质量安全控制技术规范　第1部分:通则

NY/T 2798.3—2015　无公害农产品　生产质量安全控制技术规范　第3部分:蔬菜

NY/T 5010—2016　无公害农产品　种植业产地环境条件

NY/T 5002　无公害食品　韭菜生产技术规程

GB 16715.5　瓜菜作物种子　第5部分:绿叶菜类

3　产地环境条件与设施条件

3.1　环境要求

产地环境质量除应符合 NY/T 2798.3—2015、NY/T 5010—2016 标准的规定外,要选择地势平坦、排灌方便、疏松肥沃的地块。

3.2　设施条件

小拱棚、塑料大棚、日光温室。

4 生产技术措施

4.1 品种选择与种子处理

4.1.1 品种选择

选择产量高、品质好、叶子宽、叶丛直立、回根晚、休眠期短、生长快、抗病、耐低温的品种,如791、平韭四号、雪韭等。

4.1.2 种子质量

种子质量符合 GB 16715.5 标准中叶菜类良种质量要求。

4.1.3 种子处理

4.1.3.1 浸种

用 30～35 ℃的温水浸泡 20～24 h。浸种过程中搓洗几遍,以利于吸水。

4.1.3.2 催芽

种子捞出后拌于种子 5 倍的细土中,充分拌匀后,堆于 17～20 ℃的地方,上盖薄膜保湿。经 3～4 d 后,种子萌芽60%左右时播种。

4.2 施肥原则

施用的肥料应符合 NY/T 2798.3—2015 标准的要求,施肥以有机肥为主,控制氮肥使用,提倡测土配方施肥,保持土壤肥力平衡。

4.3 育苗

4.3.1 播种期

播种时要求地下 10 cm 低温稳定在 8 ℃以上,一般在 3 月下旬至 4 月上旬播种。

4.3.2 播种量

每亩苗床,需种子 2～3 kg,一般每平方米播 3～4 g。

4.3.3 苗床准备

每亩施腐熟有机肥 4 000～5 000 kg,深翻细耙,平整后做畦,一般畦宽1.2 m。

4.3.4 播种方式

采用条播或撒播。条播一般沟距 20 cm。播种前将畦面浇透水,播后覆盖 1.5～2.0 cm 的细土。

4.3.5 苗期管理

应注意防除杂草。水分管理应掌握前促后控、小水勤浇,保持畦面湿润,培育壮苗。

4.3.6 壮苗标准

苗龄 60～70 d,5～6 片真叶,株高 15～20 cm。

4.4 定植

4.4.1 定植时期

6 月下旬至 7 月下旬。

4.4.2 整地施肥

每亩施腐熟有机肥 4 000～5 000 kg,磷钾肥各 20 kg。施肥后深翻细耙,平整后做畦,一般畦宽 1.2 m,畦南北向。

4.4.3 定植方法

定植前 3 d 浇一次水,起苗后按大小分级,将根须剪至 2～3 cm 长,叶上部剪 50% 左右定植。定植深度以不影响分蘖节为宜。一般每畦 5 行,行距 20 cm,穴距 5 cm,每穴 4～5 株。

4.4.4 田间管理

定植后应立即浇定植水,4～5 d 后浇缓苗水。适时中耕松土,适当控水。进入 9 月后,应加强水肥管理,每亩追施复合肥 30 kg。及时摘除花薹。

4.5 扣棚

4.5.1 扣棚的时期

11 月中下旬扣棚。

4.5.2 扣棚前的准备

扣棚前割去枯死的地上部,清理畦面。地面上留假茎 1～2 cm。一般充分冻晒 7 d 后,浇水施肥,每亩追施复合肥 30 kg。

4.6 扣棚后的管理

4.6.1 温度管理

扣膜后白天温度控制在 17～23 ℃,夜间 10～12 ℃。以后各茬控制温度上限可比上茬高出 2～3 ℃,一般不超过 30 ℃。

4.6.2 水分管理

第一刀一般不用浇水,以后每收割一次,浇水 2～3 次。

4.6.3 培土

植株 10 cm 高时,从行间取土培到韭菜根部,每次 3～4 cm,共培土 2～3 次,最后成 10 cm 的小高垄。

4.7 拆棚后的管理

4 月初拆棚。拆棚后施有机肥,以养根为主,一般不收割。高温季节应控水控肥,防止徒长倒伏。入秋后加强肥水管理,以促为主。

4.8 病虫害防治

4.8.1 防治原则

按照"预防为主,综合防治"的植保方针,以农业防治为基础,优先采用物理防治、生物防治技术,按照病虫害的发生规律,科学应用化学防治技术。

4.8.2 农业防治

选择抗病品种;轮作;培育壮苗,提高抗性;清洁田园;不使用未充分腐熟的有机肥。

4.8.3 物理防治

用糖醋液诱杀蝇类害虫。

4.8.4 化学防治

4.8.4.1 农药的使用

严格执行 NY/T 2798.3—2015 标准的规定,严格控制农药使用浓度、次数和安全间隔期,禁止使用剧毒、高毒、高残留农药,注意农药的轮换和合理混配。

4.8.4.2 推荐农药

灰霉病:可用嘧啶胺、多抗霉素、腐霉利、异菌脲等。

疫病:可用嘧菌酯、丙森锌、霜脲・锰锌、百菌清、甲霜・锰锌等。

韭蛆:在定植时可用 50% 辛硫磷漫根防治;浇水时,可施用敌百虫、辛硫磷等防治;成虫羽化盛期可用辛硫磷、菊马乳油、溴氰菊酯等。

葱须鳞蛾:可用阿维菌素、辛硫磷、菊马乳油、溴氰菊酯、氰戊菊酯等。

5 收获

韭菜植株长出第 5~7 片心叶,株高 25 cm 以上,叶片肥厚宽大,色泽青绿,且与前一次收割间隔 30 d 左右,开始收割,收割时应适当遮阴。

6 包装运输

包装运输应符合 NY/T 2798.1—2015 标准的规定。运输过程中要保持适当的温度和湿度。包装运输器具应清洁卫生、无异味、无污染,严防暴晒、雨淋、高温、冷冻等发生。

7 生产档案

建立田间生产档案。对生产过程中重点生产技术、病虫害防治技术、采收等环节及措施进行详细记录。

无公害农产品 韭菜生产技术规程

1 范围

本规程规定了无公害韭菜的产地环境要求和生产管理措施。

本规程适用于新郑市行政区域内无公害农产品韭菜的生产。

2 规范性引用文件

下列文件中的条款通过本规程的引用而成为本规程的条款。凡是注日期的引用文件,其随后所有的修改单(不包括勘误的内容)或修订版均不适用于本规程。凡是不注日期的引用文件,其最新版本适用于本规程。

NY/T 2798.1—2015 无公害农产品 生产质量安全控制技术规范 第1部分:通则

NY/T 2798.3—2015 无公害农产品 生产质量安全控制技术规范 第3部分:蔬菜

NY/T 5010—2016 无公害农产品 种植业产地环境条件

NY/T 5002 无公害食品 韭菜生产技术规程

GB 16715.5 瓜菜作物种子 第5部分:绿叶菜类

3 产地环境条件

生产基地要选择地势平坦、排灌方便、土壤肥沃、远离有"三废"污染的地区,其环境空气质量、灌溉用水、土壤质量等自然条件应符合 NY/T 5010—2016 标准的规定。

4 生产技术管理

4.1 品种选择

选择优质、抗病、高产、适应性强的品种。如:791、平韭2号等。

4.2　种子质量

种子质量指标应达到：纯度≥92%，净度≥97%，发芽率≥85%，水分≤10%。

4.3　播种期

播种时要求地下10 cm低温稳定在8 ℃以上，一般在3月下旬至4月上旬直播或育苗。

4.4　播种量

每亩栽培面积需种子1～2 kg。

4.5　施肥原则

施肥以有机肥为主，控制氮肥施用，提倡使用商品有机肥和生物肥料。禁止施用城市垃圾、粪水和污泥，不得施用未经腐熟、未达到无害化指标的人畜禽粪尿等有机肥料。重施基肥，合理追肥。进行测土配方施肥，保持土壤肥力平衡。选用的肥料应达到国家有关产品质量标准，满足无公害韭菜对肥料的要求。

4.6　育苗

4.6.1　苗床

选择2年以上未种过同科蔬菜的沙质土地作育苗床。可施入适量腐熟厩（圈）肥，深耕、细耙、整平，做畦。

4.6.2　种子处理

温水浸种12 h后进行催芽，催芽适温15～18 ℃。种子每天用清水淘洗，沥干水分后继续催芽，至种子露白时播种。

4.6.3　播种方法

采用条播或撒播。播种前浇足底水，播后覆盖1～1.5 cm厚的细潮土。

4.6.4　苗期管理

幼苗期应加强除草。水分管理应掌握前促后控，小水勤浇，保持畦面湿润，培育壮苗。

4.7　整地施肥

施足基肥，每亩施腐熟厩（圈）肥4～5 m^3或禽肥2 m^3、三元复合肥20～25 kg。深耕细耙，做平畦栽培。

4.8　定植

4.8.1　定植时期

7～8月上旬定植。

4.8.2　定植方法

定植前,先剪去须根先端,留 2 ~ 3 cm 长,然后栽植。栽植深度以埋没根部为准,不能埋没心叶。行距 18 ~ 20 cm,株距 1 ~ 1.5 cm。栽植后,浇透水。

4.9　田间管理

栽植当年,根据长势情况,采取轻浇水,勤中耕,以养根为主;一般追肥 2 ~ 3 次,每次每亩可追施复合肥 15 kg,促使根壮叶肥。当年不采收。第 2 年以后,每年可多次收割,每次收割后 3 ~ 5 d,重施一次肥,每亩追施复合肥 10 ~ 15 kg。秋季及时摘除花薹,避免养分消耗。冬春季节可覆盖小拱棚。

4.10　病虫害防治

4.10.1　主要病害:灰霉病、疫病、锈病等。

4.10.2　主要虫害:韭蛆等。

4.10.3　防治原则

按照"预防为主,综合防治"的植保方针,以农业防治为基础,优先采用物理防治、生物防治技术,按照病虫害的发生规律,科学应用化学防治技术。

4.10.4　农业防治

选择抗病品种;轮作;培育壮苗,提高抗性;清洁田园;禁止施入未充分腐熟的粪肥。

4.10.5　化学防治

4.10.5.1　农药的使用

严格执行 NY/T 2798.3—2015 标准的规定,严格控制农药使用浓度、次数和安全间隔期,禁止使用剧毒、高毒、高残留农药,注意农药的轮换和合理混配。

4.10.5.2　推荐农药

疫病:可用嘧菌酯、丙森锌·缬霉威、丙森锌、霜脲·锰锌、百菌清、克菌丹、霜霉威、甲霜·锰锌、噁唑菌酮·锰锌、甲霜铜、乙膦铝等。

灰霉病:可用嘧霉胺、多抗霉素、腐霉利、异菌脲等。

锈病:可用烯唑醇、氟菌唑等。

韭蛆:在定植时可用 50% 辛硫磷浸根防治;浇水时可施用辛硫磷;成虫羽化盛期可用辛硫磷、菊马乳油、溴氰菊酯、杀螟丹等喷雾。

5　收获

6 ~ 8 片叶时品质鲜嫩,应及时采收。每年 10 月后,为促进养分积累,不再收割。采收期应符合农药安全期间隔期标准要求。

6 包装运输

包装运输应符合 NY/T 2798.1—2015 标准的规定。运输过程中要保持适当的温度和湿度。包装运输器具应清洁卫生、无异味、无污染,严防暴晒、雨淋、高温、冷冻等发生。

7 生产档案

建立田间生产档案。对生产过程中重点生产技术、病虫害防治技术、采收等环节及措施进行详细记录 。

无公害农产品 大葱生产技术规程

1 范围

本规程规定了无公害农产品大葱的产地环境要求和生产管理措施。

本规程适用于新郑市行政区域内无公害农产品大葱的生产。

2 规范性引用文件

下列文件中的条款通过本规程的引用而成为本规程的条款。凡是注日期的引用文件，其随后所有的修改单(不包括勘误的内容)或修订版均不适用于本规程。凡是不注日期的引用文件，其最新版本适用于本规程。

NY/T 2798.1—2015 无公害农产品 生产质量安全控制技术规范 第1部分:通则

NY/T 2798.3—2015 无公害农产品 生产质量安全控制技术规范 第3部分:蔬菜

NY/T 5010—2016 无公害农产品 种植业产地环境条件

GB/Z 26577 大葱生产技术规范

3 产地环境条件

生产基地要选择地势平坦、排灌方便、土壤肥沃、远离有"三废"污染的地区，其环境空气质量、灌溉用水、土壤质量等自然条件应符合 NY/T 2798.3—2015、NY/T 5010—2016 标准的规定。

4 生产技术管理

4.1 品种选择

选择优质、高产、抗性强、葱白长、耐春化、符合市场需求的适宜品种。如：章丘大葱、中华巨葱等。

4.2 种子质量

种子质量指标应达到:纯度≥92%,净度≥97%,发芽率≥85%,水分≤10%。

4.3 施肥原则

施肥以有机肥为主,控制氮肥施用,提倡使用商品有机肥和生物肥料。禁止施用城市垃圾、粪水和污泥,不得施用未经充分腐熟、未达到无害化指标的人畜禽粪尿等有机肥料。重施基肥,合理追肥。进行测土配方施肥,保持土壤肥力平衡。选用的肥料应达到国家有关产品质量标准,满足无公害大葱对肥料的要求。

4.4 育苗

4.4.1 苗床

每亩栽培面积需苗床 $60 \sim 120 \ m^2$。床土要求疏松肥沃。

4.4.2 播种期

播种时要求 10 cm 地温稳定在 8 ℃以上。春季育苗 3 月上旬至 4 月上旬播种;秋季育苗 9 月上旬至 10 月上旬播种。

4.4.3 播种

采用直播法。播种前浇足底水,待水渗下后,将种子均匀撒播于苗床上,然后覆盖 $1 \sim 1.5$ cm 的细潮土,一般每亩栽培面积需种子 0.5 kg。

4.4.4 苗床管理

幼苗出土后,应适时浇水,保持土壤湿润。秋季育苗到第 2 年清明前应控水控肥,避免越冬前生长过于旺盛,造成先期抽薹。春季是幼苗的旺盛生长期,应及时间苗、追肥、浇水,促进生长。

4.5 整地施肥

定植前深翻土地。按行距 $60 \sim 70$ cm 开沟,沟深 $30 \sim 50$ cm,每亩施腐熟厩(圈)肥 $5 \sim 6 \ m^3$ 或禽肥 $3 \ m^3$,均匀施在沟底,将土肥混合均匀。

4.6 定植

4.6.1 定植时间

6 月为定植适期。

4.6.2 定植方法

将葱苗按大小进行分级,分类定植,株距 $5 \sim 6$ cm,栽植深度以露心为度。定植后浇透水。

4.7　田间管理

4.7.1　水肥管理

定植后根据天气、土壤墒情和长势浇水。生长盛期适当加大追肥量,每亩追施复合肥 25~30 kg;生长中后期每亩追施复合肥 30~40 kg。

4.7.2　培土软化

一般分 4 次进行。第 1 次在生长盛期前,培土约至沟深度的一半;第 2 次在生长盛期开始以后,培土与地面相平;第 3 次培土成浅垄;第 4 次培土成高垄。每次培土以不埋没葱心为度。

4.8　病虫害防治

4.8.1　主要病害:紫斑病、锈病、疫病、灰霉病、霜霉病等。

4.8.2　主要虫害:葱蝇、蓟马、葱斑潜蝇等。

4.8.3　防治原则

按照"预防为主,综合防治"的植保方针,以农业防治为基础,优先采用物理防治、生物防治技术,按照病虫害的发生规律,科学应用化学防治技术。

4.8.4　农业防治

选择抗病品种;轮作;深耕土地,科学施肥;加强管理,提高抗性;及时排水防涝。

4.8.5　化学防治

4.8.5.1　农药的使用

按照 NY/T 2798.3—2015 标准的规定,严格控制农药使用浓度、次数及安全间隔期,禁止使用剧毒、高毒、高残留农药。注意轮换用药,合理混配。

4.8.5.2　推荐农药

霜霉病:可用乙膦铝、代森锌、甲霜·锰锌、霜霉威、杀毒矾等。

紫斑病:可用丙森锌、多抗霉素、百菌清、噁唑菌酮·锰锌、异菌脲等。

疫病:可用嘧菌酯、丙森锌·缬霉威、噁唑菌酮·锰锌、霜霉威、霜脲·锰锌、甲霜·锰锌、三乙膦酸铝、烯酰·锰锌等。

灰霉病:可用异菌脲、腐霉利、嘧霉胺、多抗霉素等。

锈病:可用烯唑醇、氟菌唑、三唑酮、萎锈灵、丙环唑等。

葱蝇:防治幼虫可用辛硫磷灌根、冲施,成虫可用溴氰菊酯、杀螟丹等喷雾。

葱蓟马:可用鱼藤酮、菊马乳油、阿维菌素、甲氰菊酯等。

葱斑潜蝇:成虫用增效氰马、敌敌畏;防治幼虫用喹硫磷、氰戊菊酯、鱼藤酮、烟碱等。

5　收获

一般在外叶生长基本停止，叶色由绿转黄，及时收获。也可提早收获，供应鲜葱。收获前的安全间隔期内禁止使用化肥、农药。

6　包装运输

包装运输要符合 NY/T 2798.1—2015 标准的规定。运输过程要保持适当的温度和湿度。包装运输器具应清洁卫生、无异味、无污染，严防暴晒、雨淋、高温、冷冻等发生。

7　生产档案

建立田间生产档案。对生产过程中重点生产技术、病虫害防治技术、采收等环节及措施进行详细记录。

无公害农产品　大蒜生产技术规程

1　范围

本规程规定了无公害大蒜的产地环境要求和生产管理措施。

本规程适用于新郑市行政区域内无公害大蒜的生产。

2　规范性引用文件

下列文件中的条款通过本规程的引用而成为本规程的条款。凡是注日期的引用文件，其随后所有的修改单（不包括勘误的内容）或修订版均不适用于本规程。凡是不注日期的引用文件，其最新版本适用于本规程。

NY/T 2798.1—2015　无公害农产品　生产质量安全控制技术规范　第1部分：通则

NY/T 2798.3—2015　无公害农产品　生产质量安全控制技术规范　第3部分：蔬菜

NY/T 5010—2016　无公害农产品　种植业产地环境条件

NY 5228　无公害食品　大蒜生产技术规程

3　环境条件

环境条件应符合 NY/T 2798.3—2015、NY/T 5010—2016 标准的规定，选择地势平坦，排灌条件良好，肥沃的壤质地块。

4　生产技术措施

4.1　品种选择及种子处理

4.1.1　品种选择

选用高产、优质、抗逆性强的品种，如中牟大白蒜。尽量选用脱毒蒜种。

4.1.2　种子质量

种子质量符合 NY/T 2798.3—2015 标准的要求。

4.1.3 种子处理

播前用爱多收6 000倍液加50%多菌灵500倍液浸种10~12 h。

4.2 播种前准备

4.2.1 施肥原则

应按NY/T 2798.3—2015标准执行。不使用工业废弃物、城市垃圾和污泥。不使用未经发酵腐熟、未达到无害化指标、重金属超标的人粪尿等有机肥料。

4.2.2 施肥标准

底肥每亩施入腐熟有机肥4 000~6 000 kg,饼肥100~150 kg,施纯N、P_2O_5、K_2O分别为15 kg、10 kg、15 kg,硫酸锌2 kg,硫酸亚铁5 kg。微肥隔年或2~3年施用一次。

4.2.3 整地

深耕25~30 cm后耙碎,清除前茬作物根系、杂草等物,耧平,土壤达到上虚下实。根据种植习惯和地块情况,可垄栽和平畦栽种。

4.2.4 垄栽

垄高15 cm,宽80 cm,耧平。

4.2.5 畦栽

依据地膜幅宽,做成150 cm或200 cm宽的畦,耧平播种。

4.3 播种

4.3.1 播种期

根据早熟种和晚熟种,按品种适时播种。日平均气温稳定在20 ℃时为最适宜播种期。一般9月15~25日适时播种。早熟种一般提前7~10 d播种。

4.3.2 播种密度

行距18~20 cm,株距10~12 cm。

4.3.3 播种量

每亩播种量为150~200 kg。

4.3.4 播种方法

用开沟器械开沟后播种,播深3~4 cm,蒜种背向一致,然后覆土1.5~2 cm刮平,浇水。浇水后蒜种裸露的需再次覆盖。

4.3.5 化学除草

每亩用33%二甲戊乐灵乳油(施田补)150~200 mL加水40~50 kg,播种后出苗前均匀喷雾于土表。或根据土壤杂草情况选用有效除草剂品种和防治方法。

4.3.6 地膜覆盖

根据播种方式选用全新无害塑料地膜在出苗前或出齐苗后覆盖。

4.3.6.1 覆膜方法

用专用覆膜器械或人工覆膜均可。地膜应与地面接触严密,两边压实。

4.3.6.2 破膜出苗

无论是苗前覆膜或苗后覆膜,均应人工破膜。用铁钩在苗顶处开口,将苗钩出膜外,用土压实破口处。

4.4 冬前壮苗标准

越冬前,蒜苗达到叶 5 片以上,茎粗 0.8 cm,株高 20 ~ 25 cm,须根 30 条,单株鲜重 10 ~ 12 g。

4.5 田间管理

4.5.1 浇水

浇足底水,出苗至幼苗期(冬前)应保持土壤湿润,促苗壮发。至夜间表土结冻而白天化冻时,期间浇一次封冻水,确保幼苗安全越冬。

4.5.2 返青期

2 月下旬至 3 月上中旬视墒情及时浇返青水。此次应浇小水,不可浇大水使地温降低,影响大蒜生长。

4.5.3 抽薹期

应供足水分,经常保持土壤湿润,采薹前 4 ~ 5 d 停止浇水。采薹后应及时浇水,促进蒜头膨大。

4.5.4 追肥

结合浇返青水,每亩追氮肥 15 ~ 20 kg,追肥方法,可穴施、沟施或溶化后顺水冲施。穴施或沟施深度以 10 ~ 15 cm 为宜。结合浇抽薹水每亩追施复合肥 25 ~ 30 kg。采薹后可根据生产情况结合浇水,适时追肥,此次追肥也应以复合肥为主。

4.5.5 叶面施肥

进入抽薹期可进行叶面喷肥 2 ~ 3 次。用 0.3% 磷酸二氢钾加 0.3% 尿素混合液,每隔 10 d 喷一次。

4.6 病虫害防治

4.6.1 防治原则

按照"预防为主,综合防治"的植保方针,以农业防治为基础,优先采用物理防治、生物防治技术,按照病虫害的发生规律,科学应用化学防治技术。

4.6.2 农业防治

选用抗病虫品种,增施有机肥,合理使用复合肥料,适量配合微肥,不断进行土壤改良。合理密植,实行轮作、倒茬、清洁田园。加强中耕除草,降低病虫源数量。

4.6.3 药剂防治

药剂防治时,应符合 NY/T 2798.3—2015 标准的要求。

细菌性软腐病:可用可杀得、农用硫酸链霉素、琥胶肥酸铜等。

叶枯病:可用百菌清、扑海因、可杀得等。

叶斑病:可用百菌清、扑海因等。

锈病:可用代森锰锌加三唑酮等喷雾。

地下害虫:可用辛硫磷等。

蓟马:可用阿维菌素等。

5 采收

5.1 蒜薹采收

当蒜薹的花轴向一旁自行弯曲,总苞变白时为成熟适度,即可采收。采收应在晴天下午进行。采收期应符合农药安全间隔标准要求。

5.2 蒜头采收

当大蒜叶片自然变黄、茎基部变软时即可收获。

6 包装运输

包装运输要符合 NY/T 2798.1—2015 标准的规定。运输过程要保持适当的温度和湿度,包装运输器具应清洁卫生、无异味、无污染,严防暴晒、雨淋、高温、冷冻等发生。

7 生产档案

建立田间生产档案。对生产过程中重点生产技术、病虫害防治技术、采收等环节及措施进行详细记录。

无公害农产品 蒜苗生产技术规程

1 范围

本规程规定了无公害农产品蒜苗的产地环境要求和生产管理措施。

本规程适用于新郑市行政区域内无公害农产品蒜苗的生产。

2 规范性引用文件

下列文件中的条款通过本规程的引用而成为本规程的条款。凡是注日期的引用文件,其随后所有的修改单(不包括勘误的内容)或修订版均不适用于本规程。凡是不注日期的引用文件,其最新版本适用于本规程。

NY/T 2798.1—2015 无公害农产品 生产质量安全控制技术规范 第1部分:通则

NY/T 2798.3—2015 无公害农产品 生产质量安全控制技术规范 第3部分:蔬菜

NY/T 5010—2016 无公害农产品 种植业产地环境条件

3 产地环境条件

生产基地要选择地势平坦、排灌方便、土壤肥沃、远离有"三废"污染的地区,其环境空气质量、灌溉用水、土壤质量等自然条件应符合 NY/T 2798.3—2015、NY/T 5010—2016 标准的规定。

4 生产技术管理

4.1 栽培方式

露地栽培。

4.2 品种选择

选用休眠期短、生长快、产量高的优质品种。如:二水早、寒蒜等。

4.3 种子质量

种子要求蒜瓣整齐,无病虫危害,无霉变、无机械损伤。纯度≥95%,健瓣率≥93%,整齐度≥90%,完整度≥90%,水分≤65%。

4.4 播种量

每亩用种量 150~200 kg。

4.5 播种期

6~7 月播种。

4.6 施肥原则

施肥以有机肥为主,控制氮肥施用,提倡使用商品有机肥和生物肥料。禁止施用城市垃圾、粪水和污泥,不得施用未经充分腐熟、未达到无害化指标的人畜禽粪尿等有机肥料。重施基肥,合理追肥。进行测土配方施肥,保持土壤肥力平衡。选用的肥料应达到国家有关产品质量标准,满足无公害蒜苗对肥料的要求。

4.7 整地施肥

每亩施腐熟厩(圈)肥 4~5 m³ 或禽肥 2 m³、磷酸二铵 15 kg 或过磷酸钙 50 kg。深耕细耙,耧平后做畦,畦宽 100 cm。

4.8 播种

播种方式为条播。条播时先开沟,行距 10~12 cm,株距 3~5 cm。播后覆土 4~6 cm,然后浇水,喷施除草剂(如二甲戊乐灵等)。夏播高温时可采用盖麦秸的方法(厚度以盖严地皮为度),以保湿降温、促进发芽、消除杂草。

4.9 田间管理

播种后,每 10 d 左右可浇水一次,以降低地温,促进出苗。9 月下旬至 10 月上旬生长旺期,应适当追肥,每亩追碳铵 30~50 kg 或尿素 10~20 kg。

4.10 病虫害防治

按照"预防为主,综合防治"的植保方针,以农业防治为基础,优先采用物理防治、生物防治技术,按照病虫害的发生规律,科学使用化学防治技术。按照 NY/T 2798.3—2015 标准的规定,严格控制农药使用浓度、次数及安全间隔期,禁止使用剧毒、高毒、高残留农药。注意轮换用药,合理混配。

5 收获

11 月初即可开始收获。收获前的安全间隔期内禁止使用人粪尿、化肥、农药。

6 包装运输

包装运输要符合 NY/T 2798.1—2015 标准的规定。运输过程要保持适当的温度和湿度,包装运输器具应清洁卫生、无异味、无污染,严防暴晒、雨淋、高温、冷冻等发生。

7 生产档案

建立田间生产档案。对生产过程中重点生产技术、病虫害防治技术、采收等环节及措施进行详细记录。

无公害农产品 芹菜(设施栽培) 生产技术规程

1 范围

本规程规定了无公害芹菜(设施栽培)的产地环境要求和生产管理措施。

本规程适用于新郑市行政区域内无公害农产品芹菜的生产。

2 规范性引用文件

下列文件中的条款通过本规程的引用而成为本规程的条款。凡是注日期的引用文件,其随后所有的修改单(不包括勘误的内容)或修订版均不适用于本规程。凡是不注日期的引用文件,其最新版本适用于本规程。

NY/T 2798.1—2015 无公害农产品 生产质量安全控制技术规范 第1部分:通则

NY/T 2798.3—2015 无公害农产品 生产质量安全控制技术规范 第3部分:蔬菜

NY/T 5010—2016 无公害农产品 种植业产地环境条件

GB 16715.5 瓜菜作物种子 第5部分:绿叶菜类

3 产地环境条件与设施条件

3.1 环境要求

符合 NY/T 5010—2016 标准的规定,要求地势平坦,排灌方便,土壤为富含有机物质、保水、保肥力强的壤土或黏壤土。

3.2 设施条件

大、中、小拱棚,日光温室,遮阳网棚。

4 生产技术管理

4.1 栽培季节

夏芹 3 月上旬播种,5 月下旬定植遮阳网棚,8 月上市。秋芹 6~7 月遮阳育苗,8~9 月定植,后期用塑料拱棚,11 月至翌年 1 月上市。越冬芹菜 8 月底至 9 月初播种,11~12 月定植日光温室,翌年 1 月至 4 月上市。

4.2 品种选择

选用高产、优质、耐储运的抗病品种,如津南实芹、开封玻璃脆、西芹三号、胜利西芹等。

4.3 种子质量

种子质量应符合 GB 16715.5 标准中良种质量指标的要求,纯度≥92%,净度≥95%,发芽率≥65%,水分≤8%,千粒重 0.4~0.5 g。

4.4 播种量

采用育苗栽培。每亩栽培面积需要种子:本芹 125~200 kg,西芹 80~100 g。

4.5 种子处理

4.5.1 消毒、浸种

温烫浸种:把种子放入 48 ℃恒温水中,不断搅拌,保温 20 min 杀菌消毒。捞出洗净,继续浸种至 14 h。

4.5.2 催芽

捞出种子,甩掉种子上的明水,放在 15~18 ℃冷凉环境下保湿催芽。每天淘洗 1~2 遍。7~8 d,60%的种子漏出白色胚根时播种。

4.6 育苗

4.6.1 苗床准备

选择土壤肥沃,排灌方便,保水保肥性好、3 年未种植伞形花科作物的田块作苗床。也可选用肥沃的生茬原土 6 份,加充分腐熟的鸡粪 3 份,细沙 1 份,分别过筛混匀后作为营养土育苗。秋芹育苗畦面要高于地面,深翻耙平,做成 1~1.5 m 的苗床。

4.6.2 播种

配制药土:用 50%多菌灵可湿性粉剂与 50%福美双可湿性粉剂按 1∶1 混合,或 25%甲霜灵可湿性粉剂与 70%代森锰锌可湿性粉剂按 9∶1 混合,每平方米用药 8~10 g 与 15~30 kg 细土混合。

采用湿播法:播前先浇足苗床水,水渗下后,普撒 2/3 药土,然后将催芽的种子掺少量细沙或过筛炉灰均匀撒播,每平方米播种 3~4 g。播种后覆盖 1/3 药土和细土 0.3 cm 厚。畦面用遮阳网或草苫覆盖保湿。待 50%幼苗顶土时撒除床面覆盖物,浇一次小水,确保出苗整齐。

4.6.3　苗期管理

4.6.3.1　温度

芹菜属耐寒性蔬菜,适宜生长温度为 15~20 ℃。日平均温度高于 21 ℃生长不良,低于-5~-4 ℃遭冻害。进入 3~4 叶期后,避免长期(10~15 d)10 ℃以下低温引起的春化。

4.6.3.2　光照

秋芹育苗,需要架设遮阳网遮阴降温和防止暴雨冲砸幼苗。夏芹和越冬芹育苗,出苗后为了防止强光照射灼伤幼苗,也要用遮阳网遮阴,随着幼苗的长大,逐渐撒掉遮阳网。

4.6.3.3　间苗

幼苗 1~2 片真叶时,进行间苗。苗距 2.5~3 cm,间掉病苗、弱苗和对苗,结合间苗拔除田间杂草。间苗后浇水压根。

4.6.3.4　水肥管理

芹菜幼苗根系浅,不耐旱,要保持床土湿润,小水勤浇。当幼苗 2~3 片真叶或苗高 10 cm 时,结合浇水每亩追施尿素 5~10 kg,或用 0.2%尿素溶液进行叶面追肥。

4.6.3.5　壮苗标准

苗龄 50~70 d、株高 15~20 cm,4~6 片叶,叶色浓绿,根系发达,无病虫害。

4.7　定植

4.7.1　定植前准备

4.7.1.1　整地施肥

肥料用量依据土壤肥力和目标产量确定。在中等肥力条件下,整地时每亩施入优质腐熟有机肥 5 000~8 000 kg,磷肥(P_2O_5)4 kg(折硫酸钾 33 kg),硼砂 0.5~0.75 kg,氮肥(N)4 kg(折尿素 8.7 kg)和钾肥(K_2O)7 kg(折硫酸钾 14 kg),精耕细耙。

4.7.1.2　整地做畦

肥料均匀撒施,翻深 20 cm,耙平,使土肥掺匀,做成 1.2~1.4 m 宽畦。

4.7.1.3　棚室消毒

定植前,对棚室内的土壤、墙壁、立柱等进行杀虫、杀菌消毒。在土壤犁翻前浇水,水渗下后趁墒(土壤含水量 60% 以上)每亩撒施 50% 氰氨化钙颗粒剂 80 kg 或碳酸氢铵 100 kg,翻耕耙平后覆盖地膜,扣棚升温,利用太阳能对土壤进行高温消毒 20 d 以上,之后浇水、整地作畦;棚内用 1% 高锰酸钾喷洒,或用硫黄熏蒸等。

4.7.2 定植方式和密度

定植前 3~4 d 苗地停止浇水。定植时带土取苗。采用单株栽培。本芹行距 15~18 cm,株距 10~15 cm;西芹行距 30 cm,株距 25 cm,如果不需要采收大株,也可以像本芹一样密植。叶柄长不超过 10 cm,根长 4 cm,过长时剪断。定植深度以埋严根茎、露出心叶为宜,边栽边封沟、平畦,随后浇水。每亩定植本芹 24 000~30 000 株,西芹 9 000 株左右。

4.8 定植后管理

4.8.1 追肥

定植后立即浇水,3~5 d 后浇缓苗水,保持土壤湿润。缓苗后及时中耕并摘除发黄、枯萎的外叶、老叶,扶起贴在地面上的外叶,少浇水,蹲苗 7~10 d。然后随水追肥,最好追施沼液或腐熟的稀粪水,每亩追施 300~500 kg,或尿素 5~7 kg,防止氮肥不足导致空心。植株开始直立生长时追施高氮、高钾复合肥。钾肥或氮肥过量可引起钙缺乏,导致芹菜心部变褐、腐烂。

4.8.2 温度

冬季和早春应注意保温,保持设施白天温度 20~25 ℃,夜间 10~18 ℃。严寒季节,晴天白天注意通风降温,夜间覆盖保温,早上室温不低于 5 ℃ 为宜。夏季注意遮阴降温,促进芹菜生长和品质提高。

4.8.3 中耕除草

定植后一般中耕除草 3 次,即缓苗初期、缓苗后 8~10 d 和植株进入旺盛生长期前。

4.9 病虫害防治

4.9.1 防治原则

按照"预防为主,综合防治"的植保方针,以农业防治为基础,优先采用物理防治、生物防治技术,按照病虫害的发生规律,科学应用化学防治技术。

4.9.2 主要病虫害

芹菜主要病虫害:斑枯病(晚疫病)、叶斑病(早疫病)、猝倒病、菌核病、软腐病、根结线虫、蚜虫、蝼蛄、甜菜夜蛾、红蜘蛛、潜叶蝇等。

4.9.3 农业防治

选用抗病品种,培育适龄壮苗,调控好设施内温度、湿度及水、肥、光照等条件,促进植株健壮生长,提高抗病抗虫能力;加强轮作;推广使用防虫网,防止蚜虫危害传毒。

4.9.4 物理防治

4.9.4.1 银灰膜避蚜

在设施放风口处挂银灰膜条驱避蚜虫。

4.9.4.2 橙黄板诱杀

将 30 cm×20 cm 的橙黄板挂在芹菜上方 20 cm 处,每亩用 40 块。

4.9.4.3 频振式光控杀虫灯诱杀成虫

可挂在设施内,诱杀甜菜夜蛾、蚜虫等害虫。

4.9.5 生物防治

每亩用厚垣轮枝菌(线虫必克)1~1.5 kg,与农家肥或土拌匀,撒施后定植,或直接施于芹菜根部,现拌现用,可防治根结线虫。

4.9.6 化学防治

4.9.6.1 农药的使用

按照 NY/T 2798.3—2015 标准的规定,严格控制农药使用浓度、次数及安全间隔期,禁止使用剧毒、高毒、高残留农药。注意轮换用药,合理混配。

4.9.6.2 推荐农药

斑枯病(晚疫病):可用多菌灵、百菌清、甲基托布津、多抗霉素、氢氧化铜、克菌丹、丙森锌等。

叶斑病(早疫病):可用嘧菌酯、代森锰锌、氢氧化铜、霜脲·锰锌等。

猝倒病:可用多菌灵、福美双、甲霜灵、噁霜灵·锰锌等。

菌核病:可用甲基硫菌灵、菌核净等。

软腐病:可用农用硫酸链霉素、新植霉素、络氨铜水等。

根结线虫:可用厚垣轮枝菌(线虫必克)粉剂,或用阿维菌素混合甲壳素乳油等。

蝼蛄:可用敌百虫等防治。

蚜虫:可用吡虫啉、抗蚜威、噻嗪酮等防治。

甜菜夜蛾:可用氟啶脲乳油,或氟虫脲乳油防治。

红蜘蛛、潜叶蝇:可用阿维菌素乳油,或炔螨特乳油防治。

5 收获

在植株高达 45 cm 以上,且心叶直立向上,心部充实,外叶色鲜绿或黄绿色时,即可采收,收获前 10 d 停止浇水。收获前的安全间隔期内禁止使用人粪尿、化肥、农药。

6　包装运输

包装运输要符合 NY/T 2798.1—2015 标准的规定。运输过程要保持适当的温度和湿度。包装运输器具应清洁卫生、无异味、无污染,严防暴晒、雨淋、高温、冷冻等发生。

7　生产档案

建立田间生产档案。对生产过程中重点生产技术、病虫害防治技术、采收等环节及措施进行详细记录。

无公害农产品　芹菜生产技术规程

1　范围

本规程规定了无公害芹菜的产地环境要求和生产管理措施。

本规程适用于新郑市行政区域内无公害芹菜的生产。

2　规范性引用文件

下列文件中的条款通过本规程的引用而成为本规程的条款。凡是注日期的引用文件,其随后所有的修改单(不包括勘误的内容)或修订版均不适用于本规程,凡是不注日期的引用文件,其最新版本适用于本规程。

NY/T 2798.1—2015　无公害农产品　生产质量安全控制技术规范　第1部分:通则

NY/T 2798.3—2015　无公害农产品　生产质量安全控制技术规范　第3部分:蔬菜

NY/T 5010—2016　无公害农产品　种植业产地环境条件

GB 16715.5　瓜菜作物种子　第5部分:绿叶菜类

3　产地环境条件

生产基地要选择地势平坦、排灌方便、土壤肥沃、远离有"三废"污染的地区,其环境空气质量、灌溉用水、土壤质量等自然条件应符合 NY/T 2798.3—2015、NY/T 5010—2016 标准的规定。

4　生产技术管理

4.1　栽培方式

露地栽培、设施栽培。

4.2　品种选择

根据不同的栽培季节和模式,选择叶柄长、纤维少、丰产、抗逆性好、抗病虫能力强、抽薹晚的适宜品种。如胜利西芹、自由女神、FS 西芹三号、FS 休斯顿、文图拉、PS285 等。

4.3 种子质量

种子质量应符合 GB 16715.5 标准中良种质量指标的要求,纯度≥92%,净度≥95%,发芽率≥65%,水分≤8%,千粒重 0.4~0.5 g。

4.4 播种期

4.4.1 露地夏秋栽培:5 月上旬播种。

4.4.2 大棚、温室秋冬栽培:6 月下旬至 7 月上旬播种。

4.4.3 大棚、小拱棚越冬栽培:8 月播种。

4.4.4 露地冬春栽培:10 月播种。

4.5 施肥原则

施肥以有机肥为主,控制氮肥施用,提倡使用商品有机肥和生物肥料。禁止施用城市垃圾、粪水和污泥,不得施用未经充分腐熟、未达到无害化指标的人畜禽粪尿等有机肥料。重施基肥,合理追肥。进行测土配方施肥,保持土壤肥力平衡。选用的肥料应达到国家有关产品质量标准,满足无公害芹菜对肥料的要求。

4.6 育苗

4.6.1 苗床准备

选择 2 年以上未种过伞形科蔬菜的沙质土地作育苗床。每平方米施腐熟厩(圈)肥 10 kg、三元复合肥 100 g、多菌灵 50 g,深翻耧匀,做平畦,宽 100~120 cm,要求排灌方便。

4.6.2 种子处理

播前先将种子在冷水中浸泡 12 h,并充分搓洗,用清水淘洗干净后催芽。催芽适温 15~18 ℃。催芽期间,每天用清水淘洗一次,种子露白后播种。

4.6.3 播种方法

播种前浇足底水,种子拌细土撒播。播后覆盖细潮土 0.3~0.5 cm。每平方米播种 1~2 g,每亩栽培面积需种子 100~150 g。夏季育苗应采取遮阳降温措施。

4.6.4 苗床管理

4.6.4.1 温度

播后至出苗前,气温保持 25 ℃。出苗后,白天气温保持 20 ℃左右,夜间保持 10 ℃左右。

4.6.4.2　浇水

种子出土前,保持土表湿润,必要时可喷水保墒,也可适当覆细潮土保墒。

4.6.4.3　间苗

三叶一心时及时间苗,保持苗距 3~5 cm。

4.7　棚室消毒

温棚生产,在定植前进行棚室消毒。每亩用 80% 敌敌畏乳油 250 mL 拌适量锯末,与 2~3 kg 硫黄粉混合,分 10 处点燃,密闭一昼夜后放风。或采用百菌清烟雾剂熏蒸消毒。

4.8　定植

4.8.1　定植时间

4~5 片真叶,株高 15~20 cm 时定植。

4.8.2　整地施肥

每亩施腐熟厩(圈)肥 3~4 m³ 或禽肥 2 m³、三元复合肥 40~50 kg。深翻后做畦。

4.8.3　定植方法和密度

本芹品种行株距 15 cm×15 cm;西芹品种行株距(20~25)cm×(20~25)cm。栽植时,上不埋心,下不露根。定植后浇透水。

4.9　田间管理

4.9.1　温度

定植初期适当提高温度,缓苗后降低温度。一般保持在 15~20 ℃。

4.9.2　中耕

及时中耕除草,中耕宜浅不宜深。

4.9.3　水肥管理

缓苗后适时蹲苗。生长前期根据天气、土壤和长势轻浇水;生长中期适当加大追肥量,每亩可冲施氮肥 25~30 kg;生长中后期每 10~15 d 追施氮肥一次。生长中后期可叶面喷施液肥。

4.10　病虫害防治

4.10.1　主要病害:斑枯病(晚疫病)、叶斑病(早疫病)、灰霉病、根结线虫病等。

4.10.2　主要虫害:蚜虫等。

4.10.3　防治原则

按照"预防为主,综合防治"的植保方针,以农业防治为基础,优先采用物理防治、生物防治技术,按照病虫害的发生规律,科学应用化学防治技术。

4.10.4 农业防治

选择抗病品种;进行种子和床土消毒;轮作;深耕土地,科学施肥;培育壮苗,提高抗性;夏秋育苗使用遮阳网、防虫网等覆盖。

4.10.5 化学防治

4.10.5.1 农药的使用

按照 NY/T 2798.3—2015 标准的规定,严格控制农药使用浓度、次数及安全间隔期,禁止使用剧毒、高毒、高残留农药。注意轮换用药,合理混配。

4.10.5.2 推荐农药

斑枯病(晚疫病):可用多菌灵、百菌清、甲基托布津、多抗霉素、氢氧化铜、克菌丹、丙森锌等。

叶斑病(早疫病):可用嘧菌酯、丙森锌、代森锰锌、噁唑菌酮·锰锌、百菌清、代森联、氢氧化铜、霜脲·锰锌等。

灰霉病:可用腐霉利、异菌脲、嘧霉胺、多抗霉素等。

根结线虫病:可用厚垣轮枝菌、噻唑膦等。

蚜虫:可用苦参碱、阿维菌素、啶虫脒、吡虫啉、甲氨基阿维菌素等。

5 收获

达到其商品性状时及时收获,收获前 10 d 停止浇水。收获前的安全间隔期内禁止使用人粪尿、化肥、农药。

6 包装运输

包装运输要符合 NY/T 2798.1—2015 标准的规定。运输过程要保持适当的温度和湿度。包装运输器具应清洁卫生、无异味、无污染,严防暴晒、雨淋、高温、冷冻等发生。

7 生产档案

建立田间生产档案。对生产过程中重点生产技术、病虫害防治技术、采收等环节及措施进行详细记录。

无公害农产品 西芹生产技术规程

1 范围

本规程规定了无公害西芹的产地环境、设施条件、肥料农药使用原则和要求、生产管理等系列措施。

本规程适用于新郑市行政区域内无公害西芹的生产。

2 规范性引用文件

下列文件中的条款通过本规程的引用而成为本规程的条款。凡是注日期的引用文件,其随后所有的修改单(不包括勘误的内容)或修订版均不适用于本规程。凡是不注日期的引用文件,其最新版本适用于本规程。

NY/T 2798.1—2015 无公害农产品 生产质量安全控制技术规范 第1部分:通则

NY/T 2798.3—2015 无公害农产品 生产质量安全控制技术规范 第3部分:蔬菜

NY/T 5010-2016 无公害农产品 种植业产地环境条件

MY/T 496—2010 肥料合理使用准则 通则

GB 16715.5 瓜菜作物种子 第5部分:绿叶菜类

3 产地环境条件与设施条件

3.1 环境要求

产地环境质量除应符合 NY/T 2798.3—2015、NY/T 5010-2016 标准的规定外,要选择地势平坦,排灌方便,疏松肥沃的地块。

3.2 设施条件

小拱棚、塑料大棚、日光温室。

4 生产技术措施

4.1 栽培季节

西芹栽培可在露地、小棚、大棚、温室中进行。但以秋冬茬在大棚和日光温室中栽培供应冬淡季市场为最佳季节。西芹生产茬口安排见表4.1。

表 4.1　西芹生产茬口安排

茬口	播种时期	播种地点	定植时期	收获时期
春茬大棚种植	12月至翌年1月	日光温室、大棚套小棚	3月下旬至4月中旬定植于大棚	5~6月
春茬露地种植	1~2月	日光温室、大棚套小棚	4~5月定植露地	6~7月
秋茬露地种植	6月上旬至7月上旬	搭设遮阴棚，棚上扣农膜和遮阳网防雨防晒，棚四周揭开通风降温	8~9月定植露地	10~11月
秋冬茬大棚和日光温室种植	7月上旬至8月上旬	搭设遮阴棚，棚上扣农膜和遮阳网防雨防晒，棚四周揭开通风降温	9~10月定植，11月中覆盖塑料薄膜，草苫保温	12月至翌年2月随市场行情收获
日光温室越冬种植	9月	露地	12月定植	3~4月

4.2　品种选择及种子处理

4.2.1　品种选择

选择适合市场需求、抗病、优质、高产、商品性好的品种，当前主要品种有 FS 西芹三号、胜利西芹、新生代西芹、一代女皇、休斯顿西芹。

4.2.2　种子质量

种子质量符合 GB 16715.5 标准中良种质量指标的要求。

4.2.3　用种量

每亩大田用种量 50~80 g。

4.2.4　种子处理

将种子放入 20~25 ℃水中浸种 24 h。再将浸好的种子搓洗干净，摊开稍加风干后,用湿布包好,放置于 15~20 ℃ 凉冷地方,每天早晚各用清水淘洗一次,催芽 7~8 d;待 60% 种子露白后即可播种。经低温处理的种芽播种后 6 d 可出苗,10 d 即可齐苗。

4.3　育苗

4.3.1　苗床准备

按每亩大田需苗床 30 m² 左右准备育苗床。育苗床要选择近 3 年未种过伞形科蔬菜且地势高,排灌方便、保水保肥性好的沙壤土地块。结合整地每亩优质腐熟有机肥 8 000 kg,复合肥 20 kg。精细整地,耙平做平畦,畦宽 1.5 m,畦沟宽 0.5 m,畦深 15 cm。

4.3.2　播种

播前畦面先灌足底水,水渗下后每平方米苗床用 40% 多菌灵 8~10 g,兑水 15 kg 均匀喷洒,进行床土消毒。将种子均匀撒播于床面,再覆土厚0.3~0.5 cm。每 50 g 种子要掺过筛的潮湿细沙土 5 kg,出苗前不要浇水。

4.4　苗期管理

4.4.1　温度管理

春茬西芹育苗在播种前 15~20 d 覆盖农膜提高地温,播后夜间要加盖草苫保温。畦温保持在 15~20 ℃,出苗后适当降温,白天不高于 20 ℃,夜间不低于 8 ℃。春季育苗要防止苗期春化,夜间气温必须控制在 8 ℃ 以上。

秋茬西芹育苗正值炎夏,播种后,畦上要搭设遮阴棚,棚上扣农膜和遮阳网防雨防晒,棚四周揭开通风降温。

冬茬西芹育苗后期要注意保温,防止早霜,产生冻害。

4.4.2　水肥管理

种子拱土时如土壤不干可不浇水,可再撒一层细潮土;如土壤较干,在大部分种子拱土时可在早晨浇一次水,保持床土湿润;苗高 6~7 cm 时要适当控水,防止陡长。当幼苗 2~3 片真叶时,结合浇水每亩追施尿素 5~8 kg 或用 0.1%~0.2% 尿素溶液叶面追肥。

4.4.3　间苗除草

当幼苗第一片真叶展开后进行间苗,疏掉过密苗、病苗、弱苗,苗距 3 cm,结合间苗拔除田间杂草。3~4 片真叶时再间苗一次,苗距 5~6 cm。

4.4.4　壮苗标准

苗龄 50~60 d,5~6 片叶,苗高 14~16 cm,茎粗 0.3~0.5 cm。叶色浓绿无黄叶,根系发达,无病虫害。

4.5 整地施基肥

肥料使用符合 NY/T 496—2010 标准的规定,每亩施优质腐熟有机肥 6 000~7 000 kg,45%三元复合肥 20 kg,均匀撒施于地表,然后耕翻一遍,耕深 30 cm 左右,最后将地整成宽 1.5~1.8 m 的平畦。

4.6 定植

4.6.1 定植密度

每亩定植 9 000~12 000 株。

4.6.2 定植方法

在畦内浇足水后按行株距插栽;或开沟行栽或穴栽,边栽边封沟平畦,随即浇水。栽植深度以埋住短缩茎露出心叶为宜。

4.7 田间管理

4.7.1 中耕

定植后至封垄前,中耕 2~3 次,中耕结合培土和清除田间杂草,摘去分蘖苗。

4.7.2 水肥管理

4.7.2.1 浇水

秋冬茬西芹栽培浇水的原则是保持土壤湿润,生长旺盛期要保证水分供给。定植后要浇足定苗水,定植 1~2 d 后浇一次缓苗水,3~4 d 后再浇一次水,然后蹲苗 7~10 d,蹲至茎叶膨大时,浇一次水,以后保持土壤表面见湿见干,4~7 d 浇水一次。春茬西芹栽培不需要蹲苗,栽植后要猛攻肥水,促进生长,防止过早抽薹。

4.7.2.2 追肥

株高 25~30 cm 时,根据苗情,结合浇水每亩追施尿素 10~15 kg、硫酸钾 15 kg 或 45%三元复合肥 30~40 kg。生长期喷 2~3 次浓度为 0.1%硼酸和 0.1%过磷酸钙浸出液。

4.7.3 温湿度管理

秋冬茬西芹栽培,缓苗期的适宜温度为 18~22 ℃,生长期的适宜温度为 12~18 ℃,生长后期温度保持在 5 ℃以上即可。浇水后要及时放风排湿。春茬设施栽培注意放风降温排湿,控制白天 15~20 ℃,夜间 8~10 ℃,忌 25 ℃以上高温。

4.7.4 防寒保温

秋大棚栽培西芹,当气温低于 12 ℃时要及时扣棚保温,扣棚初期白天要放大风,使棚内温度不超过 25 ℃,以后随着气温下降相应地减少通风量。11

月 20 日以后,在大棚内增设小拱棚等设施保温,保持棚内最低气温不低于 5℃,寒冷季节可在大棚四周围上草苫保温。日光温室种植的,可在寒冷季节覆盖保温被保温。

4.8　病虫害防治

4.8.1　防治原则

按照"预防为主,综合防治"的植保方针,以农业防治为基础,优先采用物理防治、生物防治技术,按照病虫害的发生规律,科学应用化学防治技术。

4.8.2　农业防治

加强田间管理,促进西芹健壮生长,增强抗逆性。

4.8.3　物理防治

设施栽培条件下,在放风口设置防虫网隔离,减轻虫害发生。设置橙黄板诱杀蚜虫。

4.8.4　化学防治

4.8.4.1　农药的使用

严格执行 NY/T 2798.3—2015 标准的规定,严格控制农药使用浓度、次数和安全间隔期,禁止使用剧毒、高毒、高残留农药,注意农药的轮换和合理混配。

4.8.4.2　推荐农药

叶斑病:可用多菌灵、甲基托布津、氢氧化铜等喷雾防治,或用百菌清烟剂烟熏。

斑枯病:可用百菌清烟剂烟熏,或百菌清、噁霜灵·锰锌、春雷氧氯铜等喷雾。

软腐病:可用链霉素、络氨铜等喷雾。

蚜虫:可用吡虫啉、抗蚜威、溴氰菊酯、氰戊菊酯等喷雾。

白粉虱:可用溴氰菊酯、吡虫啉、联苯菊酯等喷雾。

5　采收

叶柄长 40 cm 左右时即可陆续采收。采收前 5~7 d 要停止浇水。

6　包装运输

包装运输应符合 NY/T 2798.1—2015 标准的规定。运输过程中要保持适当的温度和湿度。包装运输器具应清洁卫生、无异味、无污染,严防暴晒、雨淋、高温、冷冻等发生。

7　生产档案

建立田间生产档案。对生产过程中重点生产技术、病虫害防治技术、采收等环节及措施进行详细记录。

无公害农产品 菠菜生产技术规程

1 范围

本规程规定了无公害农产品菠菜的产地环境要求和生产管理措施。

本规程适用于新郑市行政区域内无公害农产品菠菜的生产。

2 规范性引用条件

下列文件中的条款通过本规程的引用而成为本规程的条款。凡是注日期的引用文件,其随后所有的修改单(不包括勘误的内容)或修订版均不适用于本规程。凡是不注日期的引用文件,其最新版本适用于本规程。

NY/T 2798.1—2015 无公害农产品 生产质量安全控制技术规范 第1部分:通则

NY/T 2798.3—2015 无公害农产品 生产质量安全控制技术规范 第3部分:蔬菜

NY/T 5010—2016 无公害农产品 种植业产地环境条件

GB 16715.5 瓜菜作物种子 第5部分:绿叶菜类

NY/T 5090 无公害食品 菠菜生产技术规程

3 产地环境条件

生产基地要选择地势平坦、排灌方便、土壤肥沃、远离有"三废"污染的地区,其环境空气质量、灌溉用水、土壤质量等自然条件应符合 NY/T 2798.3—2015、NY/T 5010—2016 标准的规定。

4 生产技术管理

4.1 栽培方式

冬春栽培:冬末春初播种,春季上市。秋冬栽培:秋季播种,冬春上市。

4.2 品种选择

选择耐寒性强、耐抽薹、抗病、优质、丰产的品种。

4.3 种子质量

种子质量应符合 GB 16715.5 标准中良种指标的要求。

4.4 播种时期

冬春栽培:12 月至翌年 2 月均可播种。秋冬栽培:9 月播种。

4.5 播种量

每亩播种 3~4 kg,秋冬栽培和多次采收的需适当增加播种量。

4.6 施肥原则

施肥以有机肥为主,控制氮肥施用,提倡使用商品有机肥和生物肥料。禁止施用城市垃圾、粪水和污泥,不得施用未经充分腐熟、未达到无害化指标的人畜禽粪尿等有机肥料。重施基肥,合理追肥。进行测土配方施肥,保持土壤肥力平衡。选用的肥料应达到国家有关产品质量标准,满足无公害菠菜对肥料的要求。

4.7 整地施肥

每亩施腐熟厩(圈)肥 4~5 m^3 或禽肥 3 m^3、复合肥 50 kg 深耕细耙,做平畦。

4.8 播种

采用撒播,播后耧匀镇压,浇水。

4.9 田间管理

冬春栽培:出苗后及时浇水,适时间苗、追肥促长。秋冬栽培:播种后保持田间湿润,适时间苗。适当追肥浇水,促进冬前生长,冬前浇封冻水。

4.10 病虫害防治

4.10.1 主要病害:霜霉病。

4.10.2 主要虫害:潜叶蝇、蚜虫等。

4.10.3 防治原则

按照"预防为主,综合防治"的植保方针,以农业防治为基础,优先采用物理防治、生物防治技术,按照病虫害的发生规律,科学使用化学防治技术。

4.10.4 农业防治

科学施肥,清洁田园,禁止施入未充分腐热的粪肥。

4.10.5 生物防治

积极保护利用天敌,优先采用生物农药防治。

4.10.6 化学防治

4.10.6.1 农药的使用

按照 NY/T 2798.3—2015 标准的规定,严格控制农药使用浓度、次数及安全间隔期,禁止使用剧毒、高毒、高残留农药。注意轮换农药,合理混配。

4.10.6.2 推荐农药

霜霉病:可用嘧菌酯、丙森锌·缬霉威、百菌清、霜脲·锰锌、霜霉威、代森联、三乙膦酸铝等。

蚜虫:可用苦参碱、吡虫啉、杀螟丹等。

潜叶蝇:可用阿维菌素、灭蝇胺等。

5 采收

根据长势和市场供应情况适时采收。采收期应符合农药安全间隔标准要求。

6 包装运输

包装运输要符合 NY/T 2798.1—2015 标准的规定。运输过程要保持适当的温度和湿度。包装运输器具应清洁卫生、无异味、无污染,严防暴晒、雨淋、高温、冷冻等发生。

7 生产档案

建立田间生产档案。对生产过程中重点生产技术、病虫害防治技术、采收等环节及措施进行详细记录。

无公害农产品　小白菜生产技术规程

1　范围

本规程规定了无公害农产品小白菜（包括上海青、黄心菜、乌塌菜等）的产地环境要求和生产管理措施。

本规程适用于新郑市行政区域内无公害农产品小白菜的生产。

2　规范性引用文件

下列文件中的条款通过本规程的引用而成为本规程的条款。凡是注日期的引用文件，其随后所有的修改单（不包括勘误的内容）或修订版均不适用于本规程。凡是不注日期的引用文件，其最新版本适用于本规程。

NY/T 2798.1—2015　无公害农产品　生产质量安全控制技术规范　第1部分：通则

NY/T 2798.3—2015　无公害农产品　生产质量安全控制技术规范　第3部分：蔬菜

NY/T 5010—2016　无公害农产品　种植业产地环境条件

GB 16715.2　瓜菜作物种子　第2部分：白菜类

3　产地环境条件

生产基地要选择地势平坦、排灌方便、土壤肥沃、远离有"三废"污染的地区，其环境空气质量、灌溉用水、土壤质量等自然条件应符合 NY/T 2798.3—2015、NY/T 5010—2016 标准的规定。

4　生产技术管理

4.1　栽培方式

露地栽培。

4.2 栽培季节

一年四季均可栽培。

4.3 品种选择

选择抗病、优质、高产、商品性好、适合市场需求的品种。

4.4 种子质量

种子质量应符合 GB 16715.2 标准中良种指标的要求。

4.5 播种期

根据上市期和品种特性选择适宜的播种期。

4.6 播种量

直播田,每亩用种量 1~1.5 kg。

4.7 施肥原则

施肥以有机肥为主,控制氮肥施用,提倡使用商品有机肥和生物肥料。禁止施用城市垃圾、粪水和污泥,不得施用未经充分腐熟、未达到无害化指标的人畜禽粪尿等有机肥料。重施基肥,合理追肥。进行测土配方施肥,保持土壤肥力平衡。选用的肥料应达到国家有关产品质量标准,满足无公害小白菜对肥料的要求。

4.8 整地施肥

每亩施腐熟厩(圈)肥 2~3 m³ 或禽肥 2 m³,深耕细耙,一般做平畦栽培。

4.9 播种

采用直播法。播种前浇足底水,水渗下后撒播,覆盖 0.5~1 cm 细潮土。夏季采用防虫网覆盖栽培。

4.10 田间管理

4.10.1 肥水管理

生长期间应保证充足的水肥,按照平衡施肥要求,每亩追施氮肥或复合肥 10 kg,一般追肥 1~2 次。

4.10.2 间苗

根据出苗情况和品种特性,按合理的株行距适时适当间苗定苗。

4.11 病虫害防治

4.11.1 主要虫害:小菜蛾、菜青虫、蚜虫等。

4.11.2 防治原则

按照"预防为主,综合防治"的植保方针,以农业防治为基础,优先采用物理防治、生物防治技术,按照病虫害的发生规律,科学应用化学防治技术。

4.11.3 农业防治

深耕土地,科学施肥,严防积水,禁止施用未充分腐熟的粪肥。

4.11.4 物理防治

采用防虫网进行防虫栽培。

4.11.5 生物防治

积极保护利用天敌;优先采用生物农药防治。

4.11.6 化学防治

4.11.6.1 农药的使用

按照 NY/T 2798.3—2015 标准的规定,严格控制农药使用浓度、次数及安全间隔期,禁止使用剧毒、高毒、高残留农药。注意轮换用药,合理混配。

4.11.6.2 推荐农药

菜青虫、小菜蛾:可用氟啶脲、苦参碱、多杀霉素、苏云金杆菌、茚虫威、甲氨基阿维菌素苯甲酸盐等。

蚜虫:可用阿维菌素、甲氨基阿维菌素苯甲酸盐、啶虫脒、溴氰菊酯、杀螟丹等。

5 采收

根据长势和市场需求情况适时采收。收获前的安全间隔期内禁止使用人粪尿、化肥、农药。

6 包装运输

包装运输要符合 NY/T 2798.1—2015 标准的规定。运输过程要保持适当的温度和湿度。包装运输器具应清洁卫生、无异味、无污染,严防暴晒、雨淋、高温、冷冻等发生。

7 生产档案

建立田间生产档案。对生产过程中重点生产技术、病虫害防治技术、采收等环节及措施进行详细记录。

无公害农产品　菜薹生产技术规程

1　范围

本规程规定了无公害菜薹(菜心)的产地环境要求、主要品种、栽培技术、田间管理、采收和病虫害防治。

本规程适用于新郑市行政区域内无公害菜薹(菜心)的生产。

2　规范性引用文件

下列文件中的条款通过本规程的引用而成为本规程的条款。凡是注日期的引用文件,其随后所有的修改单(不包括勘误的内容)或修订版均不适用于本规程。凡是不注日期的引用文件,其最新版本适用于本规程。

NY/T 2798.1—2015　无公害农产品　生产质量安全控制技术规范　第1部分:通则

NY/T 2798.3—2015　无公害农产品　生产质量安全控制技术规范　第3部分:蔬菜

NY/T 5010—2016　无公害农产品　种植业产地环境条件

GB 16715.2　瓜菜作物种子　第2部分:白菜类

3　产地环境条件

应符合 NY/T 2798.3—2015、NY/T 5010—2016 标准的规定,选择地势平坦,排灌方便,土层深厚、疏松、肥沃的地块。

4　生产技术措施

4.1　栽培方式

日光温室栽培、塑料大棚栽培、露地栽培。

4.2　栽培季节

露地播种适期:4~9月。保护地栽培播种适期:10月至翌年2月。

4.3 品种选择

选择抗病、优质、高产、商品性好、适合市场需求的品种。目前表现比较好的品种有四九、油绿 50、柳杂二号等品种。

4.4 种子质量

种子质量符合 GB 16715.2 标准中白菜类种子质量指标的要求,即种子纯度≥98%,种子净度≥99%,种子发芽率≥97%,种子含水量≤8%。

4.5 播种量

直播每亩用种子量为 500~700 g。

4.6 整地施肥

每亩施腐熟农家肥 3 m³,深耕细耙。一般做平畦栽培,畦宽 100 cm 左右。雨季采用高畦栽培。

畦平整后,在播后出苗前,每亩用 33% 二甲戊灵除草剂 100 mL,加水 60 kg 均匀喷湿畦面,喷后尽量不要松动表土,并保持畦面湿润,以防杂草。

4.7 播种

采用直播法。播种前浇足底水,选择大粒、饱满、新鲜、发芽率 97% 以上的种子,待水渗下后撒播于大田,覆盖 0.5 cm 厚细潮土。

4.8 田间管理

4.8.1 浇水

加强肥水管理。种子播后至幼苗期,土壤必须经常保持湿润,干旱天气应在早晨及傍晚各淋水 1 次,生长期间适当灌溉,保持土壤湿润。

4.8.2 间苗、补苗

第一次间苗在 1~2 片真叶后,间掉过密的苗、高脚苗、弱苗。第二次在 3~4 片叶时进行,并结合间苗进行补苗。

4.8.3 合理追肥

第一片真叶展开后,每亩施尿素 5 kg 左右;现蕾时,每亩施复合肥 20 kg 左右。

4.9 病虫害防治

4.9.1 主要病虫害

主要病害:霜霉病、软腐病、病毒病等。

主要虫害:蚜虫、黄曲条跳甲、菜青虫等。

4.9.2 防治原则

按照"预防为主,综合防治"的植保方针。坚持"以物理防治、农业防治、生物防治为主,化学防治为辅"的防治原则。

4.9.3 农业防治

选用耐热(寒)抗病优良品种;避免连作,实行轮作;清洁田园;测土配方,增施腐熟有机肥,少施化肥。

4.9.4 物理防治

采用防虫网栽培、利用橙黄板诱杀蚜虫,黑光灯诱杀蛾类。

4.9.5 生物防治

采用生物农药,利用天敌对付害虫。

4.9.6 药剂防治

霜霉病:可用甲霜·锰锌、霜霉威、甲霜灵等。

软腐病:可用链霉素、敌克松原粉等。

病毒病:可用盐酸吗啉胍·乙酸铜、植病灵等。

黄曲条跳甲:可用杀虫双等。

菜青虫、小菜蛾:可用阿维菌素、氯氟菊酯、苦参碱、苏云金杆菌等。

蚜虫:可用鱼藤酮、抗蚜威、吡虫啉等。

5 采收

当菜薹长到叶的先端,并已初开花时,为最佳采收期。要求菜心叶片具有一定的光泽和水分,没有发生萎蔫现象,叶片表面没有泥土、灰尘及其他污染物。

6 包装运输储存

包装运输要符合 NY/T 2798.1—2015 标准的规定。采用符合食品卫生标准的包装材料。运输过程中要保持适当的温度和湿度。包装运输器具应清洁卫生、无异味、无污染,严防暴晒、雨淋、高温、冷冻等发生。

储存场所应清洁卫生,不得与有毒有害物品混存混放。

7 生产档案

建立田间生产档案。对生产过程中重点生产技术、病虫害防治技术、采收等环节及措施进行详细记录。

无公害农产品　芫荽生产技术规程

1　范围

本规程规定了无公害芫荽(香菜)的产地环境、设施条件、肥料农药使用原则和要求、生产管理等系列措施。

本规程适用于新郑市行政区域内无公害芫荽(香菜)的生产。

2　规范性引用文件

下列文件中的条款通过本规程的引用而成为本规程的条款。凡是注日期的引用文件,其随后所有的修改单(不包括勘误的内容)或修订版均不适用于本规程。凡是不注日期的引用文件,其最新版本适用于本规程。

NY/T 2798.1—2015　无公害农产品　生产质量安全控制技术规范　第1部分:通则

NY/T 2798.3—2015　无公害农产品　生产质量安全控制技术规范　第3部分:蔬菜

NY/T 5010—2016　无公害农产品　种植业产地环境条件

GB 16715.5　瓜菜作物种子　第5部分:绿叶菜类

3　产地环境条件

产地环境质量应符合 NY/T 2798.3—2015、NY/T 5010—2016 标准的规定,要选择地势平坦,排灌方便,疏松肥沃的地块。

4　生产技术措施

4.1　播种时间

春季露地4月下旬播种,不可播种过早。夏季、秋季可随时播种。

4.2 品种选择及种子处理

4.2.1 品种选择

夏季栽培选用矮株小叶品种,当前主要品种有欧洲耐热耐寒香菜、泰国耐热大粒香菜、意大利四季耐抽薹香菜。春、秋季选用高株大叶品种,当前主要品种有超级春秋大叶香菜、美洲大叶、美洲大叶四季耐抽薹香菜、四季香菜。

4.2.2 种子质量

种子质量符合 GB 16715.5 标准的要求。

4.2.3 用种量

每亩大田用种量 8~10 kg。

4.2.4 种子处理

4.2.4.1 搓籽

播种前充分揉搓,将聚合种子分离。

4.2.4.2 浸种催芽

用 48 ℃温水浸种,并搅拌水温降至 25 ℃再浸种 12~15 h,将种子用湿布包好放在 20~25 ℃条件下催芽,每天用清水冲洗 1~2 次,5~7 d 60%种子露白尖即可播种。

4.3 播种地准备

4.3.1 整地施肥

肥料使用符合 NY/T 2798.3—2015 标准的规定,结合整地每亩施优质腐熟有机肥 3 000 kg,过磷酸钙 33 kg,硫酸钾 6 kg。

4.3.2 做畦

一般做成宽 100~150 cm 的畦。将畦面整平、耙细、踏实。

4.4 播种

将催芽种子混 2~3 倍过筛炉灰(或沙子)后均匀撒在畦上,播种后覆土厚 1~1.5 cm。早春覆盖地膜的可早播 7~10 d。种子也可不催芽直接撒播,播种后精细耧平,双脚踩实,浇透水,然后喷洒 33%二甲戊乐灵(施田补)封闭除草。

4.5 田间管理

4.5.1 春播

播种后不浇水,出苗后不间苗,应及时拔草 2 次。当苗高 2 cm 左右时,结合浇水每亩追肥尿素 6.5 kg。随后 7 d 浇一次水。

4.5.2 夏播

正值高温多雨季节,播种后应防雨遮阴。一般连浇 2 水促出苗,出苗后撒掉覆盖,结合除草间掉过密苗,并结合浇水于苗高 5 cm 左右时每亩追施尿素 6.5 kg。

4.5.3 秋播

播种后连浇 2~3 次小水,出苗后控制浇水蹲苗,结合除草间苗,苗距 2~3 cm。当苗叶色变绿结合浇水每亩追施尿素 6.5 kg,保持地表见干见湿。

4.6 病虫害防治

4.6.1 防治原则

按照"预防为主,综合防治"的植保方针,以农业防治为基础,优先采用物理防治、生物防治技术,按照病虫害的发生规律,科学使用化学防治技术。

4.6.2 农业防治

选择抗病品种;轮作;培育壮苗,提高抗性;高畦栽培;清洁田园;不使用未充分腐熟的有机肥。

4.6.3 化学防治

4.6.3.1 农药的使用

严格执行 NY/T 2798.3—2015 标准的规定,严格控制农药使用浓度、次数和安全间隔期,禁止使用剧毒、高毒、高残留农药,注意农药的轮换和合理混配。

4.6.3.2 推荐农药

叶斑病:可用百菌清、多菌灵等喷雾。

立枯病:可用霜霉威等喷雾。

软腐病:可用链霉素等喷雾。

菌核病:可用腐霉利、乙烯菌核利等喷雾。

花叶病毒病:可用菌毒清等喷雾。

蚜虫:可用阿维菌素、吡虫啉、唑蚜威等喷雾。

5 收获

株高 15 cm 可分批采收。

6 包装运输

包装运输应符合 NY/T 2798.1—2015 标准的规定。运输过程中要保持适当的温度和湿度。包装运输器具应清洁卫生、无异味、无污染,严防暴晒、雨淋、高温、冷冻等发生。

7 生产档案

建立田间生产档案。对生产过程中重点生产技术、病虫害防治技术、采收等环节及措施进行详细记录。

无公害农产品 莴笋生产技术规程

1 范围

本规程规定了无公害农产品莴笋的产地环境要求和生产管理措施。

本规程适用于新郑市行政区域内无公害农产品莴笋的生产。

2 规范性引用文件

下列文件中的条款通过本规程的引用而成为本规程的条款。凡是注日期的引用文件,其随后所有的修改单(不包括勘误的内容)或修订版均不适用于本规程。凡是不注日期的引用文件,其最新版本适用于本规程。

NY/T 2798.1—2015 无公害农产品 生产质量安全控制技术规范 第 1部分:通则

NY/T 2798.3—2015 无公害农产品 生产质量安全控制技术规范 第 3部分:蔬菜

NY/T 5010—2016 无公害农产品 种植业产地环境条件

GB/T 16715.5 瓜菜作物种子 第 5 部分:绿叶菜类

3 产地环境条件

生产基地要选择地势平坦、排灌方便、土壤肥沃、远离有"三废"污染的地区,其环境空气质量、灌溉用水、土壤质量等自然条件应符合 NY/T 2798.3—2015、NY/T 5010—2016 标准的规定。

4 生产技术管理

4.1 栽培季节

冬春栽培和秋季栽培。

4.2 品种选择

选择抗病、优质、高产、商品性好、适应市场需求的品种。如:二白皮、丰抗 2

号等。

4.3 种子质量

种子质量应符合 GB 16715.5 标准中良种指标要求。

4.4 施肥原则

施肥以有机肥为主,控制氮肥施用,提倡使用商品有机肥和生物肥料。禁止施用城市垃圾、粪水和污泥,不得施用未经充分腐熟、未达到无害化指标的人畜禽粪尿等有机肥料。重施基肥,合理追肥。实行测土配方施肥,保持土壤肥力平衡。选用的肥料应达到国家有关产品质量标准,满足无公害莴笋对肥料的要求。

4.5 育苗

4.5.1 育苗方式

育苗方式可分为设施育苗和露地育苗。夏秋季育苗应采用防虫、遮阳设施。

4.5.2 营养土配制

用 60%肥沃田园土与 40%腐熟厩(圈)肥充分混合,在混合时每立方米营养土加入三元复合肥 1 kg 拌匀,同时用 50%多菌灵 500~600 倍液喷雾消毒。营养土过筛后铺于苗床,厚度 10 cm。

4.5.3 种子处理

用 50%多菌灵可湿性粉剂 500 倍液浸种 1 h,捞出用清水洗净,在冷水中浸种 5~6 h 后进行催芽。

4.5.4 催芽

将浸过的种子在 15~20 ℃条件下见光催芽。50%种子露白时播种。

4.5.5 播种期

冬春栽培:9 月下旬至 10 月上旬播种,秋季栽培:8 月上旬播种。

4.5.6 播种量

每亩栽培面积用种量 25~50 g。

4.5.7 播种方法

播种前浇足底水,水渗下后,均匀撒播种子,覆盖营养土(覆土不可过厚)。

4.5.8 苗期管理

4.5.8.1 光照

夏秋育苗,应适当遮阳降温。

4.5.8.2 间苗

苗期应间苗 1~2 次,保持苗距 3~5 cm。

4.6 整地施肥

每亩施腐熟厩(圈)肥 4~6 m³,或禽肥 3 m³、三元素复合肥 50 kg。深耕细耙后做畦,畦宽 100~120 cm。

4.7 定植

4.7.1 定植时间

冬春栽培:11 月上中旬定植。秋季栽培:9 月上旬定植。

4.7.2 定植密度

早熟品种行株距 25 cm×20 cm,中晚熟品种(30~35)cm×(25~28)cm。一般每亩定植 7 000~13 000 株。

4.8 田间管理

团棵前应适当控制水分,进行蹲苗;待茎部开始膨大时,由控转促,加强肥水管理;整个生育期追肥 3~4 次,定植缓苗后每亩追施尿素 10 kg;莲座期每亩追施尿素 20 kg;茎开始膨大时,每亩追施复合肥 20 kg,在春季气温增高和干旱的情况下,及时灌溉,应注意均匀浇水,避免茎部开裂。

4.9 病虫害防治

4.9.1 主要病害:霜霉病、褐斑病、灰霉病。

4.9.2 主要虫害:蚜虫、蓟马、地老虎等。

4.9.3 防治原则

按照"预防为主,综合防治"的植保方针,以农业防治为基础,优先采用物理防治、生物防治技术,按照病虫害的发生规律,科学使用化学防治技术。

4.9.4 农业防治

选用抗病品种;轮作;培育壮苗;均衡浇水。

4.9.5 化学防治

4.9.5.1 农药的使用

按照 NY/T 2798.3—2015 标准的规定,严格控制农药使用浓度、次数及安全间隔期,禁止使用剧毒、高毒、高残留农药。注意轮换用药,合理混配。

4.9.5.2 推荐农药

褐斑病、霜霉病:可用嘧菌酯、噁唑菌酮·锰锌、氟吗·锰锌、霜脲·锰锌、异菌脲、丙森锌·缬霉威、代森联、百菌清、霜霉威、三乙膦酸铝等。

灰霉病:可用腐霉利、异菌脲、甲基碱菌灵等。

蚜虫、蓟马:可用吡虫啉、阿维菌素、高效氯氰菊酯、啶虫脒等。

地老虎:可用辛硫磷颗粒剂等。

5 采收

主茎顶端与最高叶片的叶尖相平时为收获适期,应及时采收。采收期应符合农药安全间隔标准要求。

6 包装运输

包装运输要符合 NY/T 2798.1—2015 标准的规定。运输过程要保持适当的温度和湿度。包装运输器具应清洁卫生、无异味、无污染,严防暴晒、雨淋、高温、冷冻等发生。

7 生产档案

建立田间生产档案。对生产过程中重点生产技术、病虫害防治技术、采收等环节及措施进行详细记录。

无公害农产品 蕹菜生产技术规程

1 范围

本规程规定了无公害农产品蕹菜(空心菜)的产地环境要求和生产管理措施。

本规程适用于新郑市行政区域内无公害农产品蕹菜的生产。

2 规范性引用文件

下列文件中的条款通过本规程的引用而成为本规程的条款。凡是注日期的引用文件,其随后所有的修改单(不包括勘误的内容)或修订版均不适用于本规程。凡是不注日期的引用文件,其最新版本适用于本规程。

NY/T 2798.1—2015 无公害农产品 生产质量安全控制技术规范 第1部分:通则

NY/T 2798.3—2015 无公害农产品 生产质量安全控制技术规范 第3部分:蔬菜

NY/T 5010—2016 无公害农产品 种植业产地环境条件

GB 16715.5 瓜菜作物种子 第5部分:绿叶菜类

3 产地环境条件

生产基地要选择地势平坦、排灌方便、土壤肥沃、远离有"三废"污染的地区,其环境空气质量、灌溉用水、土壤质量等自然条件应符合 NY/T 2798.3—2015、NY/T 5010—2016 标准的规定。

4 生产技术管理

4.1 栽培季节

一般春夏栽培。

4.2　品种选择

选择优质、抗病、高产、商品性好、适应市场需求的大叶、柳叶品种。

4.3　种子质量

种子质量指标应达到:纯度≥93%,净度≥95%,发芽率≥75%,水分≤13%。

4.4　播种期

4~6月均可播种。

4.5　播种量

直播田,每亩播种量3~4 kg。

4.6　施肥原则

施肥以有机肥为主,控制氮肥施用,提倡使用商品有机肥和生物肥料。禁止施用城市垃圾、粪水和污泥,不得施用未经充分腐熟、未达到无害化指标的人畜禽粪尿等有机肥料。重施基肥,合理追肥。进行测土配方施肥,保持土壤肥力平衡。选用的肥料应达到国家有关产品质量标准,满足无公害蕹菜对肥料的要求。

4.7　整地施肥

每亩施腐熟厩(圈)肥3~4 m³或禽肥2 m³、尿素或磷酸二铵20~30 kg。深耕细耙,做畦,畦宽100 cm。

4.8　播种

采用条播法,行距20~25 cm,播种后镇压浇水。

4.9　田间管理

出苗后,加强水肥管理,保持土壤湿润。苗高17~20 cm时,开始间苗上市,每次采收后,应及时追肥,每次每亩追施复合肥10 kg。

4.10　病虫害防治

4.10.1　主要病害:白锈病、褐斑病、轮斑病等。

4.10.2　主要虫害:豆天蛾、斑潜蝇、蚜虫等。

4.10.3　防治原则

按照“预防为主,综合防治”的植保方针,以农业防治为基础,优先采用物理防治、生物防治技术,按照病虫害的发生规律,科学使用化学防治技术。

4.10.4　农业防治

选用抗病品种;轮作;科学施肥;清洁田园;禁止施入未充分腐熟的粪肥。

4.10.5　物理防治

覆盖防虫网和遮阳网,进行避雨、遮阳、防虫栽培;采用杀虫灯诱杀害虫等。

4.10.6 生物防治

积极保护利用天敌;优先采用生物农药防治。

4.10.7 化学防治

4.10.7.1 农药的使用

按照 NY/T 2798.3—2015 标准的规定,严格控制农药使用浓度、次数及安全间隔期,禁止使用剧毒、高毒、高残留农药。注意轮换用药,合理混配。

4.10.7.2 推荐农药

白锈病:可用霜脲·锰锌、霜霉威、代森联、氢氧化铜、杀毒矾、萎锈灵、烯唑醇等。

褐斑病:可用氢氧化铜、百菌清、甲基托布津、多菌灵、代森联、丙森锌等。

豆天蛾:可用灭幼脲、氟啶脲、氟虫脲、苏云金杆菌、茚虫威、多杀毒素、杀螟丹等。

蚜虫:可用甲氰菊酯、溴氰菊酯、高效氯氰菊酯、啶虫脒、吡虫啉等。

斑潜蝇:可用阿维菌素、灭蝇胺、高效氯氰菊酯等。

5 采收

苗高 25 cm 左右时即可陆续采收。第一次采收,基部留芽 2~3 个;以后每次采收留芽 1~2 个。收获前的安全间隔期内禁止使用人粪尿、化肥、农药。

6 包装运输

包装运输要符合 NY/T 2798.1—2015 标准的规定。运输过程要保持适当的温度和湿度。包装运输器具应清洁卫生、无异味、无污染,严防暴晒、雨淋、高温、冷冻等发生。

7 生产档案

建立田间生产档案。对生产过程中重点生产技术、病虫害防治技术、采收等环节及措施进行详细记录。

无公害农产品 茼蒿生产技术规程

1 范围

本规程规定了无公害农产品茼蒿的产地环境要求和生产管理措施。

本规程适用于新郑市行政区域内无公害农产品茼蒿的生产。

2 规范性引用文件

下列文件中的条款通过本规程的引用而成为本规程的条款。凡是注日期的引用文件其随后所有的修改单(不包括勘误的内容)或修订版均不适用于本规程。凡是不注日期的引用文件,其最新版本适用于本规程。

NY/T 2798.1—2015 无公害农产品 生产质量安全控制技术规范 第1部分:通则

NY/T 2798.3—2015 无公害农产品 生产质量安全控制技术规范 第3部分:蔬菜

NY/T 5010—2016 无公害农产品 种植业产地环境条件

GB/T 16715.5 瓜菜作物种子 第5部分:绿叶菜类

3 产地环境条件

生产基地要选择地势平坦、排灌方便、土壤肥沃、远离有"三废"污染的地区,其环境空气质量、灌溉用水、土壤质量等自然条件应符合 NY/T 2798.3—2015、NY/T 5010—2016 标准的规定。

4 生产技术管理

4.1 栽培方式

露地栽培。

4.2 栽培季节

4.2.1 春季栽培:3~4月播种,5~6月上市。

4.2.2 秋季栽培:8~9月播种,10~11月上市。

4.3 品种选择

选择优质、高产、抗病、商品性好、适合市场需求的品种。春季栽培选用耐热的大叶品种;秋季栽培选用耐寒性强、生长期短的小叶品种。

4.4 种子质量

种子质量指标应达到:纯度≥95%,净度≥95%,发芽率≥70%,水分≤10%。

4.5 播种量

每亩播种量1.5~2 kg。

4.6 施肥原则

施肥以有机肥为主,控制氮肥施用,提倡使用商品有机肥和生物肥料。禁止施用城市垃圾、粪水和污泥,不得施用未经充分腐熟、未达到无害化指标的人畜禽粪尿等有机肥料。重施基肥,合理追肥。进行测土配方施肥,保持土壤肥力平衡。选用的肥料应达到国家有关产品质量标准,满足无公害茼蒿对肥料的要求。

4.7 整地施肥

每亩施腐熟厩(圈)肥3~4 m³,或禽肥2 m³,或复合肥50 kg。深耕细耙,做畦,畦宽100~120 cm。

4.8 播种

可条播或撒播。条播按每畦5~7行开沟,沟宽5~6 cm,顺沟浇水,水渗下后播种。播后覆土0.5~1.0 cm。

4.9 田间管理

幼苗出土前保持畦面湿润,以利出苗,出苗后可减少浇水,做到畦面见干见湿;生长期内每亩可追施1~2次尿素,每次每亩10~15 kg。加强中耕除草,撒播田块,1~2片真叶时进行间苗,苗距3~4 cm。

4.10 病虫害防治

4.10.1 主要病害:叶枯(斑)病、霜霉病、炭疽病等。

4.10.2 主要虫害:菜青虫等。

4.10.3 防治原则

按照"预防为主,综合防治"的植保方针,以农业防治为基础,优先采用物理防治、生物防治技术,按照病虫害的发生规律,科学应用化学防治技术。

4.10.4 物理防治

可采用防虫网防虫栽培。

4.10.5 化学防治

4.10.5.1 农药的使用

按照 NY/T 2798.3—2015 标准的规定,严格控制农药使用浓度、次数及安全间隔期,禁止使用剧毒、高毒、高残留农药。注意轮换用药,合理混配。

4.10.5.2 推荐农药

叶枯(斑)病:可用苯菌灵、克菌丹、百菌清、多抗霉素、丙森锌、甲基托布津等。

霜霉病:可用杀毒矾、嘧菌酯、甲霜·锰锌、丙森锌·缬霉威、霜霉威、烯酰·锰锌、代森联、氟吗·锰锌、百菌清等。

炭疽病:可用福美双、甲基硫菌灵、苯菌灵、氢氧化铜、代森锰锌等。

菜青虫:可用灭幼脲、氟啶脲、氟虫脲、苦参碱、多杀霉素、苏云金杆菌、茚虫威、溴氰菊酯、杀螟丹等。

5 采收

株高 20 cm 时开始采收,过晚则引起茎皮老化,降低品质。收获前的安全间隔期内禁止使用人粪尿、化肥、农药。

6 包装运输

包装运输要符合 NY/T 2798.1—2015 标准的规定。运输过程要保持适当的温度和湿度。包装运输器具应清洁卫生、无异味、无污染,严防暴晒、雨淋、高温、冷冻等发生。

7 生产档案

建立田间生产档案。对生产过程中重点生产技术、病虫害防治技术、采收等环节及措施进行详细记录。

无公害农产品　生菜生产技术规程

1　范围

本规程规定了无公害生菜的产地环境质量要求和生产管理措施。

本规程适用于新郑市行政区域内无公害生菜露地和保护地的生产。

2　规范性引用文件

下列文件中的条款通过本规程的引用而成为本规程的条款。凡是注日期的引用文件,其随后所有的修改单(不包括勘误的内容)或修订版均不适用于本规程。凡是不注日期的引用文件,其最新版本适用于本规程。

NY/T 2798.1—2015　无公害农产品　生产质量安全控制技术规范　第 1 部分:通则

NY/T 2798.3—2015　无公害农产品　生产质量安全控制技术规范　第 3 部分:蔬菜

NY/T 5010—2016　无公害农产品　种植业产地环境条件

GB 16715.5　瓜菜作物种子　第 5 部分:绿叶菜类

3　产地环境质量要求

产地环境除符合 NY/T 2798.3—2015、NY/T 5010—2016 标准的要求,选择地势平坦,排灌方便,地下水位较低、土层深厚、肥沃疏松的地块。

4　生产技术措施

4.1　栽培季节

4.1.1　秋季露地栽培:8~9 月育苗,10~11 月采收。

4.1.2　春季露地栽培:2~3 月于保护地育苗,4 月底至 6 月初采收。

4.1.3　冬春保护地栽培:9 月中旬至 11 月露地或大棚内育苗,10 月到翌年 1 月定植于保护地内,1 月至 3 月采收。

4.2 品种选择

4.2.1 秋季露地栽培

选用优质高产、抗病虫、适应性广、商品性好的品种。如结球生菜选用萨林纳斯、大湖 659、卡罗娜和不结球生菜美国大速生、奶油生菜。

4.2.2 春季露地栽培

选用早熟、耐热、晚抽薹品种,如结球生菜选用皇帝、皇后、奥林匹亚和不结球生菜选用"红帆"紫叶生菜、东方凯旋生菜等品种。

4.2.3 冬春保护地栽培

选用耐寒、抗病性强、适宜保护地栽培的品种,如结球生菜大湖 659 和不结球生菜美国大速生、意大利生菜等。

4.3 育苗

4.3.1 用种量

每亩用种量 20~30 g。

4.3.2 种子质量

种子质量符合 GB 16715.5 标准中种子质量标准。

4.3.3 种子处理

高温季节播种,种子须进行低温催芽,播种前先用冷水浸泡 6 h 左右,在 15~18 ℃温度下催芽。

4.3.4 育苗土配制

选用 3 年内未种过生菜的园土与优质腐熟有机肥混合。

4.3.5 苗床土消毒

用 50%多菌灵可湿性粉剂与 50%福美双可湿性粉剂按 1:1 混合,或用 25%甲霜灵与 70%代森锰锌按 9:1 混合,每平方米床土用药 8~10 g 与 15~30 kg 细土混合。

4.3.6 播种

散叶型:苗期不进行分苗,籽可撒稀些,苗畦籽不超过 1 g/m²。

结球型:苗期进行分苗,每亩用种量为 25~30 g。

4.3.7 苗期管理

4.3.7.1 间苗

出苗后及时间苗,去掉病苗、弱苗和杂苗。间苗 1~2 次,保持苗间距 2~4 cm 见方。

4.3.7.2 分苗

在 2~3 片真叶时分苗,可采用营养钵和分苗床的两种方式,分苗畦应与播种畦一样精细整地,施肥,整平,移植到分苗畦按 6~8 cm 栽植,分苗后随即浇水,并在分苗畦上遮阴。缓苗后,保持苗床湿度,利于发根、苗壮。不同季节温度差异较大,一般 4~9 月育苗,苗龄 25~30 d。10 月至翌年 3 月育苗,苗龄 30~40 d。

4.3.7.3 温湿度管理

春秋季育苗,采用塑料棚、温室等保温设施;夏季采用遮阴、降温等措施,加强管理,保持土壤湿润,适当放风、炼苗,控制幼苗徒长,苗床温度保持在 15~20 ℃,保持土壤湿润,浇水时间应在上午 8 时以前,下午 5 时点以后。

4.4 移栽

4.4.1 施肥整地

每亩施优质腐熟有机肥 5 000 kg 和氮、磷、钾三元复合肥 20~30 kg 即可;保护地栽培每亩增施有机肥 1 000 kg,施肥后及时整地、翻地。

4.4.2 株行距

早熟品种适宜株行距 24 cm×30 cm,晚熟品种适宜株行距 30 cm×36 cm。

4.4.3 定植时间

阴天或晴天 15:00 以后,定植深度以不盖住心叶为宜,定植后应立即浇定植水。

4.5 定植后管理

4.5.1 中耕除草

浇缓苗水后结合除草进行中耕,增强土壤通透性,促进根系发育,结球生菜团棵后停止中耕。

4.5.2 水肥管理

缓苗期保持土壤湿润,浇两次水缓苗,定植后 5~6 d 每亩追少量速效氮肥,15~20 d 后每亩追复合肥 15~20 kg,25~30 d 后每亩追复合肥 10~15 kg。

4.6 病虫害防治

4.6.1 防治原则

按照"预防为主,综合防治"的植保方针,坚持以"农业防治、物理防治、生物防治为主,化学防治为辅"的无害化治理原则。

4.6.2 农业防治

选用耐热(寒)抗病优良品种;清洁田园;增施腐熟有机肥,少施化肥;避免连作,实行轮作。

4.6.3 物理防治

采用防虫网栽培,利用橙黄板诱杀蚜虫、白粉虱。

4.6.4 生物防治
4.6.4.1 天敌防治
积极保护利用天敌,防治病虫害。有条件时利用瓢虫和丽蚜小蜂防治蚜虫。
4.6.4.2 生物药剂
发病初期用宁南霉素防治病毒病。
4.6.5 化学防治
4.6.5.1 农药的使用
严格执行 NY/T 2798.3—2015 标准的规定,控制农药使用浓度、次数及安全间隔期,禁止使用高毒、剧毒、高残留的农药。注意轮换用药,合理混用。
4.6.5.2 推荐农药
霜霉病:可用霜霉威、代森锰锌等。

软腐病:可用链霉素、井冈霉素等。

病毒病:可用盐酸吗啉胍·乙酸铜等。

蚜虫:可用溴氰菊酯、吡虫啉、抗蚜威等。

潜叶蝇:可用灭蝇胺、阿维菌素等。

白粉虱:可用甲氰菊酯、噻嗪酮、溴氰菊酯等。

5 采收

散叶生菜定植后 30~50 d 视市场行情可采收上市。结球生菜定植后 60~80 d,叶球包实后即可采收。

6 包装运输

包装运输要符合 NY/T 2798.1—2015 标准的规定。运输过程要保持适当的温度和湿度。包装运输器具应清洁卫生、无异味、无污染,严防暴晒、雨淋、高温、冷冻等发生。

7 生产档案

建立田间生产档案。对生产过程中重点生产技术、病虫害防治技术、采收等环节及措施进行详细记录。

无公害农产品　油麦菜生产技术规程

1　范围

本规程规定了无公害农产品油麦菜产地环境要求和生产管理措施。

本规程适用于新郑市行政区域内无公害农产品油麦菜的生产。

2　规范性引用文件

下列文件中的条款通过本规程的引用而成为本规程的条款。凡是注日期的引用文件，其随后所有的修改单（不包括勘误的内容）或修订版均不适用于本规程。凡是不注日期的引用文件，其最新版本适用于本规程。

NY/T 2798.1—2015　无公害农产品　生产质量安全控制技术规范　第1部分：通则

NY/T 2798.3—2015　无公害农产品　生产质量安全控制技术规范　第3部分：蔬菜

NY/T 5010—2016　无公害农产品　种植业产地环境条件

GB 16715.5　瓜菜作物种子　第5部分：绿叶菜类

3　产地环境条件

生产基地要选择地势平坦、排灌方便、土壤肥沃、远离有"三废"污染的地区，其环境空气质量、灌溉用水、土壤质量等自然条件应符合 NY/T 2798.3—2015、NY/T 5010—2016 标准的规定。

4　生产技术管理

4.1　栽培方式

露地栽培、设施栽培。

4.2　品种选择

选择抗病、优质、高产、商品性好、符合目标市场消费习惯的品种。

4.3　种子质量

种子质量应符合 GB 16715.5 标准中良种指标的要求。

4.4　播种时期

一年四季均可播种。

4.5　播种量

直播每亩需种量 500 g。育苗移栽,每亩需种量 250~300 g。

4.6　施肥原则

施肥以有机肥为主,控制氮肥施用,提倡施用商品有机肥和生物肥料。禁止施用城市垃圾、粪水和污泥,不得施用未经充分腐熟、未达到无害化指标的人畜禽粪尿等有机肥料。重施基肥,合理追肥。进行测土配方施肥,保持土壤肥力平衡。选用的肥料应达到国家有关产品质量标准,满足无公害叶用油麦菜对肥料的要求。

4.7　整地做畦

每亩施腐熟厩(圈)肥 3~4 m³ 或禽肥 2 m³、尿素 20~30 kg。深耕细耙,做平畦,畦宽 80~100 cm。

4.8　播种

可直播或育苗移栽。播种时先浇透底水。播后覆湿土,厚度 0.5~1 cm。

4.9　定植

育苗移栽田,在幼苗 2 片叶时定植,株距 10~15 cm,行距 10~15 cm。定植深度以不埋没心叶为准。

4.10　田间管理

撒播田,在幼苗 3~5 片叶时及时间苗定苗,中耕除草。生长期根据植株长势,合理追肥 1~2 次,每次每亩追施氮肥 10~15 kg。浇水宜小水勤浇,保持畦面见干见湿。

4.11　病虫害防治

4.11.1　主要病害:灰霉病、霜霉病、褐斑病等。

4.11.2　主要虫害:蚜虫、斑潜蝇、白粉虱等。

4.11.3　防治原则

按照"预防为主,综合防治"的植保方针,以农业防治为基础,优先采用物理防治、生物防治技术,按照病虫害的发生规律,科学应用化学防治技术。

4.11.4　农业防治

选用抗病品种;科学施肥;清洁田园;利用设施栽培时,应加强温湿调控;禁止施入未充分腐熟的粪肥。

4.11.5　物理防治

夏季覆盖防虫网和遮阳网,进行避雨、遮阳、防虫栽培。

4.11.6　化学防治

4.11.6.1　农药的使用

按照 NY/T 2798.3—2015 标准的规定,严格控制农药使用浓度、次数及安全间隔期,禁止使用剧毒、高毒、高残留农药。注意轮换用药,合理混配。

4.11.6.2　推荐农药

灰霉病:可用腐霉利、多抗霉素、嘧霉胺等。

霜霉病:可用嘧菌酯、丙森锌·缬霉威、霜霉威、百菌清、丙森锌、甲霜·锰锌、霜脲·锰锌、代森联、杀毒矾、氟吗·锰锌等。

褐斑病:可用代森锰锌、乙烯菌核利等。

蚜虫:可用吡虫啉、高效氯氰菊酯、啶虫脒等,并兼治白粉虱。

斑潜蝇:可用高效氯氰菊酯、阿维菌素、灭蝇胺、溴氰菊酯等。

5　采收

株高 20 cm 时即可开始采收。收获前的安全间隔期内禁止使用人粪尿、化肥、农药。

6　包装运输

包装运输要符合 NY/T 2798.1—2015 标准的规定。运输过程要保持适当的温度和湿度。包装运输器具应清洁卫生、无异味、无污染,严防暴晒、雨淋、高温、冷冻等发生。

7　生产档案

建立田间生产档案。对生产过程中重点生产技术、病虫害防治技术、采收等环节及措施进行详细记录。

无公害农产品 苦苣生产技术规程

1 范围

本规程规定了无公害苦苣的产地环境质量要求和生产管理措施。

本规程适用于新郑市行政区域内无公害苦苣的保护地和露地的生产。

2 规范性引用文件

下列文件中的条款通过本规程的引用而成为本规程的条款。凡是注日期的引用文件,其随后所有的修改单(不包括勘误的内容)或修订版均不适用于本规程。凡是不注日期的引用文件,其最新版本适用于本规程。

NY/T 2798.1—2015 无公害农产品 生产质量安全控制技术规范 第1部分:通则

NY/T 2798.3—2015 无公害农产品 生产质量安全控制技术规范 第3部分:蔬菜

NY/T 5010—2016 无公害农产品 种植业产地环境条件

GB 16715.5 瓜菜作物种子 第5部分:绿叶菜类

3 产地环境质量要求

产地环境符合 NY/T 2798.3—2015、NY/T 5010—2016 标准的要求,选择地势平坦,排灌方便,地下水位较低、土层深厚、肥沃疏松的地块。

4 生产技术措施

4.1 栽培季节

4.1.1 秋露地栽培

8月上旬播种,8月下旬定植,10月收获。

4.1.2 冬春保护地栽培

秋季到第二年春季分批播种、分批供应。春节上市于9月中旬至10月上旬播种,10 月下旬至 11 月上旬定植,春节收获。

4.2 品种选择及种子处理

4.2.1 品种选择

秋露地栽培选择抗逆性强、适应性广、品质优、株型好的品种,如宽叶苦苣、直立王;冬春保护地栽培选择叶片中等、耐低温、耐弱光的品种,如美国苦苣 5 号、美国苦苣 6 号。

4.2.2 种子质量

种子质量符合 GB 16715.5 标准中种子质量标准指标的要求。

4.2.3 种子处理

播前在阳光下晾晒 5~6 h;高温季节播种需在 15~25 ℃下保湿催芽。

4.3 播种育苗

4.3.1 育苗方式

平均气温高于 10 ℃时,在露地育苗,夏季露地需遮阳覆盖、降温保湿;气温低于 10 ℃时需用保护地育苗。

4.3.2 苗床准备

一般定植每亩需苗床 15 m² 左右。苗床应撒施适量腐熟有机肥与复合肥,深翻细耧后做畦。畦宽约 1 m。

4.3.3 用种量

定植每亩地用种量 25~30 g。

4.3.4 播种方法

将种子与 3~4 倍细干土混匀后,撒播。播后覆盖细土厚度 0.5~0.8 cm 并保湿。

4.3.5 苗期管理

苗期温度白天控制在 15~25 ℃,夜晚控制在 10 ℃左右。小苗生长到 2~3 片真叶时分苗。分苗在下午 4 时后进行,密度 6 cm 见方。分苗后随即浇水并遮阴,以利缓苗,缓苗后控水促发根、苗壮。

4.4 定植

4.4.1 整地施肥

选择土层深厚、土质疏松、富含有机质、排水良好的地块,每亩施优质腐熟有机肥 3 000 kg,氮、磷、钾三元复合肥 50 kg,深翻细耙后南北向做成 1.2 m 宽的平畦。

4.4.2 栽植密度

一般按株距 20~25 cm,行距 30 cm 定植。可适当密植以软化下部叶片,提高上市质量。

4.4.3　移栽

菜苗在5~6片叶时进行移栽,移栽前喷生物农药防病虫,选健壮无病虫苗带土坨于下午4时后定植。

4.5　定植后管理

4.5.1　温度管理

苦苣喜冷凉,适宜温度范围在10~25℃,最适宜温度为15~18℃,管理上夏秋季节注意遮阳降温,冬春季保护地采用透光性好的功能膜保温。

4.5.2　水肥管理

定植后浇足缓苗水,以后保持土壤见干见湿,采收前3~4 d停止浇水。齐苗后5~7 d要及时追施0.3%~0.5%尿素溶液。以后每隔10 d追氮、磷、钾三元复合肥6~8 kg,共需2~3次。

4.5.3　田间管理

直播地在幼苗1~2片真叶时进行第一次间苗,3~4片真叶时进行第二次间苗后定苗。移栽定植田缺苗时需及时补苗,后期及时摘掉靠地面的老叶、病叶、黄叶、拔除田间杂草。

4.6　病虫害防治

4.6.1　防治原则

按照"预防为主,综合防治"的植保方针,坚持"以农业防治、物理防治、生物防治为主,化学防治为辅"的无害化治理原则。

4.6.2　农业防治

选用耐热(寒)抗病优良品种;清洁田园;增施腐熟有机肥,少施化肥;避免连作,实行轮作。

4.6.3　物理防治

采用防虫网栽培;利用橙黄板诱杀蚜虫、白粉虱;利用频振杀虫灯、黑光灯、高压汞灯、双波灯诱杀害虫。

4.6.4　生物防治

4.6.4.1　天敌防治

积极保护利用天敌,防治病虫害。有条件时,利用瓢虫和丽蚜小蜂防治蚜虫。

4.6.4.2　生物药剂

发病初期用宁南霉素防治病毒病。

4.6.5 化学防治

4.6.5.1 农药的使用

严格执行符合 NY/T 2798.3—2015 标准的要求,控制农药使用浓度、次数及安全间隔期,禁止使用高毒、剧毒、高残留的农药。注意轮换用药,合理混用。

4.6.5.2 推荐农药

霜霉病:可用霜脲氰·代森锰锌、霜霉威等。

软腐病:可用链霉素、春雷氧氯铜等。

病毒病:可用盐酸吗啉胍·乙酸铜等。

蚜虫:可用吡虫啉、溴氰菊酯、抗蚜威等。

红蜘蛛:可用炔螨特、阿维菌素等。

地老虎:可用麦麸炒香后拌入敌百虫或辛硫磷,于傍晚撒入田间进行。

5 采收

苦苣播后 80~100 d,叶片长 30~50 cm、宽 8~10 cm 即可采收。

6 包装运输

包装运输要符合 NY/T 2798.1—2015 标准的规定,运输过程要保持适当的温度和湿度。包装运输器具应清洁卫生、无异味、无污染,严防暴晒、雨淋、高温、冷冻等发生。

7 生产档案

建立田间生产档案。对生产过程中重点生产技术、病虫害防治技术、采收等环节及措施进行详细记录。

无公害农产品 莲藕生产技术规程

1 范围

本规程规定了无公害莲藕的产地环境要求、节水藕池的规划与建造和生产管理措施。

本规程适用于新郑市行政区域内无公害莲藕的生产。

2 规范性引用文件

下列文件中的条款通过本规程的引用而成为本规程的条款。凡是注日期的引用文件,其随后所有的修改单(不包括勘误的内容)或修订版均不适用于本规程。凡是不注日期的引用文件,其最新版本适用于本规程。

NY/T 2798.1—2015 无公害农产品 生产质量安全控制技术规范 第1部分:通则

NY/T 2798.3—2015 无公害农产品 生产质量安全控制技术规范 第3部分:蔬菜

NY/T 5010—2016 无公害农产品 种植业产地环境条件

NY/T 5239 无公害食品 莲藕生产技术规程

NY/T 1583 莲藕

3 产地环境条件

3.1 产地环境

生产基地要选择地势平坦、排灌方便、土地肥沃、远离有"三废"污染的地区,其环境空气质量、灌溉用水、土地质量等自然条件应符合 NY/T 2798.3—2015、NY/T 5010—2016 标准的规定。

3.2 节水设施莲藕池

混凝土砖墙池、三七灰土砖墙结构池。

4 生产技术措施

4.1 栽培方式

可分为常规栽培、设施栽培。常规栽培指普通塘栽。设施栽培指利用人为建造的一种既保水又保肥的固定贮土、蓄水设施进行节水栽培。

4.2 品种选择

根据不同的栽培方式,选用极早熟、早熟、中晚熟品种。如鄂莲2号、鄂莲4号、鄂莲5号(3735)、新莲99-1、新莲99-2、莲藕03-12、济南白莲等。

4.3 种藕质量

种藕要求符合本品种特征,顶芽完好,藕身无病、烂、伤,粗壮整齐。

4.4 施肥原则

施肥以有机肥为主,控制氮肥使用,提倡使用商品有机肥和生物肥料。重施基肥,合理追肥。进行测土配方施肥,保护土壤肥力平衡。选用的肥料应达到国家有关产品质量标准,满足无公害莲藕对肥料的要求。

4.5 整地施肥

每亩施生石灰 50 kg 后翻耕,进行土壤消毒。再施腐熟厩(圈)肥 5~6 m³ 或禽肥 3 m³,每亩施硫酸钾复合肥 75 kg(或配方肥 60~75 kg)。老藕池施肥量可适当减少。有条件的可加施饼肥,每亩施 200 kg 左右为宜。底肥施入后深耕细耙,耱平。

4.6 种藕处理

将种藕在 400~500 倍的多菌灵溶液中浸蘸消毒后,室内堆放。堆高 50 cm 左右,堆下铺草 10 cm,上覆草毡,洒水,保持相对湿度 75% 左右,温度 20~25 ℃。顶芽长出时,选择晴好天气栽种。

4.7 栽种时间

莲藕萌芽温度 12 ℃以上,以 4 月 10~20 日栽种为宜。

4.8 栽植密度

根据不同的品种、肥力条件和种藕质量确定栽培密度。一般早熟品种株行距 100 cm×150 cm,晚熟品种株行距 100 cm×180 cm。栽培密度以芽头数量为准,每亩不少于 600 个。一般每亩用种量 300~400 kg。

4.9 栽培方法

按设定行距顺行开沟,沟深 15~20 cm。从池塘一端开始,按株距将藕种的芽头顺行沿同一个方向斜插入土中,尾梢翘出地面,与地面形成 21°~28°夹角。各行栽至池塘顶端最后一株时,株距加倍,芽头方向与其他株相对。栽种时,要求行间各株呈三角形分布。栽后及时覆土,保证顶芽和侧芽全部覆盖,栽种后灌水,保持水深 3~5 cm。

4.10 田间管理

4.10.1 追肥

一般藕田生长期追肥 3 次。追肥要掌握"苗轻、蕾重、用好后劲肥"的原则。追肥总量为:纯氮 15 kg,磷 4 kg,钾 10 kg。第 1 次追肥(催苗肥)在立叶 2~3 片时进行,每亩施硫酸钾复合肥 10~15 kg;第 2 次追肥在现蕾后(6 月中下旬)进行,每亩施三元素复合肥 15~20 kg 和尿素 10~13 kg,也可撒施腐熟粪肥 3 000 kg;第 3 次追肥(结藕肥)在后栋叶出现时(7 月下旬)进行,每亩施三元素复合肥 10~15 kg。

4.10.2 转梢

4~5 片叶时,及时转梢,使莲藕在池中均匀分布。转梢应在晴天下午进行。

4.10.3 水层管理

生长期内不能断水。水层深度应掌握"前浅、中深、后浅"的原则。在栽种后保持 3~5 cm,旺盛生长期 15~20 cm,结藕期 5~10 cm。

4.11 病虫害防治

4.11.1 主要病害:腐败病、褐纹(斑)病、僵藕、浮叶焦、水绵等。

4.11.2 主要虫害:蚜虫、斜纹夜蛾、食根金花虫等。

4.11.3 防治原则

按照"预防为主,综合防治"的植保方针,以农业防治为基础,优先采用物理防治、生物防治技术,按照病虫害的发生规律,科学使用化学防治技术。

4.11.4 农业防治

选用抗病品种;加强管理,培育壮苗,提高抗逆性;科学施肥;及时换水;进行轮作倒茬或藕塘多行倒作。

4.11.5 生物防治

积极保护利用天敌;优先采用生物农药防治。

4.11.6 化学防治

4.11.6.1 农药的使用

严格执行 NY/T 2798.3—2015、NY/T 5239 标准的规定,严格控制农药使用浓度、次数及安全间隔期,禁止使用剧毒、高毒、高残留农药。注意轮换用药,合理混配。

4.11.6.2　推荐农药

腐败病、褐纹(斑)病:可用多菌灵、甲基托布津、百菌清等。

水绵:可用硫酸铜等。

斜纹夜蛾、金花虫:可用辛硫磷、溴氰菊酯等。

蚜虫:可用吡虫啉、啶虫脒、抗蚜威等。

5　采收

一般情况下,立叶大部分枯黄干死,新藕充分成熟时,可陆续采收。早熟品种生育期130 d,中晚熟品种生育期160~180 d。采收时,首先应找出结藕位置(沿后栋叶和终止叶向前方向为结藕位置)。挖藕时,要尽量避免损伤和折断。

6　包装运输

包装运输要符合 NY/T 2798.1—2015 标准的规定。运输过程中要保持适当的温度和湿度。包装运输器具应清洁卫生、无异味、无污染,严防暴晒、雨淋、高温、冷冻等发生。

7　生产档案

建立田间生产档案。对生产过程中重点生产技术、病虫害防治技术、采收等环节及措施进行详细记录。

无公害农产品　西瓜(设施栽培)
生产技术规程

1　范围

本规程规定了无公害西瓜(设施栽培)的产地环境条件和生产管理措施等内容。

本规程适用于新郑市行政区域内无公害西瓜的设施生产。

2　规范性引用文件

下列文件中的条款通过本规程的引用而成为本规程的条款。凡是注日期的引用文件,其随后所有的修改单(不包括勘误的内容)或修订版均不适用于本规程。凡是不注日期的引用文件,其最新版本适用于本规程。

NY/T 2798.1—2015　无公害农产品　生产质量安全控制技术规范　第1部分:通则

NY/T 2798.3—2015　无公害农产品　生产质量安全控制技术规范　第3部分:蔬菜

NY/T 5010—2016　无公害农产品　种植业产地环境条件

GB 16715.1　瓜菜作物种子　第1部分:瓜类

NY/T 5111　无公害食品　西瓜生产技术规程

3　产地环境条件

3.1　环境要求

产地环境应符合 NY/T 2798.3—2015、NY/T 5010—2016 标准的规定,选择地势平坦、排灌方便、疏松肥沃的地块。

3.2　设施条件

大中拱棚、小拱棚、地膜双覆盖。

4 生产技术措施

4.1 栽培季节

4.1.1 大中拱棚栽培:12 月下旬播种育苗。

4.1.2 小拱棚栽培:2 月下旬播种育苗。

4.1.3 地膜双覆盖(地面、拱棚)栽培:3 月播种育苗。

4.2 品种选择与种子处理

4.2.1 品种选择

选用抗病、易坐果、外观和品质好,且耐低温、耐弱光、耐热的品种。如无籽系列、京欣系列、郑抗系列等。砧木可选用葫芦或西瓜专用砧木。

4.2.2 种子质量

种子质量应符合 GB 16715.1 标准中杂交种二级以上指标,要求纯度≥95%,净度≥99%,芽率>90%,含水量≤8%。

4.2.3 种子处理

4.2.3.1 晒种

选择晴朗无风天气把种子晾晒 2~3 d。

4.2.3.2 温烫浸种

将种子放入 55 ℃温水中,迅速搅拌 10~15 min,水温降到 40 ℃左右时停止搅拌。有籽西瓜种子继续浸泡 4~6 h,并洗净种子表面黏液;无籽西瓜种子继续浸泡 1.5~2 h,洗净黏液,摊晾种子至表面不打滑时进行破壳。嫁接育苗时,葫芦种子常温浸泡 48 h。

4.2.3.3 催芽

将浸种后的有籽西瓜种子,用干净的湿布包好放在 28~30 ℃的条件下催芽,无籽西瓜种子放在 35~38 ℃的条件下催芽,种子露白时播种。砧木种子在 25~28 ℃的温度下催芽,胚根长 0.5 cm 时播种。

4.3 育苗

4.3.1 营养土配制

用 60%肥沃田园土与 40%腐熟厩(圈)肥充分混匀,在混合时每立方米营养土加入硫酸钾复合肥 1 kg。

4.3.2 苗床整理

苗床宽 100~120 cm,表面整平。营养土过筛后平铺于苗床,厚度 10 cm。容器育苗的,将营养土装于营养钵、穴盘等容器内,摆放于苗床。营养钵规格为:高度 10~12 cm,上口直径 8~10 cm。

4.3.3 播期选择

嫁接育苗时,砧木播种期应根据嫁接方法的不同而定。采用靠接法嫁接,砧木需在西瓜种子播种后 2~3 d 播种。采用插接法,砧木应比西瓜种子提前 3~5 d 播种。

4.3.4 播种

选晴天上午播种。播种前浇足底水,种子平放,胚根向下,播种后覆盖营养土,厚度 1.0~1.5 cm。砧木种子覆土厚度 2 cm。为预防苗期病害,可用 50%多菌灵可湿性粉剂(每平方米苗床 5~8 g)与适量细土混合成药土,播种前在床面撒施一半,剩余的盖在种子上面。

苗床育苗或容器育苗,种子覆土后均应在畦面上喷洒一遍 50%的多菌灵 500 倍液预防病害,然后覆盖地膜,温度低时夜间加盖草苫。

4.3.5 嫁接

采用靠接或插接法。嫁接需在棚内进行,棚上遮阴。接穗苗应随拔随接,保持新鲜。砧木苗在钵内不必拔出。嫁接后立即向营养钵内灌透水,摆放于搭建好的小拱棚内。

4.3.6 温度管理

出苗前苗床应密闭,温度保持 30~35 ℃。温度过高时覆盖草苫遮光降温,夜间注意保温;出苗后第一片真叶出现前,温度控制在 20~25 ℃;第一片真叶展开后,温度控制在 25~30 ℃;定植前一周温度控制在 20~25 ℃。

嫁接苗在嫁接后的前两天,白天温度控制在 25~28 ℃,密闭遮光;嫁接后的 3~6 d,白天温度控制在 22~28 ℃,夜间 18~20 ℃;以后按一般苗床的管理方法进行。

4.3.7 湿度管理

苗床尽量不浇或少浇水。控制适宜湿度。定植前 5~6 d 停止浇水。嫁接育苗时,嫁接后 2~3 d 内保持苗床密闭;嫁接后 3~4 d,可在清晨和傍晚通风排湿,并逐渐增加通风时间和通风量。嫁接 10~12 d 后按一般苗床的管理方法进行管理。

4.3.8 光照管理

幼苗出土后,苗床应尽可能增加光照时间。

嫁接育苗时,嫁接后前两天,苗床要进行遮光;第 3 天在清晨和傍晚除去覆盖物接收散光 30 min,第 4 天增加到 1 h,以后逐渐增加光照时间,一周后可仅在中午前后遮光,10~12 d 后按一般苗床管理方法进行管理。

4.3.9 断根

靠接苗接后 8~10 d,接穗真叶开始生长时,断掉西瓜根。首先沿嫁接夹结合口下部剪(割)断西瓜根,然后再从紧贴地面处剪断。嫁接口下面尽量少留瓜茎,防止其产生不定根。断根时,可先断 2~3 株,接穗不凋萎再全部断根。

4.3.10 其他

无籽西瓜幼苗易发生"带帽出土"现象,要及时摘除夹在子叶上的种皮。随时去除嫁接苗砧木上萌生的新芽,注意避免损伤砧木子叶。

4.4 整地施肥

4.4.1 施肥原则

按 NY/T 2798.3—2015 标准中肥料合理使用通则执行,根据土壤养分含量和西瓜的需肥规律进行平衡施肥,限制使用含氯化肥。在中等肥力土壤条件下,每亩施入优质有机肥 4 000~5 000 kg,氮肥 6 kg,磷肥 3 kg,钾肥 7.3 kg。

4.4.2 整地施肥

空茬地,冬前可深翻 25 cm 以上冻垡。倒茬地,定植前 7~10 d 清园,深耕晾垡,进行大通风。将有机肥的一半全面撒施后深耕,整平后开挖丰产沟,行距 1.8~2 m,施入另一半有机肥和化肥,并与土壤混匀。丰产沟上耧平作定植行。

4.5 定植

4.5.1 定植时间

大中拱棚覆盖栽培,棚内 10 cm 地温稳定在 15 ℃以上,日平均气温稳定在 18 ℃以上,凌晨最低气温不低于 5 ℃时即可定植。定植畦提前 2~3 d 覆盖地膜。

4.5.2 定植密度

根据品种和整枝方式的不同,一般早熟品种每亩定植 800 株,中晚熟品种每亩定植 600 株。进行无籽西瓜生产的,每亩与授粉品种合计定植 600 株。

4.5.3 定植方法

先按预定行株距破膜挖定植穴。将瓜苗脱钵后放入定植穴内,摆正,填土,轻轻压实。定植深度以营养土块或营养钵的表面与畦面齐平,或不超过 2 cm 为宜。定植后浇小水。土壤湿度大或气温较低时可浇穴水,后封穴。定植后空行覆盖地膜。

4.5.4 授粉品种搭配

进行无籽西瓜生产时,需搭配授粉品种。无籽西瓜与有籽西瓜比例为

4：1或5：1。

4.6 田间管理

4.6.1 温度管理

从定植到缓苗生长,保持白天气温28~30 ℃,夜间14 ℃以上。缓苗至坐瓜前,适当增加通风量和光照。瓜胎坐稳后,中午可适当延长通风时间,使白天气温在30 ℃左右,夜间温度保持在15~20 ℃。

4.6.2 肥水管理

伸蔓以前,控制浇水不追肥。开始伸蔓时每亩施复合肥15~20 kg,浇小水。西瓜鸡蛋大小开始退毛时,结合浇水,进行第二次追肥,每亩施复合肥20~25 kg。以后根据土壤湿度每隔7~10 d浇一次水。收获前5~7 d停止浇水。

4.6.3 人工授粉

雌花开始开放后,每天上午8~10时用雄花的花粉涂抹在雌花的柱头上进行人工辅助授粉。无籽西瓜用授粉品种的花粉进行授粉。如果阴天雄花散粉晚,可适当延后授粉时间。

4.6.4 选留瓜与翻瓜

一般选主蔓第2~3朵雌花留瓜。待选留瓜坐稳后,将其他雌花和幼瓜及时除去,每一株留一瓜。

在幼瓜拳头大小时,将瓜下面土壤拍成斜坡形,把瓜柄顺直后摆在斜坡上。果实停止膨大后,顺同一方向翻瓜2~3次,每次翻转角度不超过30°。翻瓜一般在下午进行。

4.6.5 植株调整

一般采用一主二侧整枝法,其余侧枝全部抹掉。坐瓜后,在坐瓜节位以上留10片叶左右摘去顶心。西瓜膨大后顶部再伸出的侧蔓和孙蔓,应根据植株长势酌情处理。一般保留任其生长。如要结二茬瓜,选留二次瓜侧枝外,去掉其余侧蔓和孙蔓。

4.6.6 其他管理

大棚内覆盖小拱棚栽培的,棚外日平均气温稳定在18 ℃以上时,可将小拱棚拆除。

4.7 病虫害防治

4.7.1 防治原则

按照"预防为主,综合防治"的植保方针,以农业防治为基础,优先采用物理防治、生物防治技术,按照病虫害的发生规律,科学使用化学防治技术。

4.7.2 农业防治

清除田间周边杂草,消灭越冬虫卵,减少虫源基数。酸性土壤种植可施入石灰,调节 pH 到 6.5 以上,预防枯萎病发生。重茬种植时,采用嫁接栽培或选用抗枯萎病品种。

育苗期间尽量少浇水;采取增温保温措施,保持适宜温湿度。增强植株抗性。

及时防治蚜虫,拔除销毁田间重病株,防止蚜虫和农事操作时病毒的传播。

4.7.3 物理防治

4.7.3.1 把糖、醋、酒、水和90%敌百虫晶体按 3∶3∶1∶10∶0.6 的比例配制成糖酸液,放置在苗床附近诱杀种蝇成虫。

4.7.3.2 选用银灰色地膜覆盖避蚜。

4.7.3.3 橙黄板诱杀有翅蚜。每亩悬挂 15~20 块。

4.7.4 化学防治

4.7.4.1 农药的使用

使用化学农药时,应执行 NY/T 2798.3—2015 标准的相关规定,农药混剂的安全间隔期执行其中残留性最大的有效成分的安全间隔期。

4.7.4.2 推荐农药

疫病:可用嘧菌酯、丙森锌·缬霉威、代森联、丙森锌、烯酰·锰锌、霜霉威、氟吡菌胺·霜霉威、霜脲·锰锌、噁唑菌酮·锰锌、氟吗·锰锌等。

蔓枯病:可用异菌脲、多抗霉素等。

病毒病:可用植病灵、宁南霉素、盐酸吗啉胍等。

黑斑病、叶枯病:可用异菌脲、腐霉利、百菌清、代森锰锌等。

炭疽病:可用嘧菌酯、苯醚甲环唑、咪鲜胺、克菌丹、百菌清、代森锰锌等。

枯萎病:可用多菌灵、农抗 120、噁霉灵、敌磺钠等。

蚜虫:可用啶虫脒、吡虫啉、吡蚜酮、噻虫嗪、抗蚜威、异丙威等。

5 采收

根据品种成熟特性和上市适销情况,适时采收。当地市场销售的,商品瓜九成熟时采收;外地远销的,七八成熟采收。采收西瓜应选择在晴天上午进行。皮薄易裂的品种傍晚采收。采收时,瓜柄要用剪刀剪断并保留一段,避免损伤枝蔓。

6 包装运输

包装运输应符合 NY/T 2798.1—2015 标准的规定。运输过程中要保持适当的温度和湿度。包装运输器具应清洁卫生、无异味、无污染,严防暴晒、雨淋、高温、冷冻等发生。

7 生产档案

建立田间生产档案。对生产过程中重点生产技术、病虫害防治技术、采收等环节及措施进行详细记录。

无公害农产品　西瓜生产技术规程

1　范围

本规程规定了无公害西瓜的产地环境、栽培技术和病虫害防治技术。
本规程适用于新郑市行政区域内无公害西瓜早春地膜覆盖的生产。

2　规范性引用文件

下列文件中的条款通过本规程的引用而成为本规程的条款。凡是注日期的引用文件,其随后所有的修改单(不包括勘误的内容)或修订版均不适用于本规程。凡是不注日期的引用文件,其最新版本适用于本规程。

NY/T 2798.1—2015　无公害农产品　生产质量安全控制技术规范　第1部分:通则

NY/T 2798.3—2015　无公害农产品　生产质量安全控制技术规范　第3部分:蔬菜

NY/T 5010—2016　无公害农产品　种植业产地环境条件

GB 16715.1　瓜菜作物种子　第1部分:瓜类

NY/T 5111　无公害食品　西瓜生产技术规程

GB 13735　聚乙烯吹塑农用地面覆盖薄膜

3　产地环境条件

无公害西瓜生产的产地环境条件应符合 NY/T 2798.3—2015、NY/T 5010—2016 标准的规定,要求地势平坦,排灌方便,地下水位较低、土层深厚、肥沃疏松。

4　生产技术措施

4.1　育苗

4.1.1　品种选择

选用早熟、易坐果、耐低温弱光、抗病性强、外观和内在品质均好的品种。

采用嫁接栽培时选用葫芦品种、南瓜品种,或高抗西瓜枯萎病野生西瓜做砧木。

4.1.2 种子质量

西瓜的种子纯度要求95%以上、发芽率90%(无籽西瓜80%)以上,种仁饱满、无植物检疫对象、有合格包装且是正规种子生产单位生产的种子。

4.1.3 种子处理

将种子放入55 ℃的温水中,迅速搅拌10~15 min,当水温降至40 ℃左右时停止搅拌,有籽西瓜种子继续浸泡8~12 h,洗净种子表面黏液;无籽西瓜种子继续浸泡4~6 h,洗净种子表面黏液。作砧木用的葫芦种子常温浸泡48 h,南瓜种子常温浸泡12~24 h。

4.1.4 催芽

将处理好的西瓜种子(无籽西瓜破壳)用湿布包好后放在28 ~30 ℃(无籽西瓜33~35 ℃)的条件下催芽。胚根(芽)长0.5 cm时播种最好。葫芦和南瓜在25~28 ℃的温度下催芽,胚根长0.5 cm时播种。

4.1.5 营养土的配制

选用近3年未种过瓜类作物的肥沃园田土与充分腐熟的农家肥或草炭土,按3∶2或2∶1的比例混合过筛,每立方米土再加入氮、磷、钾比例为12∶18∶15的三元复合肥2 kg,再按每立方米营养土加入50%福美双可湿性粉剂80~100 g的比例,混合均匀,堆放5~7 d。然后,将营养土装入10 cm×10 cm营养钵内,放在苗床上。

4.1.6 播种

4.1.6.1 播种时间

育苗的播种时间一般从定植时间向前提35~40 d,约在3月中下旬至4月上中旬。

4.1.6.2 播种方法

砧木播在苗床的营养钵中,接穗播在播种箱里,播种时应选晴天上午,播种前浇足底水,将种子平放在营养钵上,胚根向下,随播种随盖营养土,盖土厚度为1.0~1.5 cm。播种后立即搭架盖膜,夜间加盖草苫。

4.1.7 嫁接

采用顶插接、劈接或靠接的方法进行嫁接。

4.1.8 苗期管理

4.1.8.1 温度管理

播种至出苗温度保持30~35 ℃。70%出苗至第一片真叶出现前,白天温度控制在 20~25 ℃,夜间温度控制在 15~18 ℃。第一片真叶展开后,白天温度控制在 25~30 ℃,夜间温度控制在 18~20 ℃。如果是嫁接育苗,嫁接后的前 2 d,白天温度控制在 25~28 ℃,进行遮光,不宜通风;嫁接后的 3~6 d,白天温度控制在 22~28 ℃,夜间 18~20 ℃;以后按一般苗床的管理方法进行管理。定植前一周温度控制在 20~25 ℃。

4.1.8.2　湿度管理

苗床湿度以控为主,在底水浇足的基础上尽可能不浇或少浇水。如果是嫁接育苗,在嫁接后的 2~3 d 苗床不通风,使苗床内的空气湿度保持在饱和状态,嫁接后的 3~4 d 逐渐降低湿度,可在清晨和傍晚湿度高时通风排湿,并逐渐增加通风时间和通风量,嫁接 10~12 d 后按一般苗床的管理方法进行管理,定植前 5~6 d 炼苗。

4.1.8.3　光照管理

幼苗出土后,苗床应尽可能增加光照时间。进行嫁接育苗时,嫁接当日和次日,苗床应进行遮光,第 3 天在清晨和傍晚除去覆盖物接受散射光各 30 min,第 4 天增加到 1 h,以后逐渐增加光照时间,一周后只在中午前后遮光,10~12 d 后按一般苗床的管理方法进行管理。

4.1.8.4　其他管理

无籽西瓜幼苗出土时,极易发生带种皮出土的现象,要及时摘除夹在子叶上的种皮。嫁接苗成活后,应及时摘除砧木上萌发的不定芽。大约在嫁接后的 10 d,嫁接苗成活后,应及时去掉嫁接夹或其他捆绑物。

4.2　定植

4.2.1　施肥整地

种植西瓜要选择在排灌方便、土层深厚、土质疏松肥沃、通透性良好的沙质壤土施基肥整地,忌用花生、豆类和蔬菜作西瓜的前茬。整地时,按 NY/T 2798.3—2015、NY/T 5010—2016 的规定执行,根据土壤养分含量和西瓜的需肥规律进行配方施肥,不使用含氯化肥。在中等肥力土壤条件下,每亩施优质有机肥(以优质腐熟猪厩肥为例)4 000~5 000 kg 或有机质含量大于 30% 的烘干鸡粪 1 000 kg。有机肥一半撒施,一半施入瓜沟,并深翻入土,与土壤混匀。

4.2.2　定植时间

定植时间适宜在终霜过后,10 cm 深土壤温度稳定在 15 ℃以上,日平均气温稳定在 18 ℃以上,一般在 4 月底至 5 月初。

4.2.3 定植密度

定植时株距 50~70 cm，行距 1.4~1.8 m，一般每亩种植 650~750 株。瓜畦上于定植前 2~3 d 覆盖地膜，地膜应符合 GB 13735 的规定。采用嫁接苗栽培，定植时嫁接口应高出畦面 1~2 cm。

4.3 田间管理

4.3.1 缓苗期管理

定植后一周内，以增温保温，促缓苗为主。在湿度管理上，一般底墒充足，定植水足量时，在缓苗期间不需要浇水。

4.3.2 伸蔓期管理

缓苗后浇一次缓苗水，水要浇足，以后如土壤墒情良好时开花坐果前不再浇水，如确实干旱，可在蔓长 30~40 cm 时再浇一次小水。为促进西瓜营养面积迅速形成，在伸蔓初期结合浇缓苗水每亩追施速效氮肥 5 kg，施肥时在瓜沟一侧离瓜根 10 cm 远处开沟或挖穴施入。

4.3.3 整枝压蔓

一般采用 2~3 蔓整枝，第一次压蔓应在蔓长 40~50 cm 时进行，以后每间隔 4~6 节再压一次，压蔓时要使各条瓜蔓在田间均匀分布，主蔓、侧蔓都要压。坐果前要及时抹除分枝，除保留坐果节位分枝以外，其他全部抹除，坐果后应减少抹杈次数或不抹杈。

4.3.4 开花坐果期管理

4.3.4.1 肥水管理

不追肥，严格控制浇水，在土壤墒情差到影响坐果时，可浇小水。

4.3.4.2 人工辅助授粉

每天 6：30~10：30 选择正常开放的雄花在雌花的柱头上轻抹，将花粉均匀抹到柱头上。对不同日期授粉的雌花，分别做好标记，以确定采收日期。

4.3.4.3 留瓜

待幼果生长至鸡蛋大小，开始褪毛时，进行选留瓜，一般选留主蔓第二或第三雌花坐瓜，侧蔓选第二雌花坐瓜，每株只留一个瓜。

4.3.5 果实膨大期和成熟期管理

4.3.5.1 水肥管理

在幼瓜鸡蛋大小开始褪毛时浇第一次水，此后当土壤表面早晨潮湿、中午发干时再浇一次水，如此连浇 2~3 次水，每次浇水一定要浇足，当果实定个（停止生长）后停止浇水。结合浇第一次水追施膨瓜肥，以速效化肥为主，每亩的施肥量为磷肥 2.7 kg、钾肥 5 kg，也可在伸蔓期每亩追施饼肥 75 kg，化肥以随浇水冲施为主,尽量避免伤及西瓜的茎叶。

4.3.5.2 垫瓜、翻瓜

果实膨大期间,在幼瓜下面垫上麦秸、稻草,以防病菌侵染。果实停止生长后要进行翻瓜 2~3 次,使瓜受光均匀,皮色一致,瓜瓤成熟度均匀。

5 主要病虫害防治

病害以猝倒病、炭疽病、枯萎病、病毒病为主;虫害以种蝇、瓜蚜、瓜叶螨为主。病虫害防治见附录 A。

5.1 防治原则

按照"预防为主,综合防治"的植保方针,坚持"以农业防治、物理防治、生物防治为主,化学防治为辅"的防治原则。

5.2 农业防治

选用抗病虫的品种和砧木,培育壮苗,提高抗逆性;控制好温度、湿度,创造有利于生长发育的环境条件;实行轮作制度;采用嫁接栽培技术,可有效防治枯萎病的发生。

5.3 物理防治

糖酸液诱杀:按糖、醋、酒、水和 90% 敌百虫晶体 3∶3∶1∶10∶0.6 比例配成药液,放置在苗床附近诱杀种蝇成虫,并可根据诱杀量及雌、雄虫的比例预测成虫发生期。

橙黄板诱杀:用废旧纤维板或纸板剪成长 100 cm、宽 20 cm 的长条,涂上黄色漆,同时涂一层机油,制成橙黄板,悬挂橙黄板诱杀美洲斑潜蝇、蚜虫,一般 7~10 d 重涂一次机油或黄油。

隔离:采取隔绝病虫与寄主接触传播病虫害的机会,达到预防病虫害的目的。例如在西瓜田周围设置防虫网,阻碍蚜虫等迁飞传毒。

5.4 生物防治

与麦田邻作,使麦田上的七星瓢虫等天敌迁入瓜田捕食蚜虫,可降低瓜蚜的虫口密度。

5.5 化学防治

5.5.1 禁止使用的农药品种,见附录 B。

5.5.2 使用化学农药时,应执行 NY/T 2798.3—2015 标准的相关规定,农药的混剂的安全间隔期以最长的安全间隔期为准。

5.5.3 合理混用、轮换交替使用不同作用机制或具有负交互抗性的药剂,克服和推迟病、虫抗药性的产生和发展。

6 采收

6.1 采收时期的确定

6.1.1 积温确定法

从雌花开花到果实成熟不同品种所需的有效积温不同。早熟品种 700~800 ℃,中熟品种 800~900 ℃,晚熟品种 900~1 000 ℃。

6.1.2 外观鉴别法

果皮坚硬光滑,呈本品种固有的皮色;脐部和果蒂部位向里凹陷、收缩。

6.2 采收技术

采收西瓜宜在上午露水已干或傍晚气温较低时进行,避免雨天采收。采收时用剪刀将果柄从基部剪断,每个果实保留一段瓜蔓,以增加耐贮能力。采收和装运过程中要轻拿轻放。

7 包装运输

包装运输应符合 NY/T 2798.1—2015 标准的规定。运输过程中要保持适当的温度和湿度。包装运输器具应清洁卫生、无异味、无污染,严防暴晒、雨淋、高温、冷冻等发生。

8 生产档案

建立田间生产档案。对生产过程中重点生产技术、病虫害防治技术、采收等环节及措施进行详细记录。

附录 A 西瓜常见病虫害的发生条件及其药剂防治

表 A.1 西瓜常见病虫害的发生条件及其药剂防治

病虫害名称	有利发生条件	病原或害虫类别	药物防治方法
猝倒病	土壤温度 10~15 ℃，相对湿度大	真菌:瓜果腐霉菌	苗后发病初期用50%扑海因可湿性粉剂1 200~1 500倍液,或70%甲基托布津可湿性粉剂600~800倍液。7 d一次,连续喷两次
炭疽病	相对湿度 87%~95%，温度 10~30 ℃	真菌:瓜类炭疽病菌	发病初期选用40%多菌灵悬浮剂或70%百菌清可湿性粉剂或25%炭特灵可湿性粉剂600~700倍液喷雾,每7~10 d防治一次,连防3次左右
枯萎病	连作、温度 24~28 ℃，酸性土壤、湿度大、偏施氮肥	真菌:尖镰孢菌	在发病初期或瓜蔓长至55 cm时,用40%多菌灵胶悬剂或25.9%络氨铜锌水剂等500~800倍液灌根,每隔7~10 d一次,连灌2~3次
病毒病	高温、强光、干旱、肥水不足、蚜虫大量发生	病毒:小西葫芦花叶病毒、西瓜花叶病毒2号、黄瓜花叶病毒等多种病毒引起	发病初期喷洒20%病毒A可湿性粉剂500倍液,或抗毒丰(抗毒剂1号)200~300倍液,或高锰酸钾1 000倍液
蚜虫	温度 16~20 ℃、干旱	同翅目,蚜科	3%啶虫脒乳油2 000~2 500倍液,或10%吡虫啉可湿性粉剂3 000倍液,均匀喷雾,每7~10 d一次,连续3~4次
瓜叶螨	温暖、干燥、少雨	蛛形纲,叶螨科	用20%三氯杀螨醇1 000倍液,20%双甲脒1 000~1 500倍液(25 ℃以下使用700~800倍液),20%牵牛星3 000~4 000倍液进行防治

附录 B 西瓜上的禁用农药品种

六六六(BHC),滴滴涕(DDT),毒杀芬(strobane),二溴氯丙烷(dibromo-chioropropane),杀虫脒(chiordimeform),二溴乙烷(EDB),除草醚(nitrofen),艾氏剂(aldrin),狄氏剂(dieldrin),汞制剂(mercury compounds),砷(arse-nide)、铅(plumbum compounds)类,敌枯双,氟乙酰胺(fluoroacetamide),甘氟(gliftor),毒鼠强(tetramine),氟乙酸钠(sodium fluoroacetate),毒鼠硅(sila-trane),甲胺磷(methamidophos),甲基对硫磷(parathion-methyl),对硫磷(par-athion),久效磷(monocrotaphos),磷胺(phosphamidon),甲拌磷(phorate),甲基异硫磷(isofenphos-methyl),特丁硫磷(terbufos),甲基硫环磷(phosfolan-meth-yl),治螟磷(sulfotep),内吸磷(demeton),克百威(carbofuran),涕灭威(aldi-carb),灭线磷(ethoprophos),硫环磷(phosfolan),蝇毒磷(coumaphos),地虫硫磷(fonofos),氯唑磷(isazofos),苯线磷(fenamiphos),水胺硫磷,毒死蜱,三唑磷。

无公害农产品　甜瓜生产技术规程

1　范围

本规程规定了无公害甜瓜的产地环境和生产管理措施。

本规程适用于新郑市行政区域内无公害甜瓜早春大棚覆盖的生产。

2　规范性引用文件

下列文件中的条款通过本规程的引用而成为本规程的条款。凡是注日期的引用文件,其随后所有的修改单(不包括勘误的内容)或修订版均不适用于本规程。凡是不注日期的引用文件,其最新版本适用于本规程。

NY/T 2798.1—2015　无公害农产品　生产质量安全控制技术规范　第1部分:通则

NY/T 2798.3—2015　无公害农产品　生产质量安全控制技术规范　第3部分:蔬菜

NY/T 5010—2016　无公害农产品　种植业产地环境条件

GB/T 16715.1　瓜菜作物种子　第1部分:瓜类

GB 13735　聚乙烯吹塑农用地面覆盖薄膜

3　产地环境条件与设施条件

3.1　产地环境

无公害甜瓜生产的产地环境条件应符合 NY/T 2798.3—2015、NY/T 5010—2016 标准的规定,要求地势平坦,排灌方便,地下水位较低、土层深厚、肥沃疏松的地块。

3.2　设施条件

塑料大棚要求周围无高大建筑或树木遮阴,棚高 2.5~3 m,跨度 6~12 m,长度 30~80 m。两侧预留有随时可以关闭或打开的放风口。跨度超过 8 m 时,中部设置一道放风口。

4 生产技术措施

4.1 栽培季节

保温条件好的大棚在前期三膜一苫的条件下,可于1月中下旬至2月上中旬进行育苗,2月下旬至3月初定植,定植后30~40 d开花授粉,5月上中旬至6月初收获。

4.2 品种选择

适合早春茬大棚栽培的甜瓜品种非常多,可根据消费习惯和栽培习惯选择抗病、优质、早熟或早中熟、货架期长的薄皮或厚皮品种。

4.3 种子质量

甜瓜的种子质量应符合GB 16715.1标准中二级以上指标的要求,纯度要求95%以上、净度99%以上、发芽率90%以上,含水量8%以下。

4.4 育苗

4.4.1 种子处理

将种子放入55 ℃的温水中,迅速搅拌10~15 min,然后待其自然冷却,继续浸泡4~6 h,将种子捞出,用清水冲洗干净。

4.4.2 催芽

将处理好的甜瓜种子擦去种子表面多余的水分,平摊于湿毛巾或湿布上包好,注意种子厚度均匀,使其受热一致,然后放在28~30 ℃的条件下催芽。催芽过程中,保持包裹布的适宜湿度。

4.4.3 营养土的配制

选用近3年未种过瓜类作物的肥沃园田土与40%的腐熟厩肥充分混合均匀,在混合时每立方米营养土加入1.5 kg氮、磷、钾三元复合肥或尿素0.5 kg、过磷酸钙1.0 kg、硫酸钾0.5 kg,再按每立方米营养土加入50%福美双可湿性粉剂80~100 g,混合均匀,过筛,堆放5~7 d。然后,将营养土装入10 cm×10 cm营养钵内,放在苗床上。

4.4.4 播种

4.4.4.1 播种时间

采用火炕育苗,一般在1月中下旬至2月上中旬进行。

4.4.4.2 播种方法

播种时,应选晴天无风的上午进行,以利播种后苗床温度的提高。播种前浇足底水,在苗床底水沉下后,可进行播种。播种时,将种子平放在营养钵上,胚根向下,随播种随盖营养土,盖土厚度为1.0~14.5 cm。随即用地膜覆盖苗床,以保持湿度,并扣好拱棚,尽量保持苗床内的温度,温度低时夜间加盖草苫。

4.4.5 苗期管理

4.4.5.1 温度管理

播种至出苗温度保持 25~30 ℃。50%出苗顶土时,及时除去苗床上的地膜,白天温度控制在 20~25 ℃,夜间温度控制在 15~18 ℃。待幼苗第一片真叶露出时,白天温度控制在 25~28 ℃,夜间温度控制在 18~20 ℃。当幼苗长到三叶一心时定植。

4.4.5.2 湿度管理

甜瓜苗期对水分反应较为敏感,在底水浇足的基础上尽可能不浇或少浇水。如果苗床严重缺水,要本着"控温不控水"的原则,苗床浇透水后,通过放风降低苗床温度使昼夜温度保持在 18~22 ℃,直到苗床土开始见干,再适当增加温度。

4.4.5.3 光照管理

幼苗出土后,苗床应尽可能增加光照时间,遇有阴雨天气时,也要揭盖草苫,防止幼苗长期处于黑暗条件下而发生徒长。

4.5 定植

4.5.1 施肥整地

种植甜瓜要选择在排灌方便、土层深厚、土质疏松肥沃、通透性良好的沙质壤土施基肥整地。整地时,按 NY/T 2798.3—2015 标准执行,根据土壤养分含量和甜瓜的需肥规律进行平衡施肥,限制使用含氯化肥。每亩施腐熟农家肥 2 000~2 500 kg,三元复合肥 50 kg,腐熟菜饼 80~100 kg,尿素 10 kg。或者每亩施甜瓜专用肥 120 kg。

4.5.2 定植时间

提前扣棚升温,在 10 cm 深地温稳定在 15 ℃以上,日平均气温稳定在 13 ℃以上时定植。正常情况下,定植时间一般在 3 月初至 3 月中旬。

4.5.3 定植方法和密度

定植时采用宽窄行,宽行距 80~90 cm,窄行距 60~70 cm,株距 45 cm 左右,一般每亩种植 2 200~2 400 株。瓜畦于定植前 2~3 d 覆盖地膜,地膜应符合 GB 13735 标准的规定。定植应选寒流刚过的晴天上午进行。起苗时,注意尽量保护根系,做到少伤根。

4.6 田间管理

4.6.1 缓苗期管理

定植后封棚 5~7 d 增温保湿,缩短缓苗期,缓苗后恢复适温管理,白天 23~28 ℃,夜间 15~20 ℃,最高温度不超过 35 ℃,活棵后注意降温炼苗,控制生长。

4.6.2 伸蔓期管理

缓苗后浇一次缓苗水,水要浇足,以后如土壤墒情良好时开花坐果前不再浇水。为促进甜瓜营养面积迅速形成,结合浇缓苗水每亩施速效氮肥(N) 5 kg,施肥时在瓜沟一侧离瓜根 10 cm 处开沟或挖穴施入。

4.6.3 整枝留瓜

主蔓长到 4 叶时摘心,待子蔓长到 10 cm 左右时,每株留 3~4 条强壮子蔓,多余的及时摘除,使其生长出孙蔓。当孙蔓上雌花结瓜后,在瓜前 2 片叶处摘心,一般单株留瓜 6~7 个,并适当去除不结瓜的孙蔓和多余的幼果。

4.6.4 开花坐果期管理

4.6.4.1 肥水管理

一般不追肥,严格控制浇水,必要时,可采用膜下滴灌或浇小水。

4.6.4.2 人工辅助授粉

每天 7:30~10:30 选择正常开放的雄花在雌花的柱头上轻抹,将花粉均匀抹到柱头上,每朵雄花涂抹 3~4 朵雌花,对不同日期授粉的雌花,分别做好标记,以确定采收日期。

4.6.5 果实膨大期和成熟期管理

4.6.5.1 水肥管理

在幼果长到鸡蛋大小时,每亩追施氮、磷、钾三元复合肥 20~30 kg,或开沟冲施腐熟捣细的饼肥 250~375 kg。结合施膨瓜肥浇足膨瓜水。

4.6.5.2 其他管理

为保证甜瓜的产量和品质,当瓜果长到直径 6~7 cm 时,进行一次翻瓜,过 7~10 d 再翻瓜一次。

5 月要及早通风,5 月下旬通风口需要昼夜开放。根据天气情况,夜间可开小些,雨天需要关闭通风口,以防棚内淋雨。

5 主要病虫害防治

5.1 防治原则

按照"预防为主,综合防治"的植保方针,坚持"以农业防治、物理防治、生物防治为主,化学防治为辅"的防治原则。

5.2　农业防治

选用抗病虫的品种和砧木,培育壮苗,提高抗逆性;控制好温度、湿度,创造有利于生长发育的环境条件;采用嫁接栽培技术,可有效防止枯萎病的发生。

5.3　物理防治

大棚两侧加盖 30~40 目的防虫网,可有效地防止病虫进入棚内危害。

糖酒液诱杀:按糖、醋、酒、水和 90% 敌百虫晶体 3∶3∶1∶10∶0.6 比例配成药液,放置在苗床附近诱杀种蝇成虫,并可根据诱杀量及雌、雄虫的比例预测成虫发生期。

橙黄板诱杀:用废旧纤维板或纸板剪成长 100 cm、宽 20 cm 的长条,涂上黄色漆,同时涂一层机油,制成橙黄板,悬挂橙黄板诱杀美洲斑潜蝇、蚜虫,一般 7~10 d 重涂一次机油。

5.4　化学防治

5.4.1　禁止使用的农药品种,见附录 A。

5.4.2　使用化学农药时,应执行 NY/T 2798.3—2015 标准的相关规定,农药的混剂的安全间隔期以最长的安全间隔期为准。

5.4.3　合理混用、轮换交替使用不同作用机制或具有负交互抗性的药剂,克服和推迟病、虫抗药性的产生和发展。

5.5　主要病害的药剂防治

5.5.1　猝倒病

发病初期,用 64% 杀毒矾可湿性粉剂 500~600 倍液,或 50% 扑海因可湿性粉剂 1 200~1 500 倍液,或 70% 甲基托布津可湿性粉剂 600~800 倍液,7 d 一次,连续喷两次,封闭的大棚内,发病时每亩用 45% 百菌清烟剂 110~180 g 熏烟一次。

5.5.2　枯萎病

发病初期或坐瓜后用 2.5% 咯菌腈悬浮种子包衣剂 4 000 倍液灌根,每株 200 mL,每周一次,连续 2~3 次;喷施 70% 甲基托布津可湿性粉剂 800~1 000 倍液,或 50% 多菌灵 800 倍液加 0.3% 尿素或 0.2% 磷酸二氢钾溶液,7~10 d 一次,连续防治 2~3 次。

5.5.3　疫病

用 64% 杀毒矾可湿性粉剂 500~600 倍液,或 58% 甲霜灵·锰锌可湿性粉剂 500 倍液,75% 百菌清可湿性粉剂 600 倍液,或 40% 乙膦铝可湿性粉剂 200~300

倍液于发病初期喷雾防治,每周一次,连续防治3~4次。

5.5.4 霜霉病

用25%甲霜灵可湿性粉剂800~1 000倍液,或40%三乙膦酸铝(乙膦铝)可湿性粉剂400倍液,或58%甲霜灵·锰锌可湿性粉剂400倍液喷雾防治,5~7 d一次,连续防治3~4次。

5.5.5 白粉病

用15%三唑酮可湿性粉剂1 000~1 500倍液,5~7 d一次,连续防治2~3次。

5.6 主要虫害的防治

5.6.1 蚜虫

用3%啶虫脒乳油2 000~2 500倍液,或10%吡虫啉可湿性粉剂3 000倍液,均匀喷雾,每7~10 d一次,连续3~4次。

5.6.2 蓟马

用10%吡虫啉可湿性粉剂2 000倍液,或20%丁硫克百威乳油500~800倍液均匀喷施,每10 d一次,连续喷2~3次。

5.6.3 瓜绢螟

用5%氟虫氰悬浮剂2 500倍液,或95%杀螟松2 000可湿性粉剂1 000倍液喷雾防治,每7~10 d一次,连续3~4次。

5.6.4 斜纹夜蛾

可用90%敌百虫晶体1 000倍液,或5%定虫隆乳油1 000倍液等药剂喷雾防治,每7~10 d一次,连续3~4次。

5.6.5 斑潜蝇

于产卵期或孵化初期,用1.8%阿维虫清2 500倍液,每周一次,连续两次。

6 采收

6.1 采收原则

5月底至6月上旬,适时采收成熟的甜瓜上市,以获得较好的经济效益。

6.2 成熟期的判断方法

6.2.1 开花到成熟的天数

授粉时做标记,根据品种熟性及栽培季节推算其成熟时间。

6.2.2 香味

多数品种成熟时有其特有的香味,根据香味的浓淡来判断成熟度。

6.2.3　植株特征

瓜成熟时坐瓜节位处卷须干枯,叶片颜色失绿、变黄。

6.3　采收方法

在温度较低、没有露水的早上进行,采收时保留瓜柄和 10 cm 长的瓜蔓,呈"T"字形,用剪刀剪断瓜蔓,采收过程中轻拿轻放。

7　包装运输

包装运输应符合 NY/T 2798.1—2015 标准的规定。运输过程中要保持适当的温度和湿度。包装运输器具应清洁卫生、无异味、无污染,严防暴晒、雨淋、高温、冷冻等发生。

8　生产档案

建立田间生产档案。对生产过程中重点生产技术、病虫害防治技术、采收等环节及措施进行详细记录。

附录 A　蔬菜上的禁用农药品种

六六六(BHC),滴滴涕(DDT),毒杀芬(strobane),二溴氯丙烷(dibromo-chioropropane),杀虫脒(chiordimeform),二溴乙烷(EDB),除草醚(nitrofen),艾氏剂(aldrin),狄氏剂(dieldrin),汞制剂(mercury compounds),砷(arsenide)、铅(plumbum compounds)类,敌枯双,氟乙酰胺(fluoroacetamide),甘氟(gliftor),毒鼠强(tetramine),氟乙酸钠(sodium fluoroacetate),毒鼠硅(silatrane),甲胺磷(methamidophos),甲基对硫磷(parathion-methyl),对硫磷(parathion),久效磷(monocrotaphos),磷胺(phosphamidon),甲拌磷(phorate),甲基异硫磷(isofenphos-methyl),特丁硫磷(terbufos),甲基硫环磷(phosfolan-methyl),治螟磷(sulfotep),内吸磷(demeton),克百威(carbofuran),涕灭威(aldicarb),灭线磷(ethoprophos),硫环磷(phosfolan),蝇毒磷(coumaphos),地虫硫磷(fonofos),氯唑磷(isazofos),苯线磷(fenamiphos),水胺硫磷,毒死蜱,三唑磷。